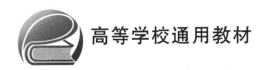高等学校通用教材

工程优化计算实验教程

肖依永 杨 军 马小兵 任 羿 编著

北京航空航天大学出版社

内 容 简 介

本书提供了工程优化问题的数学建模基础方法、案例集锦和计算实验。内容涵盖了最优化问题的数学建模与求解基础方法，包括连续型和离散型线性规划方法、非线性处理技术、不确定性与随机优化方法，以及动态规划建模方法等；同时，提供了大量面向基础优化问题的数学建模与计算实验案例，以及面向国防工程应用的高阶工程优化问题的建模与计算实验案例。全书中的优化问题均提供了基于 AMPL 语言的建模示例，并调用 CPLEX 求解器进行了求解计算。这些案例对培养学生的工程优化建模与计算能力具有系统性的训练作用。

本书面向国内普通高校工科专业本科生和研究生，可作为学习和实践最优化理论的教材或教学参考书，也可作为从事工程管理、系统工程的企业工作人员，以及从事最优化基础理论和模型研究的学界研究人员的技术参考书。

图书在版编目(CIP)数据

工程优化计算实验教程 / 肖依永等编著. -- 北京：
北京航空航天大学出版社，2023.12
ISBN 978-7-5124-4263-4

Ⅰ.①工… Ⅱ.①肖… Ⅲ.①工程数学－计算方法－
实验－高等学校－教材 Ⅳ.①TB11-33

中国国家版本馆 CIP 数据核字(2023)第 237457 号

版权所有，侵权必究。

工程优化计算实验教程
肖依永 杨 军 马小兵 任 羿 编著
策划编辑 蔡 喆 责任编辑 宋淑娟

*

北京航空航天大学出版社出版发行

北京市海淀区学院路 37 号(邮编 100191) http://www.buaapress.com.cn
发行部电话：(010)82317024 传真：(010)82328026
读者信箱：goodtextbook@126.com 邮购电话：(010)82316936
北京建宏印刷有限公司印装 各地书店经销

*

开本：787 mm×1 092 mm 1/16 印张：15.25 字数：390 千字
2023 年 12 月第 1 版 2024 年 9 月第 2 次印刷 印数：501~1 500 册
ISBN 978-7-5124-4263-4 定价：49.00 元

若本书有倒页、脱页、缺页等印装质量问题，请与本社发行部联系调换。联系电话：(010)82317024

前　　言

近十几年来,随着我国诸多重大装备型号工程的陆续上马和全面推进,在装备系统的研制生产、使用部署和维修保障等领域出现了大量新的系统工程优化问题。这些问题具有更复杂的系统性和综合性,影响要素多,作用机理复杂且非线性,给数学规划建模和最优化求解带来了很大挑战。研究这些前沿性的工程优化问题既具有解决实际问题的工程应用价值,又具有学术性研究价值,学习工程优化理论及能力培养已经成为系统工程专业高质量人才培养的重要内容。

解决现代工程优化问题需具备多方面的关键能力。首先,需要具备面向复杂工程问题的分析问题与抽象提炼能力。也就是要具备能够从复杂问题的表象梳理出优化目标及其关键影响要素,分析出关键要素之间、关键要素与优化目标之间的影响方式或作用规律,为建立问题的数学抽象模型设定合理的前提和假设的能力。其次,需要具备面向多复杂要素之间的复杂关系来建立可求解数学优化模型的建模能力。也就是要具备能够基于问题假设与基础设定,建立符合工程实际情况且可求解的数学优化模型的能力,传统上也称为数学建模能力。除此之外,还需具备面向实际工程优化算例的计算求解能力,能够提出合理算法,以求解理论最优解或工程应用次优级可行解的能力。这些工程优化能力的培养需要经过长期系统的学习和训练,除了需要掌握最优化理论的基础外,还需要面向各种基础优化问题开展大量的建模训练和计算实验。

本书面向系统工程专业人才的培养,整理了最优化建模与求解的基础方法,包括连续型和离散型线性规划方法、非线性规划技术、不确定性与随机规划,以及动态规划等基础方法,并结合作者多年来在基础研究工作和工程应用中的实践,提供了大量基础优化问题和工程优化问题的建模与计算实验案例。全书中的优化问题均提供了基于 AMPL 语言的建模示例,并调用 CPLEX 求解器进行了求解计算。这些案例对培养学生的工程优化建模与计算能力具有系统性的训练作用。

本书可作为工科类高等院校本科生和研究生学习和实践最优化理论的教材或教学参考书,也可作为从事工程管理、系统工程的企业工作人员,以及从事最优化基础理论和模型研究的学界研究人员的技术参考书。

本书获得国家自然科学基金项目(52075020,72371008,71971009,U2233214,52075028)和北京航空航天大学立项教材项目资助出版。

由于作者水平和学识有限,书中难免有疏漏之处,敬请读者朋友批评指正。

作　者

2023 年 9 月 12 日

目 录

第1章 绪 论 1
  1.1 数学建模概述 1
  1.2 约束优化模型的基本形式 2
  1.3 常用建模语言与求解工具 3

第2章 最优化建模与求解基础方法 5
  2.1 连续线性优化模型 5
    2.1.1 一般形式与标准型 5
    2.1.2 标准型的基本解 7
    2.1.3 单纯形法求解 8
  2.2 离散线性优化模型 14
    2.2.1 线性混合整数规划 14
    2.2.2 上界、下界与线性松弛 15
    2.2.3 割平面法 16
    2.2.4 分支定界法 17
  2.3 非线性处理方法 21
    2.3.1 一般形式和处理方法 21
    2.3.2 分段函数线性化 21
    2.3.3 一般函数线性化 22
    2.3.4 欧氏距离线性化 23
    2.3.5 多维欧氏距离线性化 25
    2.3.6 基于大 M 法的条件约束 27
  2.4 不确定性与随机优化 30
    2.4.1 随机期望值优化 30
    2.4.2 健壮性优化 32
  2.5 动态规划模型 33
    2.5.1 基本原理 33
    2.5.2 最短路径问题 34
    2.5.3 Dijkstra 算法 36

第 3 章 基础优化问题建模与计算实验 ··· 38

3.1 连续型线性规划 ··· 38
案例 1：单商品运输问题建模与求解实验 ··· 38
案例 2：多商品运输问题建模与求解实验 ··· 42
案例 3：营养配餐问题建模与求解实验 ··· 49
案例 4：电网流量设计问题建模与求解实验 ··· 53
案例 5：数据传输网络设计问题建模与求解实验 ··· 58
案例 6：二维中心问题建模与求解实验 ··· 62
案例 7：多维中心问题建模与求解实验 ··· 64

3.2 离散型线性规划 ··· 67
案例 8：紧急医疗调度中心选址问题建模与求解实验 ··· 67
案例 9：单背包问题(knapsack)建模与求解实验 ··· 72
案例 10：多背包问题建模与求解实验 ··· 76
案例 11：单机订单排序问题建模与求解实验 ··· 79
案例 12：多机订单接受和排序问题建模与求解实验 ··· 81
案例 13：多机流程型排序问题建模与求解实验 ··· 85
案例 14：作业指派问题(JSP)建模与求解实验 ··· 88
案例 15：旅行者问题(TSP)建模与求解实验 ··· 92
案例 16：车辆路径规划问题(VRP)建模与求解实验 ··· 94
案例 17：设施布局优化问题建模与求解实验 ··· 97
案例 18：单行设施布局优化问题建模与求解实验 ··· 104
案例 19：多级经济批量优化问题建模与求解实验 ··· 107

第 4 章 工程优化综合问题建模与计算实验 ··· 111

4.1 混合整数规划 ··· 111
案例 20：面向作战现场的战损装备时效性抢修优化问题建模与求解实验 ··· 111
案例 21：考虑战备值班率的装备群维修优化问题建模与求解实验 ··· 117
案例 22：救援现场的信号覆盖优化问题建模与求解实验 ··· 121
案例 23：战场/灾区直升机救援路径规划问题建模与求解实验 ··· 125
案例 24：中美贸易战背景下的工厂选址优化问题建模与求解实验 ··· 130
案例 25：近海区域保障选址优化问题建模与求解实验 ··· 138
案例 26：基于分时段费率的 VRP 问题建模与求解实验 ··· 143
案例 27：竞赛题——"穿越沙漠"问题建模与求解实验 ··· 148

4.2 不确定与随机规划 ··· 157
案例 28：面向远海救援/支援的中继设计问题建模与求解实验 ··· 157

案例29：被攻击概率下的保障设施选址问题建模与求解实验 …………… 165
　　案例30：面向重构恢复的设施选址优化问题建模与求解实验 …………… 168
　　案例31：被聪明攻击下的设施选址健壮性优化问题建模与求解实验 …… 172
　　案例32：基于可靠性的导弹装备延寿维修优化问题建模与求解实验 …… 176
　　案例33：面向打击任务可靠度的多型导弹混合部署优化问题建模与求解实验 … 181
　　案例34：基于网络可靠性原理的新冠病毒传播链路溯源问题建模与求解实验 … 186
　4.3　动态规划 …………………………………………………………………… 189
　　案例35：信号/商品传递中继设计问题建模与动态规划求解实验 ………… 189
　　案例36：电动车固定路线充电问题建模与动态规划算法求解实验 ……… 192
　4.4　启发式优化算法 …………………………………………………………… 197
　　案例37：信息共享机制优化问题建模与遗传算法求解实验 ……………… 197
　　案例38：路径规划问题（CVRP）建模与模拟退火算法计算实验 ………… 206

附录A　AMPL/CPLEX建模与求解环境 …………………………………… 215
　A.1　AMPL与求解器的关系 …………………………………………………… 215
　A.2　AMPL环境设定 …………………………………………………………… 215
　A.3　CPLEX计算参数设定 …………………………………………………… 216
　A.4　用AMPL描述优化问题 ………………………………………………… 217
　　A.4.1　定义问题的参数和输入数据文件 ………………………………… 217
　　A.4.2　定义问题的决策变量 ……………………………………………… 224
　　A.4.3　定义问题的目标函数 ……………………………………………… 225
　　A.4.4　定义问题的约束条件 ……………………………………………… 227
　　A.4.5　开始求解和输出结果 ……………………………………………… 229
　A.5　AMPL语言基础 …………………………………………………………… 230
　　A.5.1　循环程序设计 ……………………………………………………… 230
　　A.5.2　条件逻辑判断 ……………………………………………………… 232

参考文献 ………………………………………………………………………… 236

第1章 绪 论

1.1 数学建模概述

数学建模是指对实际问题进行分析和提炼,用抽象的数学语言对其进行准确描述和特征刻画,建立相应的数学模型,然后用数学的方法对模型进行分析和求解的过程。数学建模往往需要从定量的角度分析和研究一个实际问题,需要对实际问题进行深入调查研究,提炼问题域中的主要要素,作出合理的简化和假设,并分析主要要素之间的主要内在规律和作用机制,形成可量化描述的依赖或制约关系,在此基础上最终用数学的符号和语言作表述来建立数学模型。最优化理论与算法是数学建模的主要理论和基础方法。

数学建模是人类认识客观实践的一种重要手段。通过数学模型的描述方式,全世界不同自然语言语种的人们可以共同建立起对同一个实际问题的统一认识。数学建模语言就是用来描述和刻画客观实际问题的一种通用范式,所建立的数学模型可以为人们共同认识和理解,有助于人们协同工作,提出问题的解决方法并持续改进,最终获得对实际问题的各种解决方法。

现代计算机的出现使人们有了求解数学模型的更高效率工具。运用计算机来求解数学模型,需要将数学模型转化为计算机能够理解和执行的数字化数学模型,即计算机建模语言。当前流行的计算机建模语言,如 AMPL、MATLAB、LINGO 等,提供了与数学建模语言相对应的问题描述方式,可以为算法模型所理解,并实现计算机快速求解。

因此,现代数学建模的学习需要从数学语言和计算机语言两个层面开展。前者的基础是最优化理论与算法等数学基础,后者是计算机建模语言、高级程序设计语言、算法程序和计算机软硬件系统等,如图 1.1 所示。

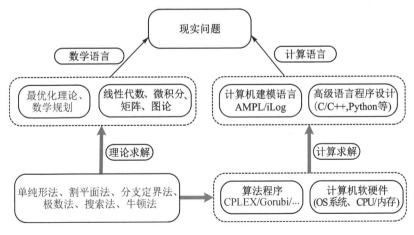

图 1.1 数学建模解决现实问题

1.2 约束优化模型的基本形式

数学建模的主要目的是为最优化问题建立数学优化模型,可以从目的、途径和形式等几个方面来定位什么是数学建模。

(1) 数学建模的目的

数学建模的目的是认识问题、定义问题,以及准确、可量化规律地描述问题,为解决问题建立基本前提和假设。

(2) 数学建模的途径

数学建模的方法是用数学符号定义概念实体及其属性,用量化的逻辑关系描述实体之间的依赖关系、作用规律和运行机制等。

(3) 数学建模的形式

最优化模型是数学建模的一种重要形式。数学规划是常见于最优化问题的方法,其基本形式如下。

最小化或最大化(minimize/maximize)问题的目标函数。令目标函数表示为 $F(P,V)$,则最小化目标函数表示为

$$\text{minimize } F(P,V) \quad \text{或简写为} \quad \min F(P,V)$$

若追求最大化的目标,则最大化目标函数统一写为

$$\text{minimize} -F(P,V) \quad \text{或简写为} \quad \min -F(P,V)$$

式中:P 为参数集合,$P=\{p_1,p_2,p_3,\cdots\}$,表示已确定的系统参数,是常量;V 为变量集合,$V=\{v_1,v_2,v_3,\cdots\}$,表示待定设计参数,是决策变量。

目标函数的形式通常有多种情况:

- 线性函数形式:$F(P,V)=p_1v_1+p_2v_2+\cdots$;
- 二次指派型函数形式:$F(P,V)=(p_1v_1+p_2v_2+\cdots)(p_1'v_1+p_2'v_2+\cdots)$;
- 多项式函数形式;
- 其他形式:指数、对数、幂函数、组合等。

变量类型也有多种情况:

- 连续实数变量(无值域约束);
- 非负实数变量;
- 整数或非负整数变量;
- 离散型或布尔型$\{0,1\}$变量。

(4) 约束条件

基于上述定义的参数、变量和目标函数,按问题的特征和要求,给出变量和参数之间的数学约束关系,形式如下:

s. t.

$\quad G_i(P,V) \geqslant 0, i=1,2,\cdots,n \quad$ (不等式约束集,$G_i(P,V) \geqslant 0$ 等同于 $-G_i(P,V) \leqslant 0$)

$\quad H_j(P,V) = 0, j=1,2,\cdots,m \quad$ (等式约束集)

$\quad V$ 成员的值域定义

(5) 模型解释

下面对目标函数的构成进行说明。需要逐一解释约束条件的功效和设计原理,及其所反映的问题特征或要求。除此之外,一些情况下还需要对问题的规律、模型最优解性质或模型特性进行说明或提供证明,如是否存在上/下界(upper/lower bound),是否为非线性模型,是否为凸规划或非凸规划等。

例:下面是一个数学规划的简单例子。

$$\min\ (x_1-2)^2+(x_2-1)^2$$
$$\text{s.t.}\ x_1^2-x_2\leqslant 0$$
$$x_1+x_2\leqslant 2$$

例题描述的问题是在抛物线 $x_1^2-x_2=0$ 与直线 $x_1+x_2=2$ 所构成的区域内寻找一点,使该点与点(2,1)之间的欧氏距离最短。问题描述如图1.2所示,目标是求距离点 $A(2,1)$ 最近的点,可行域为阴影区域(即抛物线之上+直线之下)。

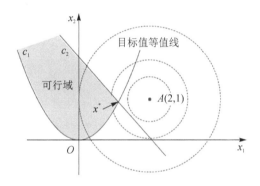

图1.2 数学建模解决现实问题

用图解法求解上述问题:

① 画出问题的可行域,即抛物线 c_1 之上、直线 c_2 之下的区域;

② 以 A 点为中心,绘制目标函数的圆形等高线;

③ 确定与可行域交汇的、半径最大的等高线,即获得最优目标函数值,交汇点为问题的最优解。

1.3 常用建模语言与求解工具

本书案例中的数学建模均采用数学规划语言和 AMPL 语言来建立。AMPL 是 A Mathematical Programming Language 的缩写,是美国 AMPL 公司推出的一种计算建模与求解的编程环境。AMPL 语言由朗讯公司(Lucent Technologies)研发部门的贝尔实验室(Bell Laboratories)开发,用于解决大规模优化问题。其试用版本的软件系统可以在该公司网站 www.ampl.com 上下载,可以求解 500 个变量以下的小规模优化模型。AMPL 本身不能直接解决最优化问题,仅提供一种建模语言对最优化问题进行描述,对问题的求解则是通过调用通用求解器,如 CPLEX、Gurobi、Minos 等来实现。

IBM iLog Cplex Optimization Studio 是 IBM 公司推出的最优化建模与求解的集成环境。

第 2 章 最优化建模与求解基础方法

本章介绍最优化问题的几种常见场景的建模与求解方法，更多问题类型和建模方法可参见文献[4]。

2.1 连续线性优化模型

连续线性优化模型是数学建模的一种基本模型。其主要特征是决策变量为连续型变量，且变量之间的关系均为线性关系。连续线性优化模型是最优化建模和求解的基础，学习其基本形式和求解原理是很有必要的。

2.1.1 一般形式与标准型

连续线性模型指最优化的目标函数和约束条件都是线性的等式或不等式，且决策变量均为连续型的最优化模型。连续线性模型的一般形式为

$$\left.\begin{aligned}
\min_{x \in \mathbf{R}^n}/\max \quad & \boldsymbol{c}^\mathrm{T} \boldsymbol{x} \\
\text{s.t} \quad & \boldsymbol{a}^i \boldsymbol{x} \geqslant b_i, \quad \forall i \in M_1 \\
& \boldsymbol{a}^i \boldsymbol{x} \leqslant b_i, \quad \forall i \in M_2 \\
& \boldsymbol{a}^i \boldsymbol{x} = b_i, \quad \forall i \in M_3 \\
& x_j \geqslant b_j, \quad \forall j \in N_1 \\
& x_j \leqslant b_j, \quad \forall j \in N_2 \\
& x_j \text{ 无限制}, \quad \forall j \in N_3
\end{aligned}\right\} \quad (2-1)$$

式中，$\boldsymbol{c}$ 是 n 维向量，$\boldsymbol{a}^i$ 是 n 维行向量，b_i,b_j 都是实数，均是给定的数据；$\boldsymbol{x}$ 是 n 维的变量，M_1,M_2,M_3 是约束的集合，N_1,N_2,N_3 是变量的集合。

对上述一般形式进行转化，其中：

- 目标函数的最大化和最小化是可以相互转化的，即

$$\max \boldsymbol{c}^\mathrm{T} \boldsymbol{x} \quad \text{可以等价地写为} \quad \min -\boldsymbol{c}^\mathrm{T} \boldsymbol{x}$$

- 小于或等于和大于或等于的约束条件也可以相互转化，即

$$\boldsymbol{a}^i \boldsymbol{x} \leqslant b_i, \forall i \in M_2 \quad \text{可以等价地写为} \quad -\boldsymbol{a}^i \boldsymbol{x} \geqslant -b_i, \forall i \in M_2$$

- 等式的约束条件也可以转化为大于或等于的约束条件，如

$$\boldsymbol{a}^i \boldsymbol{x} = b_i, \forall i \in M_3 \quad \text{可以等价地写为} \quad \begin{cases} \boldsymbol{a}^i \boldsymbol{x} \geqslant b_i, \\ -\boldsymbol{a}^i \boldsymbol{x} \geqslant -b_i, \end{cases} \forall i \in M_3$$

- 对有不等式约束值域的变量进行替换，如

$$x_j \geqslant b_j, \forall j \in N_1 \Rightarrow y_j \geqslant 0, \forall j \in N_1, \quad \text{并增加约束条件 } y_j = x_j - b_j, \forall j \in N_1$$
$$x_j \leqslant b_j, \forall j \in N_2 \Rightarrow y_j \geqslant 0, \forall j \in N_2, \quad \text{并增加约束条件 } y_j = b_j - x_j, \forall j \in N_2$$

- 对无约束变量 x_j，将其替换为 $x_j = u_j - v_j$，其中 u_j 和 v_j 是非负变量，处理方式

如下：

$$x_j \text{ 无限制}, \forall j \in N_3 \Rightarrow \begin{cases} x_j = u_j - v_j, \\ u_j \geqslant 0, \\ v_j \geqslant 0, \end{cases} \forall j \in N_3$$

- 对于变量有值域范围的情况，如 $a_j \leqslant x_j \leqslant b_j$，处理方式如下：

$$a_j \leqslant x_j \leqslant b_j \Rightarrow \begin{cases} x_j \geqslant a_j \\ x_j \leqslant b_j \end{cases} \Rightarrow \begin{cases} u_j = x_j - a_j \\ v_j = b_j - x_j \\ u_j \geqslant 0, v_j \geqslant 0 \end{cases}$$

因此，线性优化模型可以写为统一形式

$$\min \ c^T x$$
$$\text{s. t.} \ Ax \geqslant b$$
$$x \geqslant 0$$

再在上述模型中的不等式约束左端减去一个非负变量，令其变为等号。这样，连续型线性优化模型可以改写为统一的标准形式

$$\left. \begin{aligned} &\min \ c^T x \\ &\text{s. t.} \ Ax = b \\ &\qquad x \geqslant 0 \end{aligned} \right\} \quad (2-2)$$

上述线性模型标准形式的特征有：
① 目标函数为极小化；
② 约束条件全部为等式；
③ 变量统一为非负变量。

例：对于优化模型

$$\min \ 3x_1 + x_2$$
$$\text{s. t.} \ x_1 + 2x_2 \geqslant 2$$
$$2x_1 + x_2 \geqslant 3$$
$$x_1 \geqslant 0, x_2 \geqslant 0$$

引入非负变量 x_3 和 x_4，将模型转化为

$$\min \ 3x_1 + x_2 + 0x_3 + 0x_4$$
$$\text{s. t.} \ x_1 + 2x_2 - x_3 = 2$$
$$2x_1 + x_2 - x_4 = 3$$
$$x_1 \geqslant 0, x_2 \geqslant 0$$

引入符号 $c = (3,1,0,0)^T, x = (x_1, x_2, x_3, x_4)^T, A = \begin{bmatrix} 1 & 2 & -1 & 0 \\ 2 & 1 & 0 & -1 \end{bmatrix}, b = (2,3)^T$，因此，上述一般线性规划问题转换为向量形式表示，即

$$\min \ c^T x$$
$$\text{s. t.} \ Ax = b$$
$$x \geqslant 0$$

2.1.2 标准型的基本解

对于标准型(2-2)中的约束条件 $Ax=b$，令 $b \in \mathbf{R}^m, A \in \mathbf{R}^{m \times n}$，并设矩阵 A 的秩为 m（满秩假定 $m \leqslant n$）。如果优化模型(2-2)有解，则有两种情况：

① 有唯一解；
② 有多个解。

若无解，也有两种情况：

① 无界：没有有限最优解（极小化时无下界，极大化时无上界）；
② 不可行：没有可行解（满足约束条件的变量域为空）。

因为总是可以消去相关行，所以可设矩阵 A 的秩为 m 且满秩假定 $m \leqslant n$。

令 $A = (B, N), x = \begin{bmatrix} x_B \\ x_N \end{bmatrix}$，其中 B 是由 A 中 m 个线性无关列组成的矩阵，N 是由其余列组成的矩阵，x_B 和 x_N 分别是与 B 和 N 对应的变量，则有

$$(B, N) \begin{bmatrix} x_B \\ x_N \end{bmatrix} = b$$
$$Bx_B + Nx_N = b$$

两边乘以 B^{-1}，并移项，得到

$$x_B = B^{-1}b - B^{-1}Nx_N \tag{2-3}$$

式中，x_N 为自由变量，它取不同的值就得到方程组不同的解。令 $x_N = 0$，则得到 $x = (x_B, x_N)^T = (x_B, 0)^T$，得到了一个基本解。注意：$B$ 和 x_B 的选择不是唯一的，可能存在多组的情况，对应着多个基本解。并且，上述基本解可能是不可行的，因为 x_B 的分量可能为负数，而可行解要求分量全部为非负数。

关于基本解、基本可行解、基矩阵和基变量的定义如下：

基本解：方程组 $Bx_B = b, x_N = 0$ 的解（即 $(B^{-1}b, 0)$）是 $Ax = b$ 的基本解(basic solution)。

基本可行解：非负基本解是 $Ax = b$ 的基本可行解(Basic Feasible Solution, BFS)，也成为可行值域空间的一个极点。

基矩阵：称 B 是 $Ax = b$ 的基矩阵(basic matrix)。

基变量：称与 B 的列对应的变量 x_B 为基变量(basic variables)。

基本可行解的数量不超过 $\binom{n}{m} = \dfrac{n!}{m!(n-m)!}$。

例：试求下列不等式定义的多面集的基本可行解：

$$\begin{cases} x_1 + 2x_2 \leqslant 8 \\ x_2 \leqslant 2 \\ x_1 \geqslant 0, x_2 \geqslant 0 \end{cases}$$

解：引入松弛变量 x_3, x_4 后，将上式转化为标准形式

$$\begin{cases} x_1 + 2x_2 + x_3 = 8 \\ x_2 + x_4 = 2 \\ x_1 \geqslant 0, x_2 \geqslant 0, x_3 \geqslant 0, x_4 \geqslant 0 \end{cases}$$

上述方程组的系数矩阵为 $A=(p_1,p_2,p_3,p_4)=\begin{bmatrix}1&2&1&0\\0&1&0&1\end{bmatrix}$。令基矩阵为 A 中任意两个线性无关向量的组合，则计算对应的基本解如下：

令 $B=(p_1,p_2)=\begin{bmatrix}1&2\\0&1\end{bmatrix}$，$x_B=B^{-1}b=\begin{bmatrix}1&-2\\0&1\end{bmatrix}\begin{bmatrix}8\\2\end{bmatrix}=(4,2)^T$，基本解 $x^{(1)}=(4,2,0,0)^T$。

令 $B=(p_1,p_4)=\begin{bmatrix}1&0\\0&1\end{bmatrix}$，$x_B=B^{-1}b=\begin{bmatrix}1&0\\0&1\end{bmatrix}\begin{bmatrix}8\\2\end{bmatrix}=(8,2)^T$，基本解 $x^{(2)}=(8,0,0,2)^T$。

令 $B=(p_2,p_3)=\begin{bmatrix}2&1\\1&0\end{bmatrix}$，$x_B=B^{-1}b=\begin{bmatrix}0&1\\1&-2\end{bmatrix}\begin{bmatrix}8\\2\end{bmatrix}=(2,4)^T$，基本解 $x^{(3)}=(0,2,4,0)^T$。

令 $B=(p_2,p_4)=\begin{bmatrix}2&0\\1&1\end{bmatrix}$，$x_B=B^{-1}b=\begin{bmatrix}0.5&0\\-0.5&1\end{bmatrix}\begin{bmatrix}8\\2\end{bmatrix}=(4,-2)^T$，基本解 $x^{(4)}=(0,2,0,-2)^T$。

令 $B=(p_3,p_4)=\begin{bmatrix}1&0\\0&1\end{bmatrix}$，$x_B=B^{-1}b=\begin{bmatrix}1&0\\0&1\end{bmatrix}\begin{bmatrix}8\\2\end{bmatrix}=(8,2)^T$，基本解 $x^{(5)}=(0,0,8,2)^T$。

上述基本解中，除 $x^{(4)}$ 存在负分量外，其余均为基本可行解。将这些基本可行解逐一代入目标函数，并比较目标函数值，则获得对应的最优化问题的最优解。

2.1.3 单纯形法求解

1. 算法原理

将基本可行解逐一对比，从而找出最优解的方法是一种枚举法，这是非常耗时的计算方法。单纯形法(simplex method)是 G. B. Dantzig 在1947年提出的，是求解标准型连续线性模型的基础方法。其基本思想是：从约束集的某个基本可行解(BFS)开始，沿下降速度最大的方向，依次移动到相邻的基本可行解，直至找出最优解或判断问题无界。这个过程涉及三个基础问题：

① 初始化：如何找到一个基本可行解，并以其为起点开始单纯形计算？

② 迭代规则：如何从一个基本可行解迭代到相邻的基本可行解，并且使迭代的次数尽量少？

③ 判断准则：如何判断当前的基本可行解是否为最优解？或如何确定问题无界？

本小节基于上述三个问题，介绍最速下降单纯形法的基本原理和计算过程。

考虑标准型线性规划问题

$$\min c^T x$$
$$\text{s. t. } Ax=b, x \geqslant 0$$

式中，A 是 $m\times n$ 矩阵常数，秩为 m 且 $n\geqslant m$，x 为用 n 维列向量表示的非负变量，b 为用 m 维列向量表示的常数。A 可分解为 n 个 m 维的列向量，表示为 $A=(p_1,p_2,\cdots,p_n)$。

选择 A 中的 m 个不线性相关的列向量，组成 $m\times m$ 的基矩阵 B，其余向量组成 $m\times(m-n)$ 的非基矩阵 N。这样，A 就分解为 $A=(B,N)$。

因此，$Ax=b$ 可写为 $(B,N)\begin{bmatrix}x_B\\x_N\end{bmatrix}=b$，展开得到

$$Bx_B+Nx_N=b$$

两边左乘 B^{-1} 并移项得到
$$x_B = B^{-1}b - B^{-1}Nx_N$$

令 $x_N = 0$，则得到一个基本解 $x^{(0)} = \begin{bmatrix} B^{-1}b \\ 0 \end{bmatrix}$。如果 $x^{(0)}$ 是可行的，则找到了一个基本可行解，可以作为单纯形法的起点。如果 $x^{(0)}$ 是不可行的，例如存在负分量的情况，则需要重新选择列变量组成基矩阵 B，重复上述计算，直至得到的基本解是可行的。

下面给出判断一个基本可行解是否为最优解的条件。

对于任意一个解 x，在 x 处的目标函数值表示为

$$\begin{aligned} f = c^T x &= (c_B^T, c_N^T) \begin{bmatrix} x_B \\ x_N \end{bmatrix} = c_B^T x_B + c_N^T x_N = c_B^T(B^{-1}b - B^{-1}Nx_N) + c_N^T x_N = \\ &\quad c_B^T B^{-1} b - c_B^T B^{-1} N x_N + c_N^T x_N = \\ &\quad c_B^T B^{-1} b - (c_B^T B^{-1} N - c_N^T) x_N = \\ &\quad f_0 - \sum_{j \in R} (c_B^T B^{-1} p_j - c_j) x_j = \\ &\quad f_0 - \sum_{j \in R} (z_j - c_j) x_j \end{aligned} \quad (2-4)$$

式中，R 为非基变量下标集合；$z_j = c_B^T B^{-1} p_j$，p_j 是 N 中的第 j 列，$f_0 = c_B^T B^{-1} b$ 是选定基矩阵后即确定的固定值。由于 $\sum_{j \in R} (z_j - c_j) x_j$ 中的 x_j 是非负变量，当且仅当对所有的 $j \in R$ 都满足 $z_j - c_j \leq 0$ 时，令所有非基变量 $x_j = 0$ 可使 f 取得最小值，即 $f = f_0$。若存在某个 j 有 $z_j - c_j > 0$ 的情况，则总是可以令 x_j 取大于 0 的数，令其他非基变量为 0，使目标函数值能进一步下降。

因此，可以将是否存在 $z_j - c_j > 0$ 的情况作为判断当前基本可行解是否为最优解的条件，$z_j - c_j$ 又称为**单纯形判别数**。

判断的方法是从所有非基变量下标集 R 中找出一个非基变量 x_k，使 k 满足

$$z_k - c_k = \max\{z_j - c_j \mid j \in R\} \quad (2-5)$$

若 $z_k - c_k \leq 0$，则当前基本可行解 $\begin{bmatrix} B^{-1}b \\ 0 \end{bmatrix}$ 是问题的最优解，对应的最优目标函数值为 $f_0 = c_B^T B^{-1} b$，计算结束；反之，若 $z_k - c_k > 0$，则表示非基变量 x_k 的增加还可以使目标函数值进一步降低，表示当前极点/可行解不是最优解。

通常单纯形判别数又写作 $wp_j - c_j$，其中 $w = c_B^T B^{-1}$，称为单纯形乘子。

注意判别数 $wp_j - c_j$ 可以是针对非基变量的，也可以是针对基变量的。针对非基变量，判别数计算式为

$$\{z_j - c_j\} = c_B^T B^{-1} N - c_N^T$$

针对基变量，将上式中的 N 替换为 B，将 c_N 替换为 c_B，判别数的计算式为

$$\{z_j - c_j\} = c_B^T B^{-1} B - c_B^T = 0$$

因此，无论当前解是否为最优，非基变量的判别数总是为 0。这样就得到单纯形法的判别定理。

定理：在极小化问题中，对于某个基本可行解，若所有判别数 $z_j - c_j \leq 0$，则该基本可行解为最优解；在极大化问题中，对于某个基本可行解，若所有判别数 $z_j - c_j \geq 0$，则该基本可行解

为最优解。

若当前的极点/FBS 不是最优解,则需要转移到下一个极点/FBS,再判断是否为最优解。下面给出转移的方法。

因为 $z_k - c_k > 0$ 表示 x_k 值取某个大于 0 的值会使目标函数值更低,那么令 x_k 继续增大会使目标函数值进一步降低。但是 x_k 不能无限增大,当增大到使 $\boldsymbol{x_B}$ 中的某个变量(例如 x_r)由正向负转变而变为 0 的时候,则停止。这时,将非基变量 x_k 加入成为基变量(称为进基变量),而将基变量中的 x_r 移出,构建出新的基变量及对应的基矩阵。

在基变量中查找上述第 r 个分量(称为出基变量)的算法如下:

将 x_k 从 0 增大为正数,$\boldsymbol{x_B}$ 中的分量可能跟随上升或下降。当 x_k 增大到某个值(记为 h_k),且基变量 $\boldsymbol{x_B}$ 出现了第一个由正(或负)下降(或上升)为 0 的分量(分量序号记为 r_k)时,则停止增大,此时有

$$\bar{b}_{r_k} - y_{r_k,k} x_k = 0, \quad 即 \quad x_k = \frac{\bar{b}_{r_k}}{y_{r_k,k}}$$

由于 x_k 为正数,因此 h_k 和 r_k 的计算表达式分别为

$$h_k = \min_i \left\{ \frac{\bar{b}_i}{y_{ik}} \,\bigg|\, i = 1, 2, \cdots, m; y_{ik} \bar{b}_i > 0 \right\} \tag{2-6}$$

$$r_k = \arg\min_i \left\{ \frac{\bar{b}_i}{y_{ik}} \,\bigg|\, i = 1, 2, \cdots, m; y_{ik} \bar{b}_i > 0 \right\} \tag{2-7}$$

若对于所有 $i = 1, 2, \cdots, m$ 都有 $y_{ik} \bar{b}_i < 0$,则令 $h_k = \phi$,表示该非基变量不能作为进基变量。若对于所有的 k,都有 $h_k = \phi$,则表示问题无界。

若 $h_k \neq \phi$,由式(2-4)知,目标函数值降幅为

$$\Delta f_k = -(z_k - c_k) h_k \tag{2-8}$$

找出 R(或 R')中令 Δf_k 最小的 k',即确定令目标函数值降幅最大的非基变量 $x_{k'}$:

$$\Delta f_{k'} = \min\{-(z_k - c_k) h_k \mid h_k \neq \phi, \forall k\} \tag{2-9}$$

将非基变量移入基变量集,同时将基变量集中的第 $r_{k'}$ 个基变量(记为 $x_{r'}$)移出,从而完成一次极点/可行基本解的转移。获得了新的基变量组之后,再交换 $\boldsymbol{p}_k$ 和 $\boldsymbol{p}_r$ 得到新的基矩阵和非基矩阵;然后再计算新基变量和基矩阵的基本可行解,重复利用式(2-5)判断当前的基本可行解是否为最优解,直至获得最优解或判断问题无界。

与传统单纯形法不同,这种转移是按照令目标函数值降幅最大的方向转移,称为**最速下降单纯形法**。更多的传统单纯形法可参见文献[1]。

最速下降单纯形法的求解步骤如下:

① 求解标准型线性规划问题

$$\min\ \boldsymbol{c_B} \boldsymbol{x_B} + \boldsymbol{c_N} \boldsymbol{x_N}$$

$$\text{s.t.}\ (\boldsymbol{B}, \boldsymbol{N}) \begin{bmatrix} \boldsymbol{x_B} \\ \boldsymbol{x_N} \end{bmatrix} = \boldsymbol{b},\ \boldsymbol{x_B} \geqslant \boldsymbol{0}, \boldsymbol{x_N} \geqslant \boldsymbol{0}$$

式中,$\boldsymbol{B}$ 为 $m \times m$ 满秩基矩阵,$\boldsymbol{N}$ 为 $m \times (n-m)$ 非基矩阵,令 $\boldsymbol{A} = (\boldsymbol{B}, \boldsymbol{N}) = (\boldsymbol{p}_1, \boldsymbol{p}_2, \cdots, \boldsymbol{p}_n)$,$\boldsymbol{x_N} = \boldsymbol{0}$,则基变量 $\boldsymbol{x_B} = \boldsymbol{B}^{-1} \boldsymbol{b}$,获得初始基本解 $(\boldsymbol{B}^{-1} \boldsymbol{b}, \boldsymbol{0})$ 及目标函数值 $f = \boldsymbol{c}^\mathrm{T} \boldsymbol{B}^{-1} \boldsymbol{b}$。

② 对于所有非基变量下标集 R,计算单纯形判别数

$$\{z_j - c_j \mid j \in R\} = \boldsymbol{c}_B \boldsymbol{B}^{-1} \boldsymbol{N} - \boldsymbol{c}_N$$

以 R' 表示非基变量中判别数大于 0 的下标集。

③ 判断：如果 R' 为空集且当前基本解可行，则当前解为最优解，算法停止；否则，继续执行下面步骤。

④ 若当前基本解可行，则对于每一个 $k \in R'$ 进行下面的计算；若当前基本解不可行，则对于每一个 $k \in R$ 进行下面的计算。

计算 $\boldsymbol{y}_k = \boldsymbol{B}^{-1} \boldsymbol{p}_k = (y_{1k}, y_{2k}, \cdots, y_{mk})^{\mathrm{T}}$。令 $\bar{\boldsymbol{b}} = \boldsymbol{B}^{-1} \boldsymbol{b} = (\bar{b}_1, \bar{b}_2, \cdots, \bar{b}_m)$，$z_k = \boldsymbol{c}_B^{\mathrm{T}} \boldsymbol{B}^{-1} \boldsymbol{p}_k$，计算 h_k、r_k 和 Δf_k 的值，即

$$h_k = \min_i \left\{ \frac{\bar{b}_i}{y_{ik}} \,\bigg|\, i = 1, 2, \cdots, m; y_{ik} \bar{b} > 0 \right\}, \qquad \forall k \in R'$$

$$r_k = \arg \min_i \left\{ \frac{\bar{b}_i}{y_{ik}} \,\bigg|\, i = 1, 2, \cdots, m; y_{ik} \bar{b} > 0 \right\}, \quad \forall k \in R'$$

$$\Delta f_k = -(z_k - c_k) h_k, \qquad \forall k \in R'$$

判断：若对所有的 k 都有 $h_k = \phi$，则问题无界，算法停止。

⑤ 确定非基变量 $x_{k'}$，即找出令 Δf_k 最小化的 k 值（设为 k'），以及对应的 $r_{k'}$，即

$$\Delta f_{k'} = \min\{\Delta f_k \mid h_k \neq \phi, \forall k\}, \quad r' = r_{k'}$$

⑥ 将 $x_{r'}$ 移出基变量，将 $x_{k'}$ 移入基变量，$\boldsymbol{p}_{k'}$ 与 $\boldsymbol{p}_{r'}$ 交换，得到了新的基矩阵和非基矩阵，完成一次极点的转移。返回执行步骤②。

2. 算法收敛性

算法中的每次转换都确保了目标函数值是下降的，且基本解的数量是有限的，因此若问题有解，则必然在有限次数下收敛于最优解。

同时，算法中的每次转换都不会增加负分量，因此若起始基本解是可行的，则最后输出的基本解也必然可行且是优解。若起始基本解存在负分量的情况，且最后输出的解仍然含有负分量，则问题无解；若最后输出解是可行的，则必然是最优解。

例：用最速下降单纯形法求解下面线性规划问题：

$$\min -\frac{3}{4}x_4 + 20x_5 - \frac{1}{2}x_6 + 6x_7$$

$$\text{s.t.} \quad x_1 + \frac{1}{4}x_4 - 8x_5 - x_6 + 9x_7 = 0$$

$$x_2 + \frac{1}{2}x_4 - 12x_5 - \frac{1}{2}x_6 + 3x_7 = 0$$

$$x_3 + x_6 = 1$$

$$x_i \geqslant 0, \; i = 1, 2, \cdots, 7$$

解：将问题矩阵化可表示为

$$\boldsymbol{A} = (\boldsymbol{p}_1, \boldsymbol{p}_2, \boldsymbol{p}_3, \boldsymbol{p}_4, \boldsymbol{p}_5, \boldsymbol{p}_6, \boldsymbol{p}_7) = \begin{bmatrix} 1 & 0 & 0 & \dfrac{1}{4} & -8 & -1 & 9 \\ 0 & 1 & 0 & \dfrac{1}{2} & -12 & -\dfrac{1}{2} & 3 \\ 0 & 0 & 1 & 0 & 0 & 1 & 0 \end{bmatrix}$$

$$c = (c_1, c_2, c_3, c_4, c_5, c_6, c_7)^{\mathrm{T}} = \left(0, 0, 0, -\frac{3}{4}, 20, -\frac{1}{2}, 6\right)^{\mathrm{T}}$$

$$b = (b_1, b_2, b_3)^{\mathrm{T}} = (4, 12, 3)^{\mathrm{T}}$$

令 $B = (p_1, p_2, p_3)$, $N = (p_4, p_5, p_6, p_7)$, $c_B = (c_1, c_2, c_3)$, $c_N = (c_4, c_5, c_6, c_7)$, 构造第一张单纯形表如下(其中灰底数字表示主元,以下同):

	x_B			x_N				
	x_1	x_2	x_3	x_4	x_5	x_6	x_7	$\bar{b}$
c	0	0	0	$-\dfrac{3}{4}$	20	$-\dfrac{1}{2}$	6	
x_B	1	0	0	$\dfrac{1}{4}$	-8	-1	9	0
	0	1	0	$\dfrac{1}{2}$	-12	$-\dfrac{1}{2}$	3	0
	0	0	1	0	0	1	0	1
f				$\dfrac{3}{4}$	-20	$\dfrac{1}{2}$	-6	0
Δf						0	-0.5	

计算单纯形系数及判断目标值的最大降幅如下:

$$\{z_j - c_j\} = c_B B^{-1} N - c_N =$$

$$(0,0,0)\begin{bmatrix} 1 & 0 & 0 \\ 0 & 1 & 0 \\ 0 & 0 & 1 \end{bmatrix} \begin{bmatrix} \dfrac{1}{4} & -8 & -1 & 9 \\ \dfrac{1}{2} & -12 & -\dfrac{1}{2} & 3 \\ 0 & 0 & 1 & 0 \end{bmatrix} - \left(-\dfrac{3}{4}, 20, -\dfrac{1}{2}, 6\right) =$$

$$\left\{\dfrac{3}{4}, -20, \dfrac{1}{2}, -6\right\}$$

因 $z_2 - c_2 < 0$, $z_4 - c_4 < 0$, 故忽略; 仅计算与 z_1 和 z_3 对应的情况, 即

$$h_1 = \min\left\{\dfrac{0}{\dfrac{1}{4}}, \dfrac{0}{\dfrac{1}{2}}, \dfrac{1}{0}\right\} = \phi \quad (\text{注:分子、分母相乘大于 0 有效})$$

$$h_3 = \min\left\{\dfrac{0}{-1}, \dfrac{0}{-\dfrac{1}{2}}, \dfrac{1}{1}\right\} = 1$$

$$r_3 = 3$$

$$\Delta f_3 = -(z_3 - c_3) h_3 = -\dfrac{1}{2} \times 1 = -0.5$$

由上述比较可见,忽略 Δf_1(无值),仅剩 Δf_3 代表降幅最大,因此选择非基变量中的第 3 个变量和基变量中的第 3 个变量进行交换并消元(注意:这里的选择结果与传统单纯形法有所不同),得到第二张单纯形表如下:

	x_B			x_N				$\bar{b}$
	x_1	x_2	x_3	x_4	x_5	x_6	x_7	
c	0	0	$-\frac{1}{2}$	$-\frac{3}{4}$	20	0	6	
x_B	1	0	0	$\frac{1}{4}$	-8	1	9	1
	0	1	0	0.5	-12	0.5	3	0.5
	0	0	1	0	0	1	0	1
f				$\frac{3}{4}$	-20	$-\frac{1}{2}$	-6	-0.5
Δf								

计算单纯形系数及判断目标值的最大降幅如下：

$$\{z_j - c_j\} = c_B B^{-1} N - c_N =$$

$$\left(0, 0, -\frac{1}{2}\right) \begin{bmatrix} 1 & 0 & 0 \\ 0 & 1 & 0 \\ 0 & 0 & 1 \end{bmatrix} \begin{bmatrix} \frac{1}{4} & -8 & 1 & 9 \\ \frac{1}{2} & -12 & \frac{1}{2} & 3 \\ 0 & 0 & 1 & 0 \end{bmatrix} - \left(-\frac{3}{4}, 20, 0, 6\right) =$$

$$\left\{\frac{3}{4}, -20, -\frac{1}{2}, -6\right\}$$

因 $z_2 - c_2 < 0, z_3 - c_3 < 0, z_4 - c_4 < 0$，故忽略；仅计算与 z_1 对应的情况，即

$$h_1 = \min\left\{\frac{1}{\frac{1}{4}}, \frac{0.5}{\frac{1}{2}}, \frac{1}{0}\right\} = 1$$

$$r_1 = 2$$

$$\Delta f_1 = -(z_1 - c_1)h_1 = -\frac{3}{4} \times 1 = -\frac{3}{4}$$

由上可知，Δf_1 是唯一的，选择非基变量中的第 1 个变量和基变量中的第 2 个变量进行交换并消元，得到第三张单纯形表如下：

	x_B			x_N				$\bar{b}$
	x_1	x_2	x_3	x_4	x_5	x_6	x_7	
c	0	$-\frac{3}{4}$	$-\frac{1}{2}$	0	20	0	6	
x_B	1	0	0	-0.5	-2	0.75	7.5	0.75
	0	1	0	2	-24	1	6	1
	0	0	1	0	0	1	0	1
f				$-\frac{3}{2}$	-2	$-\frac{5}{4}$	-10.5	-1.25
Δf								

计算单纯形系数及判断目标值的最大降幅如下：

$$\{z_j - c_j\} = c_B B^{-1} N - c_N =$$

$$\left(0, -\frac{3}{4}, -\frac{1}{2}\right) \begin{bmatrix} 1 & 0 & 0 \\ 0 & 1 & 0 \\ 0 & 0 & 1 \end{bmatrix} \begin{bmatrix} -0.5 & -2 & 0.75 & 7.5 \\ 2 & -24 & 1 & 6 \\ 0 & 0 & 1 & 0 \end{bmatrix} - (0, 20, 0, 6) =$$

$$\left\{-\frac{3}{2}, -2, -\frac{5}{4}, -10.5\right\}$$

单纯形系数都为负数,得到最优解 $x = (0.75, 0, 0, 1, 0, 1, 0)$,目标函数值为 -1.25。

2.2 离散线性优化模型

离散线性优化模型是数学建模的另一种常见模型。其主要特征是决策变量中包含值域非连续的离散变量,且变量之间的关系均为线性关系。在实际问题中,如果要求决策变量是整数,如机械产品的产量、执行的次数,以及 0/1 逻辑关系等,则称为整数规划问题(Integer Programming,IP)。当变量中同时存在整数变量和连续变量时,称为混合整数规划问题(Mixed-Integer Programming,MIP)。

2.2.1 线性混合整数规划

线性混合整数规划(Mixed-Integer Linear Programming,MILP)的一般形式为

$$\left. \begin{aligned} & \min\ c x^\mathrm{T} + h^\mathrm{T} y \\ & \text{s.t.}\ A x + G y \leqslant b \\ & \quad x \geqslant 0, y \in \mathbf{Z}^+ \cup \{0\} \end{aligned} \right\} \tag{2-10}$$

式中,x 是由实数型连续变量组成的向量,y 是由整数变量组成的向量,c 和 h 是常数向量,A 和 G 是常数矩阵。

由于线性混合整数规划需要考虑整数变量的各种组合情况,因此其求解难度比仅有连续变量的情况困难得多。求解的基本思路是:

① 对 MILP 模型中的所有整数变量,枚举它们的每一组取值组合,设定整数变量取值为该组固定值;

② 将 MILP 模型转化为连续线性规划,利用单纯形法求最优解;

③ 比较每种情况下的最优解,并将其中的最好解作为 MILP 问题的最优解。

例:线性混合整数规划问题为

$$\begin{aligned} & \min\ x_1 - x_2 + 2x_3 - 0.5x_4 \\ & \text{s.t.}\ x_1 + x_2 + x_3 \leqslant 5 \\ & \quad -x_1 + x_2 + 2x_4 \leqslant 6 \\ & \quad x_1 + x_3 + x_4 \geqslant 1 \\ & \quad x_1, x_2 \in \mathbf{R}^+ \\ & \quad x_3, x_4 \in \{0, 1\} \end{aligned}$$

对应上述线性混合整数规划问题,考虑整数变量 x_3 和 x_4 的四种取值组合,将原问题分解为四个子问题,分别如下:

第 2 章　最优化建模与求解基础方法

当 $x_3=0, x_4=0$	当 $x_3=0, x_4=1$	当 $x_3=1, x_4=0$	当 $x_3=1, x_4=1$
min $x_1 - x_2$	min $x_1 - x_2 - 0.5$	min $x_1 - x_2 + 2$	min $x_1 - x_2 + 1.5$
s.t. $x_1 + x_2 \leqslant 5$	s.t. $x_1 + x_2 \leqslant 5$	s.t. $x_1 + x_2 \leqslant 4$	s.t. $x_1 + x_2 \leqslant 4$
$-x_1 + x_2 \leqslant 6$	$-x_1 + x_2 \leqslant 4$	$-x_1 + x_2 \leqslant 6$	$-x_1 + x_2 \leqslant 4$
$x_1 \geqslant 1$	$x_1 \geqslant 0$	$x_1 \geqslant 0$	$x_1 \geqslant -1$
$x_1, x_2 \geqslant 0$	$x_1, x_2 \geqslant 0$	$x_1, x_2 \geqslant 0$	$x_1, x_2 \geqslant 0$

利用单纯形法计算上述四个子问题,得到最优解分别为 $(x_1=1, x_2=4)$,$(x_1=0, x_2=4)$,$(x_1=0, x_2=4)$ 和 $(x_1=-1, x_2=3)$。目标值分别为 -3,-4.5,-2 和 -2.5。因此原问题的最优解为 $(x_1=0, x_2=4, x_3=0, x_4=1)$,最低目标函数值为 -4.5。

例题中,用遍历的方式求解了整数值的全部组合情况而获得最优解。但在很多实际情况下,整数变量可能较多,这种方法的计算效率是不可接受的。更高计算效率的算法还有割平面法、分支定界算法、现代启发式算法,以及针对具体问题而设计的特定算法等。

2.2.2　上界、下界与线性松弛

考虑一般线性混合整数规划问题。

定义 1　**上界**(upper bound):令 $\bar{f}$ 表示 MILP 问题的一个目标函数值,若能证明(IP)问题的最优目标函数值 f^* 必然满足 $\bar{f} \geqslant f^*$,则将 $\bar{f}$ 称为(IP)问题的一个上界。

定义 2　**下界**(lower bound):令 $\underline{f}$ 表示 MILP 问题的一个目标函数值,若能证明(IP)问题的最优目标函数值 f^* 必然满足 $\underline{f} \leqslant f^*$,则将 $\underline{f}$ 称为(IP)问题的一个下界。

具体问题实例的上界或下界可以是具体的数值,但一类问题的上界和下界通常是用表达式来表示,或者是某个具体算法所能获得的值。针对某个优化问题建立了(IP)模型之后,一个重要的研究内容就是分析其上界和下界,并有以下一些性质:

性质 1:问题的上界(或下界)不一定存在,存在也不一定唯一。

性质 2:不同的分析方法,针对同一个问题可以得出不同的上界或下界。

性质 3:对于最小化问题,任何一个可行解都是该问题的一个上界;对于最大化问题,任何一个可行解都是该问题的一个下界。

如果其中一个上界(或下界)比另一个上界(或下界)总是更靠近最优解,则称该上界为更紧界(tighter bound)。针对某些经典的 NP-hard 最优化问题,如果能够提出一种更紧的上界(或下界),也是重要的学术贡献。可将上界(或下界)作为大规模问题求解的对比标杆,以对比和验证不同算法获得的解的优化程度。

定义 3　**线性松弛**(linear relaxation):考虑一般 MILP 问题(式(2-10)),将其中的整数变量的整数性要求去掉,转换为实数变量,则将式(2-10)问题转换为线性规划问题(LP),即

$$\left.\begin{aligned}(\text{LP})\quad &\min\ \boldsymbol{c}\boldsymbol{x}^{\mathrm{T}} + \boldsymbol{h}^{\mathrm{T}}\boldsymbol{y} \\ &\text{s.t.}\ \boldsymbol{A}\boldsymbol{x} + \boldsymbol{G}\boldsymbol{y} \leqslant \boldsymbol{b} \\ &\quad\ \boldsymbol{x} \geqslant \boldsymbol{0}, \boldsymbol{y} \geqslant \boldsymbol{0}\end{aligned}\right\} \tag{2-11}$$

用线性规划求解方法(单纯形法)求解上述(LP)松弛规划,得到最优解 $\boldsymbol{x}^* = (x_1, x_2, \cdots, x_n)$,称 $\boldsymbol{x}^*$ 为线性规划松弛解,且 $\boldsymbol{x}^*$ 有如下判断:

① $\boldsymbol{x}^*$ 是 MILP 问题的一个下界;

② 若 $\boldsymbol{x}^*$ 的分量都是整数,则 $\boldsymbol{x}^*$ 是 MILP 问题的最优解;

③ 若 $\boldsymbol{x}^*$ 的分量有一部分不是整数,则 $\boldsymbol{x}^*$ 不是 MILP 问题的可行解。(需要进一步加强约束处理,如直接取整、割平面、分支定界等,以获得可行解。)

2.2.3 割平面法

1958年,R. E. Gomory创立了求解线性整数规划的割平面法。这种方法的基本思路是:首先求解整数规划问题的线性松弛问题,如果得到的最优解满足整数要求,则该解为整数规划的最优解;否则,选择一个不满足整数要求的基变量,定义一个新约束,并将其增加到原来的约束集中。这个约束的作用是:切割掉一部分不满足整数要求的可行解空间,但保留了全部的整数可行解。然后求解新的松弛线性规划。重复以上过程,直至获得的解都是整数分项。

上述方法的关键是如何定义切割约束,下面以实际例子来说明割平面求解法的原理。

例: 求解最优化(IP)问题

$$(\text{IP}) \quad \min -x_2$$
$$\text{s.t.} \quad 3x_1 + 2x_2 \leqslant 6$$
$$-3x_1 + 2x_2 \leqslant 0$$
$$x_1, x_2 \text{ 是非负整数}$$

解: 首先,去掉x_1, x_2的整数性要求,即令x_1, x_2的值域松弛为整个非负实数域,将(IP)问题转换为(LP)问题。用图解法绘出(IP)问题和(LP)问题的可行域,如图2.1(a)所示。其中阴影区域为(LP)问题的可行域,阴影区域中的整数点为(IP)问题的可行域,即解集为$\{(0,0), (1,0), (2,0), (1,1)\}$。

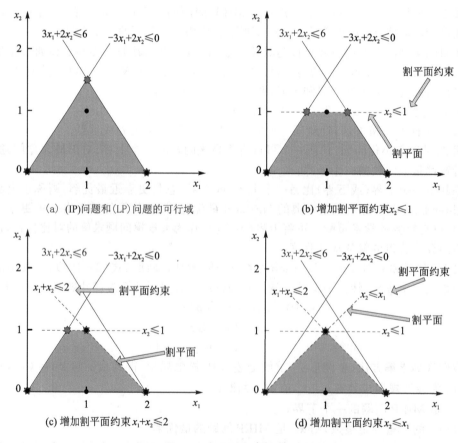

图2.1 割平面原理示例图

然后,求解(LP)问题,若采用单纯形法,则得到最优解 $x'=(1,1.5)$。由于解中的分量 $x_2=1.5$ 不满足整数性要求,因此 x' 不是原(IP)问题的可行解。这时需要在(LP)问题上增加约束,目的是**"割去"(LP)问题的部分可行域,同时保留(IP)问题的可行域不受影响,使(LP)问题的求解结果满足整数性要求**。因此,为(LP)问题增加割平面约束 $x_2 \leqslant 1$,对其可行域进行切割,如图 2.1(b)所示。

若再次求解(LP)问题,可得最优解为 $\left(\dfrac{2}{3},1\right)$ 和 $\left(\dfrac{3}{2},1\right)$,会发现仍然不满足整数性要求。分析(LP)问题和(IP)问题的可行域可以发现,若再继续增加 2 个割平面约束 $x_1+x_2 \leqslant 2$ 和 $x_2 \leqslant x_1$,则(LP)问题的可行域极点与(IP)问题的可行域完全重合,如图 2.1(c)、(d)所示,此时求解(LP)问题得到的最优解就是(IP)问题的最优解。

因此,上述(IP)问题就转换为求解下面(LP)问题,且结果为整数解,即

$$(\text{LP}) \quad \min \ -x_2$$
$$\text{s.t.} \ 3x_1+2x_2 \leqslant 6$$
$$-3x_1+2x_2 \leqslant 0$$
$$\left.\begin{array}{l} x_2 \leqslant 1 \\ x_1+x_2 \leqslant 2 \\ x_2 \leqslant x_1 \end{array}\right\} \text{割平面}$$
$$x_1,x_2 \geqslant 0$$

总结上述方法,得到割平面法的基本原理如下:

① 对于整数规划问题(IP),去掉对变量的整数性要求,建立整数规划的松弛问题(LP)。

② 为(LP)问题增加割平面约束,在保持原始(IP)问题的可行域不受影响的情况下,割掉(LP)问题的一部分可行域,使(LP)问题的最优解变量都满足整数性要求。

③ 割平面法的关键问题是构造有效的割平面约束,使得每次都尽可能多地割去松弛问题的可行域且不失最优解。

2.2.4 分支定界法

分支定界(Branch & Bound,BB 或 B&B)法是一种分解算法,它是通过增加割平面约束的方式将原问题的可行域空间分解为若干子空间,并求解各子空间中的局部整数最优解,然后通过比较得到全局整数最优解的过程。分支定界法是求解整数规划的一种精确算法,可利用计算机的并行搜索计算能力,目前广泛应用于各种整数规划求解软件包。

分支定界算法涉及三个基本概念:

松弛:将整数规划(IP)去掉整数性约束(即允许变量为连续非负实数),得到整数规划松弛问题(P_0)。

分支:将松弛问题(P_0)分解为若干子问题(P_1)…(P_k),各子问题具有相同的目标函数,且对(P_0)问题的可行域全覆盖,不损失任何整数可行解。

探测:探测各子问题的松弛可行解,并与已经获得的上界和下界做比较,以确定是否裁剪掉该子问题或展开下一级子问题。

分支定界算法的基本步骤如下:

步骤一:对原问题(IP)去掉整数性约束,得到松弛问题(P_0),即

$$(IP) \quad \min \boldsymbol{cx}^T \qquad \xrightarrow{\text{松弛}} \qquad (P_0) \quad \min \boldsymbol{cx}^T$$
$$\text{s.t.} \ \boldsymbol{Ax} \leqslant \boldsymbol{b} \qquad\qquad\qquad \text{s.t.} \ \boldsymbol{Ax} = \boldsymbol{b}$$
$$x \in \boldsymbol{Z}^+ \cup \{0\} \qquad\qquad\qquad \boldsymbol{x} \leqslant \boldsymbol{0}$$

步骤二:求解松弛问题(P_0),得到最优解S_0^*,令原问题的下界$\underline{S}_0$初始化为S_0^*,上界$\overline{S}_0$初始化为无穷大。

步骤三(分支):任选一个不满足整数性要求的变量x_j,设其取值为$\overline{b}_j$,用$[\overline{b}_j]$表示其整数部分,则将(P_0)分解为2个子问题(见图2.2),即

$$(P_1) \ \min \boldsymbol{cx}^T \qquad\qquad (P_2) \ \min \boldsymbol{cx}^T$$
$$\text{s.t.} \ \boldsymbol{Ax} \leqslant \boldsymbol{b} \qquad\qquad \text{s.t.} \ \boldsymbol{Ax} \leqslant \boldsymbol{b}$$
$$x_j \leqslant [\overline{b}_j] \qquad\qquad x_j \geqslant [\overline{b}_j]+1$$
$$\boldsymbol{x} \in \boldsymbol{Z}^+ \cup \{0\} \qquad\qquad \boldsymbol{x} \in \boldsymbol{Z}^+ \cup \{0\}$$

说明1:上述子问题(P_1)和(P_2)的可行整数值域完全覆盖原问题(P_0),全部子问题的整数最优解必然是原问题的整数最优解。

说明2:也可以选择多个(例如m个)不满足整数性要求的变量,同时分解出更多子问题,子问题个数为2^m。例如选择k,j两个变量,可分解出4个子问题$(P_1),(P_2),(P_3),(P_4)$(见图2.3),即

(P_1) $\min \boldsymbol{cx}^T$ $\qquad$ (P_2) $\min \boldsymbol{cx}^T$ $\qquad$ (P_3) $\min \boldsymbol{cx}^T$ $\qquad$ (P_4) $\min \boldsymbol{cx}^T$

$\quad$ s.t. $\boldsymbol{Ax} \leqslant \boldsymbol{b}$ $\qquad\quad$ s.t. $\boldsymbol{Ax} \leqslant \boldsymbol{b}$ $\qquad\quad$ s.t. $\boldsymbol{Ax} \leqslant \boldsymbol{b}$ $\qquad\quad$ s.t. $\boldsymbol{Ax} \leqslant \boldsymbol{b}$

$\quad\quad x_j \leqslant [\overline{b}_j]$ $\qquad\qquad x_j \leqslant [\overline{b}_j]$ $\qquad\qquad x_j \geqslant [\overline{b}_j]+1$ $\qquad x_j \geqslant [\overline{b}_j]+1$

$\quad\quad x_k \leqslant [\overline{b}_k]$ $\qquad\qquad x_k \geqslant [\overline{b}_k]+1$ $\qquad x_k \leqslant [\overline{b}_k]$ $\qquad\qquad x_k \geqslant [\overline{b}_k]+1$

$\quad\quad \boldsymbol{x} \in \boldsymbol{Z}^+ \cup \{0\}$ $\qquad \boldsymbol{x} \in \boldsymbol{Z}^+ \cup \{0\}$ $\qquad \boldsymbol{x} \in \boldsymbol{Z}^+ \cup \{0\}$ $\qquad \boldsymbol{x} \in \boldsymbol{Z}^+ \cup \{0\}$

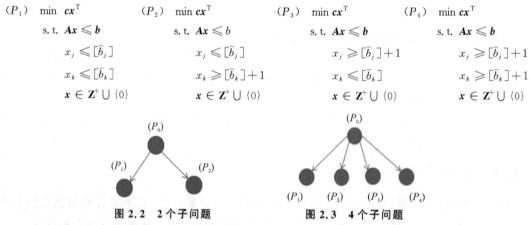

图2.2　2个子问题　　　　　图2.3　4个子问题

步骤四(计算):用单纯形法(或其他线性规划求解方法)分别求解子问题(P_1)和(P_2)的松弛问题,得到松弛解S_1和S_2。

由于每个子问题都是独立问题,因此可以采用多线程独立计算来满足并行求解计算要求。

步骤五(定界):更新原问题(P_0)的下、上界$(\underline{S}_0,\overline{S}_0)$,判断方法如下:

① 若$\min\{S_1,S_2\} > \underline{S}_0$,则更新$(P_0)$问题的下界$\underline{S}_0 \leftarrow \min\{S_1,S_2\}$。注意:$\underline{S}_0$是顶层问题$(P_0)$的下界,$\underline{S}_1$和$\underline{S}_2$是第2层子问题的下界。若不是顶层-次顶层关系,则需逐层向上传递计算各层子问题的下界,传递计算的公式为

$$\underline{S}^{\text{上层}} \leftarrow \min\{\underline{S}_1^{\text{下层}},\underline{S}_2^{\text{下层}},\cdots,\underline{S}_k^{\text{下层}}\}$$

② 如果S_1或S_2是可行解,且比原问题(P_0)的当前上界$\overline{S}_0$更小,则更新原问题(P_0)的上界,即$\overline{S}_0 \leftarrow \min\{S_1,S_2\}$。

步骤六:分别针对子问题(P_1)和(P_2)进行分支、计算和定界,即重复执行前面的步骤三~

步骤五,将原问题按树形展开为多层级的子问题。

步骤七:终止判断。算法终止条件有 2 个:

① 算法过程就是 (P_0) 问题的下、上界 $(\underline{S}_0, \bar{S}_0)$ 趋于一致的过程。当满足判别式

$$\bar{S} - \underline{S}_0 \leqslant \varepsilon$$

时,算法停止,输出最优解,式中 ε 是预先设定的一个小数。

② 若所有分支都被裁剪掉,则算法终止,当前上界 $\bar{S}_0$ 即为最优解;若当前上界仍然保持无穷大,则问题无界。

上述分支定界算法中,分支和裁剪策略是影响算法效率比较关键的环节。其中,分支策略包括深度优先和广度优先:

① 深度优先:在对含有非整数解的子问题进行分解时,优先选择最下层子问题进行分解,以便快速向下展开树形结构的深度。该策略的优点是可快速获得原始(IP)问题的整数可行解,由此产生第一个上界。然后利用上界对后续分支进行裁剪,降低总搜索节点数。如图 2.4(a)所示,当将 (P_0) 问题分解为 (P_1) 和 (P_2) 后,优先选择下级节点 (P_1) 或 (P_2) 继续分解展开。

② 广度优先:在子问题分解时,优先选择同级子问题进行分解展开,以便快速横向展开树形结构的广度。该策略的优点是能高效地利用现代计算机的多线程并行计算能力,求解速度快,有利于找到目标值较低的可行解作为下界,从而在算法后期加速收敛。如图 2.4(b)所示,当将 (P_0) 问题分解为 (P_1) 和 (P_2) 后,优先选择同级问题 (P_0) 继续展开,产生下级子节点 (P_3) 和 (P_4)。

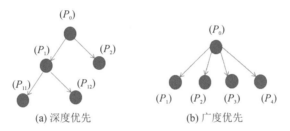

图 2.4 深度优先与广度优先分解图

深度优先策略的缺点是易陷入较差可行解分支,导致上界下降速度较慢。广度优先策略的缺点是对计算机内存需求大,堆栈节点容量大,在算法初始阶段对分支的裁剪比较慢。

判断当前分支 (P_i) 是否是裁剪的策略有以下方法:首先用单纯形法(或其他线性规划求解方法)求解 (P_i) 的松弛问题,并做如下判断:

① 若没有可行解,则表示子问题 (P_i) 也没有可行解,可将 (P_i) 分支裁剪掉;

② 若获得了可行的最优解 S_i^*,但 S_i^* 比原问题 (P_0) 的当前已知上界 $\bar{S}_0$ 还要大或相等,则表示在 (P_i) 分支上继续分解(增加约束条件)不能获得更好解,可以裁剪掉;

③ 若获得了可行的最优解 S_i^*,且 S_i^* 的各项分量均为整数,则停止对 (P_i) 分支,且若 S_i^* 小于已知上界 $\bar{S}_0$,则将已知上界更替为 S_i^*。

例:用分支定界算法求解下面整数规划问题:

$$(P_0) \quad \min \ x_1 + 2x_2$$
$$\text{s.t.} \ 4x_1 + 2x_2 \geqslant 5$$
$$x_1, x_2 \geqslant 0 \text{ 且为整数}$$

解:① 用单纯形法求解 (P_0) 的松弛问题,得到最优解 $\boldsymbol{x} = (1.25, 0)^\text{T}$,目标函数值为

$f=1.25$。初始设定(P_0)问题的下、上界分别为$\underline{S}_0=1.25, \bar{S}_0=$无穷大。因为$x$不全为整数,所以不是$(P_0)$的可行解,可继续分支。选择分量$x_1=1.25$,分别增加分支约束$x_1 \leqslant 1$和$x_1 \geqslant 2$,产生如下分支子问题$(P_1)$和$(P_2)$:

(P_1) min $x_1 + 2x_2$ (P_2) min $x_1 + 2x_2$
        s.t. $4x_1 + 2x_2 \geqslant 5$ s.t. $4x_1 + 2x_2 \geqslant 5$
        $x_1 \leqslant 1$ $x_1 \geqslant 2$
        $x_1, x_2 \geqslant 0$ 且为整数 $x_1, x_2 \geqslant 0$ 且为整数

② 用单纯形法求解(P_1)的松弛问题,得到最优解$\boldsymbol{x}=(1, 0.5)^T$,目标函数值$f=2$。更新$(P_0)$问题的下界为2,得到$\underline{S}_0=2, \bar{S}_0=$无穷大。采用深度递归策略,因为$x$不全为整数,所以不是$(P_1)$的可行解,可继续分支。选择分量$x_2=0.5$,分别增加分支约束$x_2 \leqslant 0$和$x_2 \geqslant 1$,产生如下分支子问题$(P_3)$和$(P_4)$:

(P_3) min $x_1 + 2x_2$ (P_4) min $x_1 + 2x_2$
        s.t. $4x_1 + 2x_2 \geqslant 5$ s.t. $4x_1 + 2x_2 \geqslant 5$
        $x_1 \leqslant 1$ $x_1 \leqslant 1$
        $x_2 \leqslant 0$ $x_2 \geqslant 1$
        $x_1, x_2 \geqslant 0$ 且为整数 $x_1, x_2 \geqslant 0$ 且为整数

③ 用单纯形法求解(P_3)的松弛问题,无可行解,该分支裁剪掉。

④ 用单纯形法求解(P_4)的松弛问题,得到最优解$\boldsymbol{x}=(0.75, 1)^T$,目标函数值$f=2.75$。因为目标值大于现有上界值2,所以该分支可裁剪掉。

⑤ 用单纯形法求解(P_2)的松弛问题,得到$\boldsymbol{x}=(2, 0)^T$,目标函数值$f=2$。因为是可行解,所以更新(P_0)问题的上界为2,得到$\underline{S}_0=2, \bar{S}_0=2$。判断:由于$(P_0)$问题已经满足"上界=下界",且$x$为整数可行解,因此即为原问题的最优解。计算完毕。

将本算例的所有分支展开,可得到如图2.5所示的树形图。

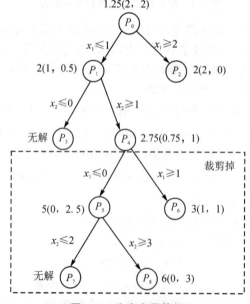

图 2.5 分支定界算例

2.3 非线性处理方法

2.3.1 一般形式和处理方法

非线性优化模型是模型中含有非线性成分的情况,如目标函数或约束条件中含有非线性成分。一般形式可写为

$$\left.\begin{aligned}&\min \ \boldsymbol{c}^\mathrm{T}\boldsymbol{x}+f(\boldsymbol{x})\\&\mathrm{s.t.} \ \boldsymbol{a}_i^\mathrm{T}\boldsymbol{x}+g_i(\boldsymbol{x})\geqslant 0, \quad i=1,2,\cdots,m\end{aligned}\right\} \quad (2-12)$$

式中,$f(\boldsymbol{x})$是目标函数中的非线性成分,$g_i(\boldsymbol{x})$是第i个约束条件中的非线性成分。

通常的处理方法是将非线性成分隔离出来:①对目标函数中的非线性成分,引入变量$y=f(\boldsymbol{x})$;②对约束条件中的非线性成分,引入m个变量$y_i=g_i(\boldsymbol{x}),i=1,2,\cdots,m$;③把一般形式(2-12)转化为

$$\left.\begin{aligned}&\min \ \boldsymbol{c}^\mathrm{T}\boldsymbol{x}+y\\&\mathrm{s.t.} \ \boldsymbol{a}_i^\mathrm{T}\boldsymbol{x}+y_i\geqslant 0, \quad i=1,2,\cdots,m\\&\quad\ y=f(\boldsymbol{x})\\&\quad\ y_i=g_i(\boldsymbol{x}), \qquad i=1,2,\cdots,m\end{aligned}\right\} \quad (2-13)$$

下面再对上述形式中的非线性约束$y=f(\boldsymbol{x})$和$y_i=g_i(\boldsymbol{x})$进行个性化的线性化技术处理,实现整个模型的线性化。以下介绍几种常见的处理方法。

2.3.2 分段函数线性化

假设有约束表达式$\boldsymbol{c}^\mathrm{T}\boldsymbol{x}+f(x_1)\leqslant b$,其中$b$是常数,$\boldsymbol{c}$是$n$维常数向量,$\boldsymbol{x}$是由$n$个变量组成的向量,即$\boldsymbol{x}=(x_1,x_2,\cdots,x_n)$。$f(x_1)$是关于变量$x_1$的分段函数,表达式为

$$f(x_1)=\begin{cases}f_1(x_1), & \forall x_1 \in (a_0,a_1]\\ f_2(x_1), & \forall x_1 \in (a_1,a_2]\\ \vdots\\ f_m(x_1), & \forall x_1 \in (a_{m-1},a_m]\end{cases}$$

式中,$f_1(x_1),f_2(x_1),\cdots,f_m(x_1)$为线性函数。

引入连续变量y且令$y=f(x_1)$,因此原约束表达式转换为

$$\begin{cases}\boldsymbol{c}^\mathrm{T}\boldsymbol{x}+y\leqslant b\\ y=f(x_1)\end{cases}$$

再引入m个0/1型变量$z_1,z_2,\cdots,z_m\in\{0,1\}$,变量个数与分段数一致。变量$z_k$表示变量$x_1$的值是否属于第$k$分段区间$[a_{k-1},a_k]$,若是则$z_k=1$,否则$z_k=0$,其中$k=1,2,\cdots,m$。变量$z_k$与$x_1$之间的关系可以约束如下:

$$\begin{cases}x_1\geqslant a_{k-1}+\varepsilon+M(z_k-1), & \forall k=1,2,\cdots,m\\ x_1\leqslant a_k+M(1-z_k), & \forall k=1,2,\cdots,m\\ z_1+z_2+\cdots+z_m=1\end{cases}$$

式中,ε是一个小正数,M是一个大正数,表示当x_1属于$(a_{k-1},a_k]$时,$z_k=1$,且z_k中必然有

唯一一个 1。

变量 y 与 $f_k(x_1)$ 之间的关系可约束如下：
$$\begin{cases} y \geqslant f_k(x_1) - M(1-z_k), & \forall k=1,2,\cdots,m \\ y \leqslant f_k(x_1) + M(1-z_k), & \forall k=1,2,\cdots,m \end{cases}$$

上式表示，仅当 $z_k=1$ 时，函数关系 $y=f_k(x_1)$ 才成立。

综上，含分段函数 $f(x_1)$ 的约束式 $\boldsymbol{c}^\mathrm{T}\boldsymbol{x}+f(x_1) \leqslant b$ 转换为线性约束如下：
$$\begin{cases} \boldsymbol{c}^\mathrm{T}\boldsymbol{x}+y \leqslant b \\ y \geqslant f_k(x_1) - M(1-z_k), & \forall k=1,2,\cdots,m \\ y \leqslant f_k(x_1) + M(1-z_k), & \forall k=1,2,\cdots,m \\ x_1 \geqslant a_k + \varepsilon + M(z_k-1), & \forall k=1,2,\cdots,m \\ x_1 \leqslant a_{k+1} + M(1-z_k), & \forall k=1,2,\cdots,m \\ z_1+z_2+\cdots+z_m=1 \end{cases}$$

式中，y 为引入的连续变量，$z_1,z_2,\cdots,z_m$ 为引入的 0/1 型变量，ε 是一个小正数，M 是一个大正数。需要注意的是，如果 $f_k(x_1)$ 是非线性函数，则需要将 $f_k(x_1)$ 继续线性化。

例：将 $f(x)+t \geqslant 1$ 转换为线性约束，其中 $f(x)$ 为如下分段函数：
$$f(x) = \begin{cases} -1, & x \in (-\infty,-1) \\ x, & x \in [-1,1] \\ 1, & x \in (1,+\infty) \end{cases}$$

引入连续变量 y，并令 $y=f(x)$，引入 0/1 型变量 z_1,z_2,z_3，将 $f(x)+t \geqslant 1$ 转换为
$$\begin{cases} \delta_1+\delta_2+\delta_3=1 \\ x \leqslant -1+M(1-\delta_1) \\ x \geqslant -1-M(1-\delta_2) \\ x \leqslant 1+M(1-\delta_2) \\ x \geqslant 1-M(1-\delta_3) \\ y \geqslant -1-M(1-\delta_1) \\ y \leqslant -1+M(1-\delta_1) \\ y \geqslant x-M(1-\delta_2) \\ y \leqslant x+M(1-\delta_2) \\ y \geqslant 1-M(1-\delta_3) \\ y \leqslant 1+M(1-\delta_3) \end{cases}$$

2.3.3 一般函数线性化

考虑非线性约束式 $\boldsymbol{c}^\mathrm{T}\boldsymbol{x}+f(x_1) \leqslant b$，其中 b 是常数，$\boldsymbol{c}$ 是 n 维常数向量，$\boldsymbol{x}$ 是由 n 个变量组成的向量，即 $\boldsymbol{x}=(x_1,x_2,\cdots,x_n)$，$f(x_1)$ 是变量 x_1 的一般非线性函数，函数曲线为任意连续的或不连续的任意形状，如图 2.6(a) 所示。将 $f(x_1)$ 函数分段化，各段折线的分割点横坐标分别为 $(s_0,s_1,s_2,\cdots,s_m)$，斜率和截距分别为 $(a_1,b_1),(a_2,b_2),\cdots,(a_m,b_m)$，如图 2.6(b) 所示。

引入 m 个 0/1 型变量 $z_1,z_2,\cdots,z_m$，变量个数与 $f(x_1)$ 函数的线性化分段数一致，表示当前自变量的值所属的函数分段。对于自变量 x_1 的任意值，用下面的约束式确定其所属的

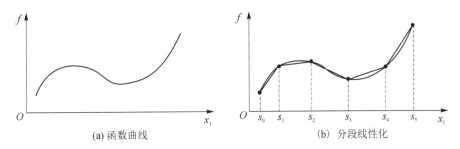

图 2.6 任意单变量非线性函数分段线性化

值域分段：
$$\begin{cases} x_1 \geqslant s_k + M(z_k - 1), & \forall k = 1, 2, \cdots, m \\ x_1 \leqslant s_{k+1} + M(1 - z_k), & \forall k = 1, 2, \cdots, m \\ z_1 + z_2 + \cdots + z_m = 1 \end{cases}$$

上式确定了变量 x_1 属于其值域分段的哪一段。再引入连续变量 $y = f(x_1)$，将非线性约束式 $\boldsymbol{c}^T \boldsymbol{x} + f(x_1) \leqslant b$ 转换为

$$\begin{cases} \boldsymbol{c}^T \boldsymbol{x} + y \leqslant b \\ y = f(x_1) \end{cases}$$

对于第 2 项等式约束，采用大 M 法等价转换为 2 个联立的不等式约束，即

$$\begin{cases} y \geqslant a_k x_1 + b_k - M(1 - z_k), & \forall k = 1, 2, \cdots, m \\ y \leqslant a_k x_1 + b_k + M(1 - z_k), & \forall k = 1, 2, \cdots, m \end{cases}$$

式中，M 是一个大的正数，其作用是令不等式在 $z_k = 1$ 的情况下恒成立。也就是当 x_1 的值属于第 k 段时，y 值必须满足线性方程 $y = a_k x_1 + b_k$。

这样，就得到了将非线性约束式 $\boldsymbol{c}^T \boldsymbol{x} + f(x_1) \leqslant b$ 完整线性化的表达式

$$\begin{cases} \boldsymbol{c}^T \boldsymbol{x} + y \leqslant b \\ x_1 \geqslant s_k + M(z_k - 1), & \forall k = 1, 2, \cdots, m \\ x_1 \leqslant s_{k+1} + M(1 - z_k), & \forall k = 1, 2, \cdots, m \\ z_1 + z_2 + \cdots + z_m = 1 \\ y \geqslant a_k x_1 + b_k - M(1 - z_k), & \forall k = 1, 2, \cdots, m \\ y \leqslant a_k x_1 + b_k + M(1 - z_k), & \forall k = 1, 2, \cdots, m \end{cases}$$

注意：当一般非线性函数 $f(x_1)$ 出现在目标函数中时，可采用同样的方法进行分段线性化；当存在多个非线性函数时，可重复采用上述方法进行线性化。

2.3.4 欧氏距离线性化

当约束条件中含有欧氏距离约束时，如

$$z \geqslant \sqrt{x^2 + y^2} \tag{2-14}$$

式中，x, y, z 均为连续变量，可以用外逼近法（outer-approximation）以一组切平面，或者用内逼近法（inner-approximation）以一组割平面来线性逼近二维欧氏距离公式。

1. 外逼近法（切平面法）

二维欧氏距离实际上是一个圆锥曲面方程式 $f(x, y, z) = z - \sqrt{x^2 + y^2} = 0$。其中变量 x

和 y 分别是二维轴向距离,它们与变量 z 一起构成一个三维曲线图。因为圆锥面上方的点都高于切平面(z 方向为上),可使用多个切平面来包络整个圆锥面上的 z。令第 1 个切平面从 $\theta=0$ 开始,相邻间隔夹角为 θ,则圆锥面的切平面约束组为

$$z \geqslant x\cos(k\theta) + y\sin(k\theta), \quad \forall k = 0,1,2,\cdots,\eta-1 \qquad (2-15)$$

式中,η 表示切平面的个数,取值为

$$\begin{cases} \eta = \left\lceil \dfrac{2\pi}{\theta} \right\rceil, & \text{当 } x,y \text{ 不受限制} \\ \eta = \left\lceil \dfrac{\pi}{2\theta} \right\rceil, & \text{当 } x \geqslant 0, y \geqslant 0 \end{cases} \qquad (2-16)$$

式中,θ 为给定常数,$\lceil \cdot \rceil$ 表示向上取整。

显然,当 θ 越小时,η 值越大,切平面数量就越多,用线性式(2-15)来逼近式(2-14)的精度就越高。因此,问题就是当要求相对误差率不超过给定数 ε 时,θ 的最小取值应该按下式计算:

$$\theta = \arccos(1 + 4\varepsilon + 2\varepsilon^2) \qquad (2-17)$$

综上得到结论:对于非线性欧氏距离约束式,可将该约束式线性化表达为

$$z \geqslant x\cos(p\theta) + y\sin(p\theta), \quad \forall p = 0,1,2,\cdots,\eta-1 \qquad (2-18)$$

式中,$\theta = \arccos(1+4\varepsilon+2\varepsilon^2)$,$\eta = \left\lceil \dfrac{\pi}{2\theta} \right\rceil$,$\varepsilon$ 是给定的最大误差率。

表 2.1 是常用的最大误差率 ε 与 θ 和 η 值的对照表。

表 2.1 欧氏距离线性化参数表

$\varepsilon/\%$	−5.00	−1.00	−0.50	−0.1	−0.05	−0.01
θ/rad	0.635 1	0.283 1	0.200 1	0.089 5	0.063 2	0.028 3
$\theta/(°)$	36.39	16.22	11.46	5.13	3.62	1.62
η	3	6	8	18	25	56

切平面逼近法的缺点是线性逼近的最小距离(记为 z')永远比真实欧氏距离 z 略小,最大误差率为 ε。

2. 内逼近法(割平面法)

内逼近法(割平面法)的基本原理是:采用割平面替代切平面,这样就可以保障线性近似距离 z' 永远大于或等于真实欧氏距离 z,即确保 $z' \geqslant z = \sqrt{x^2+y^2}$,且最大误差由给定值 ε 来控制。

欧氏距离约束 $z \geqslant \sqrt{x^2+y^2}$ 可以转换为线性约束

$$z \geqslant \frac{\sin(k\theta)-\sin(k\theta-\theta)}{\sin\theta}x + \frac{\cos(k\theta-\theta)-\cos(k\theta)}{\sin\theta}y, \quad \forall k = 1,2,\cdots,\eta \qquad (2-19)$$

式中:η 为割平面的数量且 $\eta = \left\lceil \dfrac{\pi}{2\theta} \right\rceil$,$\theta$ 为给定的角度,并由给定的误差率上限 ε 来计算,即

$$\theta = \arccos(1+4\varepsilon+2\varepsilon^2) \qquad (2-20)$$

若限定 x 和 y 值均为非负数,则平面数可降低为 $\eta = \left\lceil \dfrac{\pi}{2\theta} \right\rceil$。表 2.2 给出外逼近法和内逼近法的数据计算对比。

表 2.2 欧氏距离线性化参数比较

外逼近法	$\varepsilon = -0.1\%$ $\theta = 0.089\,450\,2$ rad $\eta = 18$		内逼近法	$\varepsilon = 0.1\%$ $\theta = 0.089\,450\,2$ rad $\eta = 18$	
p	$\cos(p\theta)$	$\sin(p\theta)$	k	a_k	b_k
0	1	0	1	1	0.044 733
1	0.996 002	0.089 331	2	0.992 012	0.133 84
2	0.984 04	0.177 948	3	0.976 1	0.221 879
3	0.964 21	0.265 141	4	0.952 39	0.308 145
4	0.936 669	0.350 215	5	0.921 073	0.391 95
5	0.901 639	0.432 488	6	0.882 399	0.472 624
6	0.859 4	0.511 304	7	0.836 676	0.549 522
7	0.810 289	0.586 03	8	0.784 269	0.622 031
8	0.754 699	0.656 071	9	0.725 598	0.689 572
9	0.693 074	0.720 866	10	0.661 13	0.751 603
10	0.625 907	0.779 897	11	0.591 382	0.807 631
11	0.553 736	0.832 692	12	0.516 909	0.857 208
12	0.477 137	0.878 829	13	0.438 308	0.899 937
13	0.396 723	0.917 938	14	0.356 205	0.935 478
14	0.313 137	0.949 708	15	0.271 257	0.963 546
15	0.227 046	0.973 884	16	0.184 142	0.983 917
16	0.139 141	0.990 273	17	0.095 556	0.996 429
17	0.050 122	0.998 743	18	0.006 207	1.000 981

2.3.5 多维欧氏距离线性化

考虑 m 维欧氏距离约束

$$z \geqslant \sqrt{x_1^2 + x_2^2 + \cdots + x_m^2}, \quad x_1, x_2, \cdots, x_m \geqslant 0$$

基本原理:采用维度逐步累加方法,引入连续非负变量 $y_2, y_3, \cdots, y_m$,重复利用 2 维欧氏距离线性化约束:

2 维累加,增加约束

$$y_2 \geqslant x_1 \cos(k\theta) + x_2 \sin(k\theta), \quad \forall k = 0, 1, 2, \cdots, \eta - 1$$

完成 2 维累加

$$y_2 \Leftarrow \sqrt{x_1^2 + x_2^2}$$

3 维累加,增加约束

$$y_3 \geqslant y_2 \cos(k\theta) + x_3 \sin(k\theta), \quad \forall k = 0, 1, 2, \cdots, \eta - 1$$

完成 3 维累加

$$y_3 \Leftarrow \sqrt{y_2^2 + x_3^2} \Leftarrow \sqrt{x_1^2 + x_2^2 + x_3^2}$$

4 维累加,增加约束

$$y_4 \geqslant y_3 \cos(k\theta) + x_4 \sin(k\theta), \quad \forall k = 0, 1, 2, \cdots, \eta - 1$$

完成 4 维累加

$$y_4 \Leftarrow \sqrt{y_3^2 + x_4^2} \Leftarrow \sqrt{x_1^2 + x_2^2 + x_3^2 + x_4^2}$$

以此类推,m 维累加,增加约束

$$y_m \geqslant y_{m-1} \cos(k\theta) + x_m \sin(k\theta), \quad \forall k = 0, 1, 2, \cdots, \eta - 1$$

完成 m 维累加

$$y_m \Leftarrow \sqrt{y_{m-1}^2 + x_m^2} \Leftarrow \sqrt{x_1^2 + x_2^2 + x_3^2 + \cdots + x_m^2}$$

综上,对于多维欧氏距离约束即 $z \geqslant \sqrt{x_1^2 + x_2^2 + \cdots + x_m^2}$ 的线性化,需要:

① 引入 $m-1$ 个连续非负变量 $y_2, y_3, \cdots, y_m$;

② 增加 $m-1$ 组约束

$$\begin{cases} y_2 \geqslant a_k x_1 + b_k x_2, & \forall k = 1, 2, \cdots, \eta \\ y_3 \geqslant a_k y_2 + b_k x_3, & \forall k = 1, 2, \cdots, \eta \\ y_4 \geqslant a_k y_3 + b_k x_4, & \forall k = 1, 2, \cdots, \eta \\ \quad \vdots & \quad \vdots \\ y_m \geqslant a_k y_{m-1} + b_k x_m, & \forall k = 1, 2, \cdots, \eta \end{cases} \tag{2-21}$$

式中,a_k 和 b_k 的取值按外逼近法和内逼近法分别为

外逼近法:
$$\begin{cases} a_k = \cos(k\theta - \theta) \\ b_k = \sin(k\theta - \theta) \end{cases}$$

内逼近法:
$$\begin{cases} a_k = \dfrac{\sin(k\theta) - \sin(k\theta - \theta)}{\sin(\theta)} \\ b_k = \dfrac{\cos(k\theta - \theta) - \cos(k\theta)}{\sin(\theta)} \end{cases}$$

$$\theta = \arccos(1 + 4\epsilon + 2\epsilon^2), \quad \eta = \left\lceil \frac{\pi}{2\theta} \right\rceil$$

下面对上述叠加方法所形成的误差进行估算。根据 2 维欧氏距离外逼近法的线性化误差精度 ϵ,以 $y_2', y_3', \cdots, y_m'$ 表示多重叠加后的约束逼近值,可以得到以下推导过程:

$$y_2' \leqslant (1+\epsilon) \sqrt{x_1^2 + x_2^2}$$

$$y_3' \leqslant (1+\epsilon) \sqrt{(y_2')^2 + x_3^2} \leqslant (1+\epsilon) \sqrt{(1+\epsilon)^2 (x_1^2 + x_2^2) + x_3^2} \leqslant (1+\epsilon)^2 \sqrt{x_1^2 + x_2^2 + x_3^2}$$

$$y_4' \leqslant (1+\epsilon) \sqrt{(y_3')^2 + x_4^2} \leqslant (1+\epsilon) \sqrt{(1+\epsilon)^4 (x_1^2 + x_2^2 + x_3^2) + x_4^2} \leqslant (1+\epsilon)^3 \sqrt{x_1^2 + x_2^2 + x_3^2 + x_4^2}$$

$$\vdots$$

$$y'_m \leqslant (1+\varepsilon)\sqrt{(1+\varepsilon)^{2(m-2)}(x_1^2+x_2^2)+\sum_{i=3}^{m}(1+\varepsilon)^{2(m-i)}x_i^2} \leqslant (1+\varepsilon)^{m-1}\sqrt{x_1^2+x_2^2+\cdots+x_m^2}$$

因此,可以得到

$$\frac{y'_m}{\sqrt{x_1^2+x_2^2+\cdots+x_m^2}} \leqslant (1+\varepsilon)^{m-1} \qquad (2-22)$$

即经过 $m-1$ 重叠加后,误差精度仍然控制在 $(1+\varepsilon)^{m-1}$ 范围之内。

2.3.6 基于大 M 法的条件约束

在一些应用中,有些约束仅在特定条件下成立,这种情况称为条件约束。

1. 单条件约束

单条件约束指仅满足单一条件即成立的约束关系。

(1) 基于 0/1 型判断函数的条件约束

一般情况下,条件是否成立可通过 0/1 型函数 $f(\boldsymbol{x})$ 来确定:即 $\delta(\boldsymbol{x})=1$ 表示条件成立,而 $\delta(\boldsymbol{x})=0$ 表示条件不成立。引入一个大常数 M,基本形式如下:

① 对于一般不等式约束 $G(\boldsymbol{x}) \geqslant b$,若仅在条件 $\delta(\boldsymbol{x})=1$ 情况下成立,则可写为

$$G(\boldsymbol{x}) \geqslant b - M[1-\delta(\boldsymbol{x})]$$

② 对于一般不等式约束 $G(\boldsymbol{x}) \leqslant b$,若仅在条件 $\delta(\boldsymbol{x})=1$ 情况下成立,则可写为

$$G(\boldsymbol{x}) \leqslant b + M[1-\delta(\boldsymbol{x})]$$

③ 对于一般等式约束 $G(\boldsymbol{x})=b$,若仅在条件 $\delta(\boldsymbol{x})=1$ 情况下成立,则可写为

$$\begin{cases} G(\boldsymbol{x}) \geqslant b - M[1-\delta(\boldsymbol{x})] \\ G(\boldsymbol{x}) \leqslant b + M[1-\delta(\boldsymbol{x})] \end{cases}$$

例:两个非负连续变量 x 和 y 以及 0/1 型整数变量 z 存在以下关系:当 $z=1$ 时,需要满足 $x \geqslant y$;当 $z=0$ 时,需要满足 $x \leqslant 2y-3$。试写出 x,y,z 之间的条件约束。

解:引入一个大常数 M,建立条件约束

$$\begin{cases} x \geqslant y - M(1-z) & (1) \\ x \leqslant 2y - 3 + Mz & (2) \end{cases}$$

式中,当 $z=1$ 时,因为 M 为大数,所以约束式(1)起作用而约束式(2)不起作用;当 $z=0$ 时,约束式(1)不起作用而约束式(2)起作用。

(2) 基于不等式条件的条件约束

当约束成立的判断条件为一般不等式时,需要引入 0/1 型变量来确定不等式条件是否成立,然后基于判断变量建立条件约束。

考虑一般约束 $G(\boldsymbol{x}) \geqslant b$ 或 $G(\boldsymbol{x}) \leqslant b$ 或 $G(\boldsymbol{x})=b$,仅在条件 $h(\boldsymbol{x}) \geqslant a$ 时成立,试建立条件约束。

首先引入一个大数 M、一个小数 S 和一个 0/1 型变量 δ,建立以下约束来判断条件是否成立:

$$\begin{cases} M\delta \geqslant h(\boldsymbol{x}) - a + S \\ M(1-\delta) \geqslant a - h(\boldsymbol{x}) \end{cases}$$

小数 S 的作用是确保当 $h(\boldsymbol{x})=a$ 时,仍然有 $\delta=1$。

对于一般不等式约束 $G(x) \geqslant b$，建立
$$G(x) \geqslant b - M(1-\delta)$$
对于一般不等式约束 $G(x) \leqslant b$，建立
$$G(x) \leqslant b + M(1-\delta)$$
对于一般等式约束 $G(x) = b$，建立
$$\begin{cases} G(x) \geqslant b - M(1-\delta) \\ G(x) \leqslant b + M(1-\delta) \end{cases}$$

例：平面坐标系中的两个点，其位置坐标分别为 (x_1, y_1) 和 (x_2, y_2)，引入变量 d^x 和 d^y 表示两点在 x 轴向和 y 轴向的距离。试写出 x_1, y_1, x_2, y_2, d^x 和 d^y 之间的条件约束。

解：分析题意，首先需要建立如下条件约束：

① 当 $x_1 \geqslant x_2$ 时，有 $d^x = x_1 - x_2$；
② 当 $x_1 \leqslant x_2$ 时，有 $d^x = x_2 - x_1$；
③ 当 $y_1 \geqslant y_2$ 时，有 $d^y = y_1 - y_2$；
④ 当 $y_1 \leqslant y_2$ 时，有 $d^y = y_2 - y_1$。

引入 0/1 型判断变量 δ^x 和 δ^y，分别用以判断 $x_1 \geqslant x_2$ 是否成立和 $y_1 \geqslant y_2$ 是否成立。首先，引入一个大数 M 和一个小数 S，建立判断约束式

$$\begin{cases} M\delta^x \geqslant x_1 - x_2 + S & (1) \\ M(1-\delta^x) \geqslant x_2 - x_1 & (2) \end{cases}$$

$$\begin{cases} M\delta^y \geqslant y_1 - y_2 + S & (3) \\ M(1-\delta^y) \geqslant y_2 - y_1 & (4) \end{cases}$$

然后基于判断变量 δ^x 和 δ^y，建立等式条件约束

$$\begin{cases} d^x \geqslant x_1 - x_2 - M(1-\delta^x) & (1) \\ d^x \leqslant x_2 - x_1 + M(1-\delta^x) & (2) \\ d^y \geqslant y_1 - y_2 - M(1-\delta^y) & (3) \\ d^y \leqslant y_2 - y_1 + M(1-\delta^y) & (4) \end{cases}$$

2. 多条件"与"约束

多条件"与"约束指需要同时满足多个条件才成立的约束关系。

考虑一般约束 $G(x) \geqslant b$ 或 $G(x) \leqslant b$ 或 $G(x) = b$，在条件 $h_i(x) \geqslant a_i (i=1, 2, \cdots, m)$ 均满足时成立。首先引入 m 个 0/1 型变量，即 $\delta_1, \delta_2, \cdots, \delta_m$，用大 M 法判断对应的 m 个条件是否成立，建立条件约束

$$\begin{cases} M\delta_i \geqslant h_i(x) - a_i + S, \\ M(1-\delta_i) \geqslant a_i - h_i(x), \end{cases} \forall i = 1, 2, \cdots, m$$

然后基于所引入的 0/1 型变量，针对约束 $G(x) \geqslant b$ 或 $G(x) \leqslant b$ 或 $G(x) = b$，分别建立条件约束

$$G(x) \geqslant b - M(m - \delta_1 - \delta_2 - \cdots - \delta_m)$$

或

$$G(\boldsymbol{x}) \leqslant b + M(m - \delta_1 - \delta_2 - \cdots - \delta_m)$$

或

$$\begin{cases} G(\boldsymbol{x}) \geqslant b - M(m - \delta_1 - \delta_2 - \cdots - \delta_m) \\ G(\boldsymbol{x}) \leqslant b + M(m - \delta_1 - \delta_2 - \cdots - \delta_m) \end{cases}$$

例：有非负连续变量 x,y,z,u 存在以下关系：当 $z \geqslant 1$ 时且 $u \geqslant 2$ 时，具有约束关系 $x \geqslant y$。试写出 x,y,z,u 之间的条件约束。

解：首先引入 0/1 型变量 δ_1 和 δ_2，分别用以判断 $z \geqslant 1$ 和 $u \geqslant 2$ 是否成立。然后基于 δ_1 和 δ_2 建立条件约束 $x \geqslant y$，结果如下：

$$\begin{cases} M\delta_1 \geqslant z - 1 + S & (1) \\ M(1 - \delta_1) \geqslant 1 - z & (2) \\ M\delta_2 \geqslant u - 2 + S & (3) \\ M(1 - \delta_2) \geqslant 2 - u & (4) \\ x \geqslant y - M(2 - \delta_1 - \delta_2) & (5) \end{cases}$$

3. 多条件"或"约束

多条件"或"约束指仅需满足多个条件中的一个就必须成立的约束关系。

考虑一般不等式约束 $G(\boldsymbol{x}) \geqslant b$ 或 $G(\boldsymbol{x}) \leqslant b$ 或 $G(\boldsymbol{x}) = b$，以及满足"或"条件 $h_i(\boldsymbol{x}) \geqslant a_i$ ($i = 1, 2, \cdots, m$)。首先引入 m 个 0/1 型变量，即 $\delta_1, \delta_2, \cdots, \delta_m$，用大 M 法判断对应的 m 个条件是否成立，建立条件约束

$$\begin{cases} M\delta_i \geqslant h_i(\boldsymbol{x}) - a_i + S, \\ M(1 - \delta_i) \geqslant a_i - h_i(\boldsymbol{x}), \end{cases} \forall i = 1, 2, \cdots, m$$

然后基于所引入的 0/1 型变量，针对约束 $G(\boldsymbol{x}) \geqslant b$ 或 $G(\boldsymbol{x}) \leqslant b$ 或 $G(\boldsymbol{x}) = b$，分别建立条件约束

$$G(\boldsymbol{x}) \geqslant b - M(1 - \delta_i), \quad \forall i = 1, 2, \cdots, m$$

或

$$G(\boldsymbol{x}) \leqslant b + M(1 - \delta_i), \quad \forall i = 1, 2, \cdots, m$$

或

$$\begin{cases} G(\boldsymbol{x}) \geqslant b - M(1 - \delta_i), \\ G(\boldsymbol{x}) \leqslant b + M(1 - \delta_i), \end{cases} \forall i = 1, 2, \cdots, m$$

例：将下面的约束转换为线性表达：

$$h_1(\boldsymbol{x}) \geqslant 0 \quad \text{或} \quad h_2(\boldsymbol{x}) \geqslant 0 \quad \text{或} \quad \cdots \quad \text{或} \quad h_m(\boldsymbol{x}) \geqslant 0$$

解：引入 0/1 型变量 $\delta_1, \delta_2, \cdots, \delta_m$，将"或"条件约束转化为

$$\begin{cases} M\delta_i \geqslant h_i(\boldsymbol{x}) + S, \\ M(1 - \delta_i) \geqslant -h_i(\boldsymbol{x}), \end{cases} \forall i = 1, 2, \cdots, m$$

添加约束

$$\delta_1 + \delta_2 + \cdots + \delta_m \geqslant 1$$

或者直接写为

$$\begin{cases} g_1(\boldsymbol{x}) \geqslant M(\delta_1 - 1) \\ g_2(\boldsymbol{x}) \geqslant M(\delta_2 - 1) \\ \quad\vdots \\ g_m(\boldsymbol{x}) \geqslant M(\delta_m - 1) \\ \delta_1 + \delta_2 + \cdots + \delta_m \geqslant 1 \end{cases}$$

如果 $m = 2$，则只需引入一个 0/1 型决策变量 δ，"或"条件约束转化为

$$\begin{cases} g_1(\boldsymbol{x}) \geqslant M(\delta - 1) \\ g_2(\boldsymbol{x}) \geqslant -M\delta \end{cases}$$

例：将下面的约束转换为线性表达：如果

$$h_1(\boldsymbol{x}) \geqslant 0 \quad \text{或} \quad h_2(\boldsymbol{x}) \geqslant 0 \quad \text{或} \quad \cdots \quad \text{或} \quad h_m(\boldsymbol{x}) \geqslant 0$$

则必然有 $g(\boldsymbol{x}) \geqslant 1$。

解：首先引入 0/1 型变量 $\delta_1, \delta_2, \cdots, \delta_m$，将"或"条件约束转化为

$$\begin{cases} M\delta_i \geqslant h_i(\boldsymbol{x}) + S, \\ M(1 - \delta_i) \geqslant -h_i(\boldsymbol{x}), \end{cases} \quad \forall i = 1, 2, \cdots, m$$

然后添加约束

$$g(\boldsymbol{x}) \geqslant 1 - M(1 - \delta_i), \quad \forall i = 1, 2, \cdots, m$$

2.4 不确定性与随机优化

当问题参数具有不确定性时，称为不确定性优化或随机优化。参数不确定性有两种基本情况，一种是概率分布已知的情况，另一种是概率分布未知的情况。前者为目标函数的随机期望值优化，后者通常考虑最坏情况下的健壮性优化。

2.4.1 随机期望值优化

随机最优化问题通常是以目标函数的期望值为优化目标，可表示为一般形式 $\min\{\bar{F}(P, \Delta, X) | G(P, \Delta, X) \leqslant 0, \forall X\}$，其中 $\bar{F}$ 为目标函数的期望，P 为参数集，Δ 为参数的不确定性分布（或随机变量），X 为决策变量集，G 为约束条件集。

将具有不确定性的参数离散化，根据其不确定性分布确定有限离散值集 R 和概率 p_r，其中 $r \in R$，并满足 $\sum_{r \in R} p_r = 1$。这样，就将随机优化问题转换为确定性优化问题，即

$$\min \sum_{r \in R} p_r F(P_r, X)$$
$$\text{s.t.} \ G(P_r, X) \leqslant 0, \quad \forall X, r \in R$$

式中，P_r 为一组随机的参数值，p_r 为对应的概率值。

当问题退化为仅考虑大概率场景（总概率不低于 P）而忽略一些小概率极端场景时，不确定性优化问题转变为

$$\min \sum_{r \in R} p_r F(P_r, X) b_r$$
$$\text{s.t.} \quad G(P_r, X) \leqslant M(1 - b_r), \quad \forall X, r \in R \quad (1)$$
$$\sum_{r \in R} p_r b_r \geqslant P \quad (2)$$

式中：b_r 为 0/1 型变量，表示场景 r 是否被考虑在内，约束式(1)表示被考虑在内的各场景下需要满足的约束条件，约束式(2)表示被考虑在内的场景的总概率不低于要求值 P。

例：已知有一组 n 个军事设施（集合为 N，下标为 i）的位置坐标 (X_i, Y_i)、重要程度 (w_i)、被敌方导弹袭击的概率 (a_i)。现在需要为 m 个防御系统（集合为 K，下标为 j，且 $m < n$）设定安装位置 (x_j, y_j)，使得我方军事设施的期望损失最小化。假设防御设施的防御半径为 D。

解：① 不确定性优化模型如下：
- 参数：

  (X_j, Y_j)　军事设施 i 的坐标，$i \in N$；

  a_i　　　军事设施 i 被攻击的概率，$i \in N$；

  w_i　　　军事设施 i 的重要程度，$i \in N$；

  K　　　防御系统的集合；

  ε　　　欧氏距离线性化的精度要求，$\theta = \arccos(1 + 4\varepsilon + 2\varepsilon^2)$，$\eta = \left\lceil \dfrac{2\pi}{\theta} \right\rceil$；

  M　　　一个大数。

- 变量：

  (x_j, y_j) 非负连续变量，表示防御系统 j 的安置坐标，$j \in K$；

  d_{ij} 非负连续变量，表示从军事设施 i 到防御系统 j 的欧氏距离，$i \in N, j \in K$；

  b'_{ij} 0/1 型变量，表示军事设施 i 是否被防御系统 j 所保护，$i \in N, j \in K$；

  b_i 0/1 型变量，表示军事设施 i 是否被保护，$i \in N$。

- 优化模型：

$$\min \sum_{i \in N} (1 - b_i) a_i w_i$$

s.t.

$$d_{ij} \geqslant (X_i - x_j)\cos(p\theta) + (Y_i - y_j)\sin(p\theta), \quad \forall i \in N, j \in K, p = 0, 1, 2, \cdots, \eta - 1$$

$$d_{ij} \leqslant D + M(1 - b'_{ij}) \quad \forall i \in N, j \in K$$

$$b_i \leqslant \sum_{j \in K} b'_{ij} \quad \forall i \in N$$

② 当要求考虑场景概率阈值为 $P = 90\%$ 时，不确定性优化模型转化为如下形式：

- 参数：

  (X_i, Y_i)　军事设施 i 的坐标，$i \in N$；

  a_i　　　军事设施 i 被攻击的概率，$i \in N$；

  w_i　　　军事设施 i 的重要程度，$i \in N$；

  K　　　防御系统的集合；

ε	欧氏距离线性化的精度要求,$\theta=\arccos(1+4\varepsilon+2\varepsilon^2)$,$\eta=\left\lceil\dfrac{2\pi}{\theta}\right\rceil$;
M	一个大数;
R	被攻击场景的集合;
e_{ir}	在场景 r 军事设施 i 是否被攻击,$i\in N,r\in R$;
p_r	场景 r 的概率,$r\in R$;
P	考虑场景的概率阈值。

- 变量:

(x_j,y_j)	非负连续变量,表示防御系统 j 的安置坐标,$j\in K$;
d_{ij}	非负连续变量,表示从军事设施 i 到防御系统 j 的欧氏距离,$i\in N,j\in K$;
b'_{ij}	0/1 型变量,表示军事设施 i 是否被防御系统 j 所保护,$i\in N,j\in K$;
b_{ir}	0/1 型变量,表示军事设施 i 是否被保护,$i\in N$;
c_r	0/1 型变量,表示场景 r 是否考虑在内,$r\in R$。

- 优化模型:

$$\min \sum_{r\in R}\sum_{i\in N}(1-b_{ir})e_{ir}w_i$$

s.t.

$$d_{ij}\geqslant(X_i-x_j)\cos(p\theta)+(Y_i-y_j)\sin(p\theta),\quad \forall i\in N,j\in K,p=0,1,2,\cdots,\eta-1$$

$$d_{ij}\leqslant D+M(1-b'_{ij})\quad \forall i\in N,j\in K$$

$$b_{ir}\leqslant\sum_{j\in K}b'_{ij}+(1-c_r)\quad \forall i\in N,r\in R$$

$$P\leqslant\sum_{r\in R}c_rp_r$$

2.4.2 健壮性优化

健壮性优化(robust optimization)是不确定性优化的另一种常见情况。当问题参数具有不确定性时,健壮性优化是考虑最坏情况下的损失最小,即使最大风险后果情况下的损失最小化。对于损失/成本最小化问题,健壮性优化的一般形式为

$$\min \sup(\{F(P,\Delta,X)\mid G(P,\Delta,X)\leqslant 0,\forall X\}) \qquad (2-23)$$

式中,F 为损失/成本类目标函数,P 为参数集,Δ 为参数的不确定性分布(或随机变量),X 为决策变量集,G 为约束条件集,$\sup()$ 为集合的上确界。

将式(2-23)转换为双层优化模型的形式

$$\left.\begin{aligned}&\min_X u(P,X)\\ &\text{s.t. } u(P,X)=\max_\Delta F(P,\Delta,X)\\ &\quad G(P,\Delta,X)\leqslant 0,\quad \forall X\end{aligned}\right\} \qquad (2-24)$$

即对于任何一组参数和决策变量 (P,X),均以该情况下可能产生的最差结果 $u(P,X)$ 为评价值。健壮性优化的结果是"最差也差不到哪儿去",又称为 min-max 模型。

min-max 模型的求解一般比较困难,需要针对具体问题设计特定求解算法。

2.5 动态规划模型

动态规划是运筹学的一个分支,是求解最优决策过程(decision process)的数学方法。20世纪50年代初美国数学家R. E. Bellman等人在研究多阶段决策过程(multi-step decision process)的优化问题时,提出了著名的最优性原理(principle of optimality),把原问题转化为一系列单阶段子问题,利用各阶段之间的递进关系,逐个求解,最终获得原问题的最优解,从而创立了解决这类过程优化问题的新方法——动态规划。1957年出版了他的名著《Dynamic Programming》,这是该领域的第一本著作。

2.5.1 基本原理

动态规划是一种分阶段的递进优化策略,它把原问题划分为多个递进的阶段或子问题,待逐阶段优化完成后,恰好能获得原问题的最优解。因此动态规划仅对特定的问题有效,且需要具体问题具体分析,不存在一种万能的动态规划算法,并且不是所有的最优化问题都能采用动态规划方法进行求解。因此,如何识别出问题可以采用动态规划法进行求解也是一种数学规划能力。

动态规划法通常是多项式算法,具有高的求解效率,而且属于精确算法(exact algorithm)。如果为某最优化问题设计了动态规划算法,则是对该问题研究的重要贡献。学习动态规划的技巧需要大量的实例练习。设计动态规划算法时要注意:

① 需要对所研究的问题有深刻的认识,分析其中变量的作用范围,判断问题能够定义可递进传递最优性的多阶子问题;

② 能够提出最优性原理,以证明递进子问题之间的最优性传递关系,能给出动态规划方程(组);

③ 通常需要产生多组大、中、小规模的算例,按动态规划方程编程实现算法,以验证求解结果的正确性和求解效率;

④ 可以结合MIP求解器,通过小规模算例,来验证动态规划方程和动态规划算法的正确性。

设计动态规划算法通常包括三部分内容。

(1) 定义递进子问题

将原问题划分为一系列阶段递进的子问题,例如划分为n个子问题,表示为
$$P_1, P_2, P_3, \cdots, P_{n-1}, P_n$$
式中,P_1是最基础的问题,P_2是P_1的下阶问题,P_3是P_2的下阶问题,$\cdots$,P_n是P_{n-1}的下阶问题,P_n是原问题。

(2) 设计最优性原理

最优性原理是证明子问题之间具有最优求解传递性,确保动态规划算法的结果为全局最优解的理论基础。

最优化原理又称为最优子结构性质,即一个最优化策略具有这样的性质,不论过去的状态和决策如何,对前面的决策所形成的状态而言,余下的诸决策必须构成最优策略。简而言之,一个最优策略的子策略总是最优的。

判断原问题及子问题是否满足最优性原理,可以简单地用下面的方法进行检查:上阶子问题的最优解必然由其下阶子问题的最优解构成。同样,若发现上阶子问题的最优解无法由下阶子问题的最优解构成,则表明所定义的递进子问题无法采用动态规划算法求解。

证明最优性原理按以下步骤递推:

① P_1 是最简单的,且可直接获得最优解 v_1(目标函数值);
② P_2 在 v_1 基础上,通过有限计算和比较,可获得最优解 v_2;
③ P_3 在 v_1, v_2 基础上,通过有限计算和比较,可获得最优解 v_3;
⋮
ⓝ P_n 在 $v_1, v_2, \cdots, v_{n-1}$ 基础上,通过有限计算和比较,可获得最优解 v_n。

(3) 确定动态规划方程

动态规划的求解过程一般可表述为一种动态规划方程。对于不同的问题和不同的递进子问题的定义形式,动态规划方程可能具有不同的表达形式。动态规划的一般表达形式是

$$\begin{cases} v_1 \leftarrow \text{Algorithm}(P_1), & \forall x = 1 \\ v_x \leftarrow \text{Algorithm}(v_1, v_2, \cdots, v_{x-1}, P_x), & \forall x = 2, 3, \cdots, n \end{cases} \quad (2-25)$$

一般方程(2-25)表达了动态规划算法从子问题 P_1 开始,利用全面计算的最优结果逐步推进,直至完成对原始问题的最优计算。

2.5.2 最短路径问题

最短路径问题是图论研究中的一个经典算法问题,旨在寻找图(由顶点和边组成)中两节点之间的最短路径。问题的描述如下:对于图 $G(V, A)$,其中 V 是顶点集合,A 是路径(弧)的集合,c_{ij} 表示边 (i, j) 的距离或权重,其中 $(i, j) \in A$。问题的目标是寻找从起始点 $s(s \in V)$ 出发,途经多条边到达目的点 $t(t \in V)$ 所经历的最短路径。

上述问题可采用动态规划原理来求解,算例如下。

如图2.7所示的网络图结构,求从起始点 s 到目的点 t 的最短距离。各边的距离(权重)如图中标注所示。

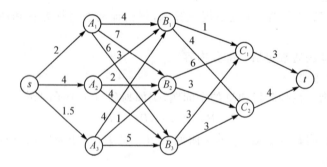

图 2.7 最短路径网络问题实例图

首先,定义子问题 P_x:求解从点 x 到点 t 的距离。子问题 P_x 的最优解表示为 $v_x(h_x)$,其中 v_x 为最短距离,h_x 表示最短路径中由 x 指向的下一个节点。

然后,定义第 Ⅰ, Ⅱ, ⋯ 阶递进问题如下:

第 Ⅰ 阶子问题(最简单子问题):若点 x 与点 t 直接相连,则 P_x 为 Ⅰ 阶子问题。Ⅰ 阶子问题可直接计算最优解,对于上述例子,公式为

$$\text{I 阶}: \begin{cases} v_x \leftarrow \min_x \{c_{xt} \mid x = C_1, C_2\} \\ h_x \leftarrow \arg\min_x \{c_{xt} \mid x = C_1, C_2\} \end{cases}$$

由此可计算出点 C_1 和 C_2 的最优解，分别为 $3(t)$ 和 $4(t)$。

第Ⅱ阶子问题：若点 x 与第Ⅰ阶的点直接相连，则 P_x 为Ⅱ阶子问题；若点 x 还同时属于Ⅰ低阶子问题，则仅保留最短距离结果。对于上述例子，Ⅱ阶子问题的最短距离计算公式为

$$\text{Ⅱ 阶}: \begin{cases} v_x \leftarrow \min_y \{c_{xy} + v_y \mid y = C_1, C_2\}, & \forall x \in \{B_1, B_2, B_3\} \\ h_x \leftarrow \arg\min_y \{c_{xy} + v_y \mid y = C_1, C_2\}, & \forall x \in \{B_1, B_2, B_3\} \end{cases}$$

由此可计算出点 B_1、B_2 和 B_3 的最优解，分别为 $4(C_1)$、$7(C_2)$ 和 $6(C_1)$。

第Ⅲ阶子问题：若点 x 与第Ⅱ阶的点直接相连，则 P_x 为Ⅲ阶子问题；若点 x 还同时属于Ⅰ、Ⅱ低阶子问题，则仅保留最短距离结果。对于上述例子，Ⅲ阶子问题的最短距离计算公式为

$$\text{Ⅲ 阶}: \begin{cases} v_x \leftarrow \min_y \{c_{xy} + v_y \mid y = B_1, B_2, B_3\}, & \forall x \in \{A_1, A_2, A_3\} \\ h_x \leftarrow \arg\min_y \{c_{xy} + v_y \mid y = B_1, B_2, B_3\}, & \forall x \in \{A_1, A_2, A_3\} \end{cases}$$

由此可计算出点 A_1、A_2 和 A_3 的最优解，分别为 $8(B_1)$、$7(B_1)$ 和 $8(B_1, B_2)$。

第Ⅳ阶子问题：若点 x 与第Ⅲ阶的点直接相连，则 P_x 为Ⅳ阶子问题；若点 x 还同时属于Ⅰ、Ⅱ、Ⅲ低阶子问题，则仅保留最短距离结果。对于上述例子，Ⅳ阶子问题的最短距离计算公式为

$$\text{Ⅳ 阶}: \begin{cases} v_x \leftarrow \min_y \{c_{xy} + v_y \mid y = A_1, A_2, A_3\}, & \forall x \in \{s\} \\ h_x \leftarrow \arg\min_y \{c_{xy} + v_y \mid y = A_1, A_2, A_3\}, & \forall x \in \{s\} \end{cases}$$

由此可计算出点 s 的最优解，即 $9.5(A_3)$，从而得到原问题的最短路径总距离为 9.5。上述动态规划的计算过程如图 2.8 所示。

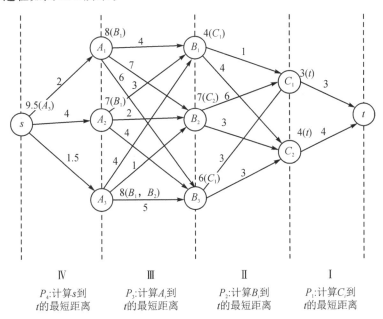

图 2.8 动态规划求解最短路径网络问题示例

最短路径也可反推得到,即从点 s 出发,沿着各点指向的最短路径节点,得到从点 s 到点 t 的最短路径,共有 2 条,分别为 $(s{\to}A_3{\to}B_1{\to}C_1{\to}t)$ 或 $(s{\to}A_3{\to}B_2{\to}C_2{\to}t)$。

2.5.3 Dijkstra 算法

需要注意的是,上述例子中不存在某点同时属于多阶层的情况,算是比较简单的情形。一般情况下,网络连接比较复杂,可能存在多个节点同属多阶子问题的情况。Dijkstra 算法是计算一般网络最短路径问题的经典算法,提出于 1959 年,适用于网络边的权重非负的情况。

Dijkstra 算法是计算在网络 $G(V,A)$ 中所有其他点到某指定点 r 的最短距离。详细算法步骤如下:

```
Dijkstra Algorithm
1: Initialize F = φ, v_r = 0 and v_j = +∞ for all j ≠ r
2: while |F| < n do
3:     j = arg min{v_k : k ∉ F};
4:     F ← F ∪ {j};
5:     for i ∈ N such that (i,j) ∈ A and i ∉ F do
6:         if c_ij + v_j < v_i then
7:             v_i = c_ij + v_j;
8:             h_i = j;
9:         end if
10:    end for
11: end while
```

上述算法中,F 是一个动态的点集合。在算法开始时 F 为空,每当确定了一个到点 r 的最短距离的点,就将该点加入 F 中(即作为标记),直至所有的点都加入 F 中,算法结束。因此,Dijkstra 算法又称为标号算法(labeling algorithm)。该标号算法是依次标记出距离出发点 s 第 x 近的点 ($x=1,2,\cdots,n$)。

Dijkstra 算法从原理上是一种动态规划算法,学习该算法有助于对动态规划原理的理解。下面从动态规划原理角度来理解 Dijkstra 算法。

按动态规划设计步骤,首先将最短路径问题分解为逐阶递进的若干子问题。令 P_x 表示第 x 阶子问题,则:

P_1:从点 s 出发寻找与 s 最近(第 1 近)的点 j_1 及距离 v_1;
P_2:从点 s 出发寻找与 s 第 2 近的点 j_2 及距离 v_2;
$\vdots$
P_x:从点 s 出发寻找与 s 第 x 近的点 j_x 及距离 v_x;
$\vdots$
P_{n-1}:从点 s 出发寻找与 s 第 $n-1$ 近(最远)的点 j_{n-1} 及距离 v_{n-1}。

如果仅需搜索从点 s 到点 t 的最短距离,则在每一步都判断:如果 $j_x=t$(遇到了目标点 t),则算法停止。从 s 到 t 的最短距离为 v_x,点 j_x 是距离点 s 第 x 近的点。

上述子问题逐阶优化的动态规划方程如下:

$$\begin{cases} \begin{cases} \lambda_j = 0, v_j = \infty, & \forall j \in V \\ v_s = 0 \end{cases} & \text{初始化} \\ j_x = \arg\min_i \{v_i \mid i \in V, \lambda_i = 0\} \\ \lambda_{j_x} = 1, & \forall x = 0, 1, 2, 3, \cdots, m \\ v_i \leftarrow \min\{v_i, c_{j_x,i} + v_{j_x}\}, & \forall (j_x, i) \in A \end{cases} \qquad (2-26)$$

第 3 章 基础优化问题建模与计算实验

本章提供面向基础性优化问题的建模和计算实验。

3.1 连续型线性规划

连续型线性问题的特征是最优化模型中的决策变量均为连续实数变量。

案例 1：单商品运输问题建模与求解实验

1. 问题描述

在一个计划周期内，面对多个客户的订货需求，商家需要将某种商品按订单要求运输至客户指定的地点。不同客户有不同的送货地址，商家也有多个位于不同地点的商品仓库，从不同仓库发货至客户地址的运输费用是不同的。各仓库的商品库存现存量、订单的需求量、仓库到客户地址的运输费用均是已知的。问：如何安排配送方案，使得总的运输成本最小。

2. 数学建模

对上述问题进行数学抽象：设商家有 m 个仓库，表示为集合 M，商品库存量分别为 $a_1, a_2, \cdots, a_m$；再设有 n 个客户订单，表示为集合 N，订货量分别为 $b_1, b_2, \cdots, b_n$；把产品从仓库 i 运输到客户 j 的单位货物量的运输成本为 c_{ij} 且是已知的。设计 $m \times n$ 个非负变量 x_{ij}，表示从仓库 i 发货到客户 j 的运输数量。这样，运输成本最小化的目标函数为

$$\min \sum_{i=1}^{m} \sum_{j=1}^{n} c_{ij} x_{ij}$$

针对变量 x_{ij} 建立约束条件：

约束 1：每个仓库的总发货量不能超过其库存量，表示为

$$\sum_{j=1}^{n} x_{ij} \leqslant a_i, \quad \forall i = 1, 2, \cdots, m$$

约束 2：向每个客户的发货总量需等于其订货量，表示为

$$\sum_{i=1}^{m} x_{ij} = b_j, \quad \forall j = 1, 2, \cdots, n$$

约束 3：变量的值域约束，表示为

$$x_{ij} \geqslant 0, \quad \forall i = 1, 2, \cdots, m; j = 1, 2, \cdots, n$$

一个最优化问题的完整模型一般需要包括 5 部分内容，即问题描述、参数定义、变量定义、数学规划模型和模型解释。以上述运输问题为例，完整的模型描述如下。

(1) 问题描述

设某种产品存放于 m 个仓库，库存量分别为 $a_1, a_2, \cdots, a_m$；面向 n 个客户订单，订货量分别为 $b_1, b_2, \cdots, b_n$，把产品从仓库 i 运输到客户 j 的单位货物量运输成本为 c_{ij}。试确定一个运

输方案,使总运输成本最小。

(2) 参数定义

M　仓库的集合;

N　客户订单的集合;

a_i　仓库的库存量;

b_j　客户订单的需求量;

c_{ij}　从仓库i运输到客户j的单位货物量运输成本。

(3) 变量定义

x_{ij}　非负连续变量,表示从仓库i发货到客户j的货物数量。

(4) 优化模型

$$\min \sum_{i \in M}\sum_{j \in N} c_{ij} x_{ij} \qquad (1)$$

$$\text{s.t.} \sum_{j \in N} x_{ij} \leqslant a_i, \quad \forall i \in M \qquad (2)$$

$$\sum_{i \in M} x_{ij} = b_j, \quad \forall j \in N \qquad (3)$$

$$x_{ij} \geqslant 0, \quad \forall i \in M, j \in N \qquad (4)$$

(5) 模型解释

上述优化模型中,式(1)为目标函数,使运输成本最小化;约束式(2)表示运输方案受到仓库库存量的约束;约束式(3)表示必须满足客户的订单量;约束式(4)定义了变量的值域。

3. 计算求解实验

采用 AMPL 语言,建立上述运输问题的优化模型,采用 CPLEX 软件进行求解。AMPL 建模代码(文件 trans.mod)如下:

```
#参数定义
set M;              #仓库的集合
set N;              #客户的集合
param a{M};         #仓库的库存量
param b{N};         #客户的需求量
param c{M,N};       #从仓库到客户的单位运输成本
#变量定义
var x{M,N}>= 0;     #从仓库到客户的商品运输数量
#目标函数
minimize Total_cost:
    sum{i in M,j in N}x[i,j] * c[i,j];
#约束条件
subject to WarehouseCapacity{i in M}:
    sum{j in N}x[i,j] <= a[i];
subject to MeetDemand{j in N}:
    sum{i in M}x[i,j] = b[j];
```

假设问题实例的规模为$m=8, n=10$,建立如下数据文件(trans.dat):

#仓库库存量

```
param: M: a: =
1   28
2   29
3   82
4   199
5   89
6   140
7   81
8   93;
# 客户需求量
param: N: b: =
1   41
2   64
3   83
4   95
5   17
6   97
7   94
8   84
9   52
10  42;
# 单位运输成本矩阵
param c: 1   2   3   4   5   6   7   8   9   10: =
1    7.4  5.1  2.8  7.3  7.7  3.4  2.5  1.2  5.9  1.5
2    9.7  5.5  0.2  3    3.4  4.8  9.8  7.6  9.6  0.6
3    8.5  7.8  6.6  0.1  3.4  7.3  3.3  0.5  6.9  2.3
4    6.5  9.4  3.5  7.6  4.9  1.1  6.5  2.1  2.3  3.9
5    1.9  5.5  4.7  8.6  9.1  3.3  8.1  7.9  4    1.3
6    0.7  0.4  1.5  1.4  9.9  4    8.3  8.4  2    0.7
7    6    2.5  6.7  6    0.4  6    8.1  3    0.2  2.9
8    3.7  7.8  8.6  6    5.1  4.4  5.5  1.5  3.4  3.7;
```

用 AMPL 语言建立求解过程文件(trans.sh)，调用 CPLEX 求解器求解最优解。脚本文件如下：

```
model trans.mod;
data trans.dat;
option solver cplex;
option cplex_options 'mipdisplay = 2';
objective Total_cost;
solve;
display x,Total_cost;
```

在 Linux 环境下，执行脚本文件，获得问题的最优目标函数值(运输成本)为 974.9。最优运输方案为：

客户1:从仓库5发货41；
客户2:从仓库6发货64；
客户3:从仓库2和6分别发货29和54；
客户4:从仓库3和6分别发货73和22；
客户5:从仓库7发货17；
客户6:从仓库4发货97；
客户7:从仓库1、3和8分别发货28、9和57；
客户8:从仓库4和8分别发货48和36；
客户9:从仓库7发货52；
客户10:从仓库5发货42。

程序执行结果如图3.1所示。

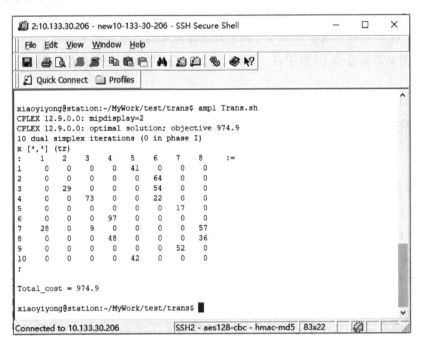

图3.1 原始模型求解结果

4. 扩展补充实验

(1) 增加运输车辆的运输容量约束

假设从一个仓库到一个客户之间最多仅派一辆车运输商品,车辆容量上限为50。试增加约束条件,对上述问题进行求解。

增加"运输容量约束",即
$$x_{ij} \leqslant 50, \quad \forall i=1,2,\cdots,m; j=1,2,\cdots,n$$

(2) 增加运输损耗量约束

假设运输过程中,考虑商品有一定比例(例如1%)的损耗(泄漏、水分蒸发、死亡等)。试修改约束条件以考虑上述情况。

修改案例优化模型中的约束式(2)为

$$\sum_{i=1}^{m} x_{ij}(1-1\%) \geqslant b_j, \quad \forall j = 1, 2, \cdots, n$$

该问题的对偶分析及建模可参见文献[2]。

案例 2：多商品运输问题建模与求解实验

1. 问题描述

在一个计划周期内，商家面向多家客户的订单，可选择从多个仓库发货，并选择相应的运输车辆，将客户需要的产品运输到客户地点。考虑仓库商品的库存量约束、客户的送货时间要求、运输车辆的运费费率、运输容量约束等条件，试确定一个最佳运输方案，使总运费最小。

问题特征描述如下：

① 商家有多种类型的运输车辆可选用，表示为集合 K。

② 对于每种车辆 $k \in K$，其可用数量为 u_k，行驶速度为 h_k，车厢容量上限为 V_k，载重上限为 W_k，空车行驶每公里基础费用为 p_k，载重时额外每吨每公里运费为 q_k。

③ 商品类型的集合为 C，对于每一种商品 $c \in C$，v_c 是该商品的单位体积，w_c 是该商品的单位重量。

④ 仓库的集合表示为 M，以 s_{ic} 表示仓库 i 中有商品 c 的库存量，$i \in M, c \in C$。

⑤ 客户的集合表示为 N，以 o_{jc} 表示客户 j 订购商品 c 的数量，$j \in N, c \in C$；以 d_{ij} 表示从仓库 i 到客户 j 的运输距离；以 a_j 表示客户 j 要求的到达时间。

⑥ 车辆并非能运输所有商品，如冷冻、生鲜商品仅特殊车辆可运输，以 0/1 型参数 δ_{ck} 表示商品 c 是否允许采用车辆 k 运输，$c \in C, k \in K$。

2. 数学建模

(1) 参数定义

M 仓库的集合；

C 商品种类的集合；

N 客户的集合；

K 车辆类型的集合；

v_c 商品的单位体积，$c \in C$；

w_c 商品的单位重量，$c \in C$；

p_k 车辆 k 的空载每公里费用，$k \in K$；

q_k 车辆 k 的每吨每公里运费，$k \in K$；

V_k 车辆 k 的运输体积容量上限，$k \in K$；

W_k 车辆 k 的运输载重量上限，$k \in K$；

h_k 车辆 k 的运输速度，$k \in K$；

u_k 车辆 k 的可用数量，$k \in K$；

s_{ic} 仓库 i 中商品 c 的库存量，$i \in M, c \in C$；

o_{jc} 客户 j 订购商品 c 的数量，$j \in N, c \in C$；

a_j 客户 j 要求的到达时间，$j \in N$；

δ_{ck} 0/1 型参数，表示商品 c 是否允许采用的车辆 k，$c \in C, k \in K$；

d_{ij} 仓库 i 到客户 j 的运输距离,$i \in M, j \in N$。

(2) 变量定义

x_{ijkc} 非负连续变量,表示采用车辆 k 将商品 c 自仓库 i 运输到客户 j 的数量,$i \in M, j \in N, k \in K, c \in C$;

y_{ijk} 非负整数变量,从仓库 i 到客户 j 的车辆 k 的数量,$i \in M, j \in N, k \in K$。

(3) 建立目标函数

目标函数是使总运输成本最小化,即

$$\min \sum_{i \in M}\sum_{j \in N}\sum_{k \in K} \left(y_{ijk} p_k d_{ij} + \sum_{c \in C} x_{ijkc} w_c q_k d_{ij} \right)$$

(4) 建立约束条件

约束 1:对于每个仓库的每类商品,总发货量不能超过其库存量,表示为

$$\sum_{j \in N}\sum_{k \in K} x_{ijkc} \leqslant s_{ic}, \quad \forall i \in M, c \in C$$

约束 2:对于每个客户的每类商品,发货总量需等于其订货量,表示为

$$\sum_{i \in M}\sum_{k \in K} x_{ijkc} = o_{jc}, \quad \forall j \in N, c \in C$$

约束 3:商品类型与车辆类型匹配,表示为

$$x_{ijkc} \leqslant L\delta_{ck}, \quad \forall i \in M, j \in N, k \in K, c \in C$$

约束 4:运输方案不超过车辆的体积容量和载重量,表示为

$$\begin{cases} \sum_{c \in C} x_{ijkc} v_c \leqslant y_{ijk} V_k, & \forall i \in M, j \in N, k \in K \\ \sum_{c \in C} x_{ijkc} w_c \leqslant y_{ijk} W_k, & \forall i \in M, j \in N, k \in K \end{cases}$$

约束 5:可用车辆数量约束,表示为

$$\sum_{i \in M}\sum_{j \in N} y_{ijk} \leqslant u_k, \quad \forall k \in K$$

约束 6:到达时间约束,表示为

$$y_{ijk} d_{ij} / h_k \leqslant y_{ijk} a_j, \quad \forall i \in M, j \in N, k \in K$$

约束 7:变量的值域约束,表示为

$$x_{ijkc} \geqslant 0, y_{ijk} \in \mathbf{N}, \quad \forall i \in M, j \in N, c \in C, k \in K$$

3. 计算实验

将上述数学规划模型用计算机建模语言 AMPL 实现。该模型在 AMPL/CPLEX 环境(版本:12.10.0.0)下调试通过,代码如下:

```
# 文件 TransM.mod
# 对象集合:
set M;                  # 仓库的集合
set C;                  # 商品种类的集合
set N;                  # 客户的集合
set K;                  # 车辆的集合
# 对象属性:
param v{C};             # 单位商品的体积
```

```
param w{C};              #单位商品的重量
param a{N};              #客户要求的最迟到达时间
param p{K};              #车辆k的空载每公里费用
param q{K};              #车辆k的每吨每公里运费
param V{K};              #车辆k的运输体积容量上限
param W{K};              #车辆k的运输载重量上限
param u{K};              #车辆k的可用数量
param h{K};              #车辆k的行驶速度
#对象关系:
param s{M,C};            #仓库i中商品c的库存量
param o{N,C};            #客户j订购商品c的数量
param delta{C,K};        #0/1型参数,表示商品c是否允许采用车辆k
param d{M,N};            #仓库i到客户j的距离(100 km)
param L: = 9999;         #一个大数
#变量定义
#非负连续变量,采用车辆k将商品c自仓库i运输到客户j的数量
var x{M,N,K,C}>= 0;
#非负整数变量,自仓库i发往客户j的k类车辆的数量
var y{M,N,K} integer >= 0;
minimize Total_cost:
sum{i in M,j in N,k in K}(y[i,j,k] * p[k] * d[i,j] * 100
    + sum{c in C}x[i,j,k,c] * w[c] * q[k] * d[i,j]/10);
#仓库存量约束
subject to Con1{i in M,c in C}:
    sum{j in N,k in K}x[i,j,k,c]<= s[i,c];
#满足客户订货数量
subject to Con2{j in N,c in C}:
    sum{i in M,k in K}x[i,j,k,c] = o[j,c];
#商品类型与车辆类型匹配
subject to Con3{i in M,j in N,k in K,c in C}:
    x[i,j,k,c] <= L * delta[c,k];
#容量上限
subject to Con4{i in M,j in N,k in K}:
    sum{c in C}x[i,j,k,c] * v[c] <= 1000 * y[i,j,k] * V[k];
#载重上限
subject to Con5{i in M,j in N,k in K}:
    sum{c in C}x[i,j,k,c] * w[c] <= 1000 * y[i,j,k] * W[k];
#可用车辆数量约束
subject to Con6{k in K}:
    sum{i in M,j in N}y[i,j,k] <= u[k];
#到达时间约束
subject to Con7{i in M,j in N,k in K}:
    100 * y[i,j,k] * d[i,j]/h[k] <= y[i,j,k] * a[j];
```

构造小规模算例,建立如下数据文件(transM.dat):

```
# 仓库的集合
set M: = 1,2,3,4;
# 商品的种类 ID、单位体积(L)、单位重量(kg)
param: C: v w: =
1    400.5    230
2    250.0    420
3    335.5    180.5;
# 仓库中的商品存量
param s:  1   2   3  : =
1    99   99   120
2   119   37    89
3    22   69    55
4    99  173   112;
# 客户的集合
set N: = 1,2,3,4,5,6,7,8,9,10;
# 客户对商品的订货数量
param o:  1    2    3  : =
1     9    21.1  10.5
2    19    17.0  39.0
3    12.6   6.8  15.2
4     9.9   7.3  22.3
5     8.5  17.0  12.2
6    13    13.0  16.0
7    40    15.0  18.9
8    15     3.9  10.8
9     6.5  17.0  21.0
10   30    40.0  83.0;
# 客户要求的最迟到达时间(h)
param a: =
1    24
2    24
3    24
4    48
5    48
6    48
7    24
8    24
9    24
10   24;
# 车辆的种类集合
set K: = 1,2;
# 不同种类的车辆
# 空载每公里费用(元)、每吨每公里运费(元)、体积容量(m³)、
# 最大载重(t)、可用数量(辆)、行驶速度(km/h)
```

```
param: p q V W u h: =
1   12  2.5  10  15  15  80
2   18  3.5  20  20   8  60;
# 商品 c 是否允许采用车辆 k 运输
param delta: 1   2: =
1   1   1
2   1   1
3   1   1;
# 仓库 i 到客户 j 的距离(100 km)
param d:  1   2   3   4   5   6   7   8   9  10: =
1   9  21  10  10  12  15  18  21  15  14
2  19  17  35  21  20  19  18  23  22  20
3  12   6  15   8   9  12   6  12  12  10
4   9   7  22  14  15  21  17  21   8  19;
```

在 Linux/AMPL 环境下,执行下面脚本文件,获得问题的最优目标函数值。

```
model TransM.mod;
data TransM.dat;
option solver cplex;
objective Total_cost;
solve;
display x;
display Total_cost;
# 格式输出
for{j in N}
{
    printf "Customer: %d,timelimit = %d\n",j,a[j];
    for{c in C}
    {
        printf "   Need c = %d,o = %f\n",c,o[j,c];
        for{i in M,k in K: x[i,j,k,c]>0}
        {
            printf "supplied from i = %d,by k = %d,num = %f,t = %f\n",i,k,x[i,j,k,c],100*d[i,j]/h[k];
        }
    }
    for{i in M,k in K: y[i,j,k]>0}
    {
        printf "   Use Vehicle from i = %d,by k = %d,num = %d\n",i,k,y[i,j,k];
    }
}
```

执行输出结果如下:

Total_cost = 729534
Customer: 1,timelimit = 24

Need c = 1,o = 9.000000
　　　　supplied from i = 4,by k = 1,num = 9.000000,t = 11.250000
　　Need c = 2,o = 21.100000
　　　　supplied from i = 1,by k = 1,num = 21.100000,t = 11.250000
　　Need c = 3,o = 10.500000
　　　　supplied from i = 1,by k = 1,num = 9.774963,t = 11.250000
　　　　supplied from i = 4,by k = 1,num = 0.725037,t = 11.250000
　　Use Vehicle from i = 1,by k = 1,num = 1
　　Use Vehicle from i = 4,by k = 1,num = 1
Customer：2,timelimit = 24
　　Need c = 1,o = 19.000000
　　　　supplied from i = 4,by k = 1,num = 14.357054,t = 8.750000
　　　　supplied from i = 4,by k = 2,num = 4.642946,t = 11.666667
　　Need c = 2,o = 17.000000
　　　　supplied from i = 4,by k = 1,num = 17.000000,t = 8.750000
　　Need c = 3,o = 39.000000
　　　　supplied from i = 4,by k = 2,num = 39.000000,t = 11.666667
　　Use Vehicle from i = 4,by k = 1,num = 1
　　Use Vehicle from i = 4,by k = 2,num = 1
Customer：3,timelimit = 24
　　Need c = 1,o = 12.600000
　　　　supplied from i = 1,by k = 2,num = 12.600000,t = 16.666667
　　Need c = 2,o = 6.800000
　　　　supplied from i = 1,by k = 2,num = 6.800000,t = 16.666667
　　Need c = 3,o = 15.200000
　　　　supplied from i = 1,by k = 2,num = 15.200000,t = 16.666667
　　Use Vehicle from i = 1,by k = 2,num = 1
Customer：4,timelimit = 48
　　Need c = 1,o = 9.900000
　　　　supplied from i = 1,by k = 2,num = 9.900000,t = 16.666667
　　Need c = 2,o = 7.300000
　　　　supplied from i = 1,by k = 2,num = 7.300000,t = 16.666667
　　Need c = 3,o = 22.300000
　　　　supplied from i = 1,by k = 2,num = 22.300000,t = 16.666667
　　Use Vehicle from i = 1,by k = 2,num = 1
Customer：5,timelimit = 48
　　Need c = 1,o = 8.500000
　　　　supplied from i = 1,by k = 1,num = 8.500000,t = 15.000000
　　Need c = 2,o = 17.000000
　　　　supplied from i = 1,by k = 1,num = 17.000000,t = 15.000000
　　Need c = 3,o = 12.200000
　　　　supplied from i = 1,by k = 1,num = 6.991803,t = 15.000000
　　　　supplied from i = 3,by k = 1,num = 5.208197,t = 11.250000
　　Use Vehicle from i = 1,by k = 1,num = 1
　　Use Vehicle from i = 3,by k = 1,num = 1

Customer: 6, timelimit = 48
　　Need c = 1, o = 13.000000
　　　　supplied from i = 1, by k = 1, num = 13.000000, t = 18.750000
　　Need c = 2, o = 13.000000
　　　　supplied from i = 1, by k = 1, num = 2.900000, t = 18.750000
　　　　supplied from i = 3, by k = 1, num = 10.100000, t = 15.000000
　　Need c = 3, o = 16.000000
　　　　supplied from i = 1, by k = 1, num = 12.126677, t = 18.750000
　　　　supplied from i = 3, by k = 1, num = 3.873323, t = 15.000000
　　Use Vehicle from i = 1, by k = 1, num = 1
　　Use Vehicle from i = 3, by k = 1, num = 1
Customer: 7, timelimit = 24
　　Need c = 1, o = 40.000000
　　　　supplied from i = 3, by k = 1, num = 7.000000, t = 7.500000
　　　　supplied from i = 4, by k = 1, num = 33.000000, t = 21.250000
　　Need c = 2, o = 15.000000
　　　　supplied from i = 3, by k = 1, num = 15.000000, t = 7.500000
　　Need c = 3, o = 18.900000
　　　　supplied from i = 3, by k = 1, num = 5.725037, t = 7.500000
　　　　supplied from i = 4, by k = 1, num = 13.174963, t = 21.250000
　　Use Vehicle from i = 3, by k = 1, num = 1
　　Use Vehicle from i = 4, by k = 1, num = 2
Customer: 8, timelimit = 24
　　Need c = 1, o = 15.000000
　　　　supplied from i = 3, by k = 2, num = 15.000000, t = 20.000000
　　Need c = 2, o = 3.900000
　　　　supplied from i = 3, by k = 2, num = 3.900000, t = 20.000000
　　Need c = 3, o = 10.800000
　　　　supplied from i = 3, by k = 2, num = 10.800000, t = 20.000000
　　Use Vehicle from i = 3, by k = 2, num = 1
Customer: 9, timelimit = 24
　　Need c = 1, o = 6.500000
　　　　supplied from i = 4, by k = 2, num = 6.500000, t = 13.333333
　　Need c = 2, o = 17.000000
　　　　supplied from i = 4, by k = 2, num = 17.000000, t = 13.333333
　　Need c = 3, o = 21.000000
　　　　supplied from i = 4, by k = 2, num = 21.000000, t = 13.333333
　　Use Vehicle from i = 4, by k = 2, num = 1
Customer: 10, timelimit = 24
　　Need c = 1, o = 30.000000
　　　　supplied from i = 1, by k = 1, num = 30.000000, t = 17.500000
　　Need c = 2, o = 40.000000
　　　　supplied from i = 3, by k = 1, num = 40.000000, t = 12.500000
　　Need c = 3, o = 83.000000
　　　　supplied from i = 1, by k = 1, num = 53.606557, t = 17.500000

supplied from i = 3,by k = 1,num = 29.393443,t = 12.500000
Use Vehicle from i = 1,by k = 1,num = 3
Use Vehicle from i = 3,by k = 1,num = 2

案例 3：营养配餐问题建模与求解实验

1. 问题描述

设有 m 种食物，下标记为 i，单价分别为 $a_1, a_2, \cdots, a_m$。人体需要 n 种营养成分，下标记为 j，每日需求量分别为 $b_1, b_2, \cdots, b_n$。设第 i 种食物每单位量含第 j 种营养成分的含量为 c_{ij}。试确定一个营养配餐方案，在满足人体营养需求的同时总费用最小，且配餐的总量不超过每日总量上限。

考虑额外约束：每种营养成分的每日摄入量不超过上限 $d_1, d_2, \cdots, d_n$。

2. 数学建模

分析上述问题域中的对象、属性和关系，建立线性数学规划模型。

(1) 参数定义

M　食物的集合，$m = \text{card}(M)$；

a_i　第 i 种食物的单价，$i \in M$；

N　营养成分的集合，$n = \text{card}(N)$；

b_j　人体对第 j 种营养成分的每日需求量，$j \in N$；

d_j　人体对第 j 种营养成分的每日需求量上限，$j \in N$；

c_{ij}　单位量的第 i 种食物所含第 j 种营养成分的含量，$i \in M, j \in N$；

C　营养配餐的每日总量上限。

(2) 变量定义

x_i　非负连续变量，配餐中第 i 种食物的量，$i \in M$。

(3) 优化模型

$$\min \sum_{i \in M} a_i x_i \tag{1}$$

$$\text{s.t.} \sum_{i \in M} c_{ij} x_i \geqslant b_j, \quad \forall j \in N \tag{2}$$

$$\sum_{i \in M} c_{ij} x_i \leqslant d_j, \quad \forall j \in N \tag{3}$$

$$\sum_{i \in M} x_i \leqslant C \tag{4}$$

$$x_i \geqslant 0, \quad \forall i \in M \tag{5}$$

(4) 模型解释

上述优化模型中，式(1)为目标函数，使组成配餐的食物的总成本最小化，约束式(2)表示全部食物所含的每种营养成分均不低于人体每日需求量，约束式(3)表示全部食物所含的每种营养成分均不高于每日最高上限，约束式(4)表示配餐食物的总量不超过每日总量上限；约束式(5)定义变量的值域。

3. 计算实验

用 AMPL 语言编写上述营养配餐问题的模型如下：

```
# 文件 foods_C.mod
set M;                          # 食物种类集合
set N;                          # 营养成分集合
param a{M};                     # 食物的单价
param b{N};                     # 每种营养成分的日需求量
param d{N};                     # 每种营养成分的日摄入量上限
param c{M,N};                   # 单位食物的营养成分含量
param C: = 1500;                # 每日摄入食物总量上限
var x{M}>= 0;                   # 食物配餐量
minimize Total_cost:sum{i in M}a[i] * x[i];
subject to NutritionNeed{j in N}:
    sum{i in M}x[i] * c[i,j]>= b[j];
subject to NutritionMax{j in N}:
    sum{i in M}x[i] * c[i,j]<= d[j];
subject to CapacityLimit:
    sum{i in M}x[i] <= C;
```

设计问题实例：令可选食物 $m=20$ 种，人体所需营养成分 $n=20$，食物的单价 a_i、营养成分含量 c_{ij}，以及人体每日所需营养成分量 b_j 及上限 d_i 由下面的数据表（foods.dat）所设定，试确定满足人体需求的成本最低的最优营养配餐，且配餐总量不超过 $C=1.5$ kg。

```
# 文件 foods_C.dat
param: M: a: =
1       1.5
2       0.2
3       2.6
4       2.6
5       1.8
6       9.6
7       1.4
8       1.7
9       3.1
10      1.4
11      0.2
12      0.9;
param: N: b   d: =
1       16    250
2       3     500
3       4     150
4       6     150
5       160   500
6       14    150
7       2     920
```

8	125	500
9	29	500
10	12	500
11	13	100
12	12	300;

param c: = default 0

2	6	0.22
2	8	0.03
2	9	0.15
3	1	0.17
3	4	0.09
3	8	0.13
4	5	0.13
4	6	0.11
4	7	0.02
4	10	0.07
4	11	0.08
4	12	0.11
5	1	0.19
5	2	0.08
5	3	0.05
5	7	0.01
5	8	0.06
5	9	0.10
5	10	0.07
5	12	0.10
6	1	0.20
6	3	0.03
6	4	0.06
6	6	0.17
6	10	0.20
6	11	0.21
7	2	0.18
7	3	0.17
7	5	0.12
7	8	0.13
8	4	0.12
8	5	0.10
8	6	0.09
8	7	0.10
8	12	0.21
9	1	0.12
9	3	0.08
9	4	0.09
9	5	0.25

9	7	0.09
10	11	0.20
11	2	0.04
11	3	0.17
11	4	0.05
11	8	0.22
11	9	0.08
11	10	0.13
12	3	0.04
12	4	0.06
12	7	0.19
12	10	0.13
12	11	0.16;

编写模型的脚本文件如下：

```
model food_C.mod;
data food_C.dat;
option solver cplex;
option cplex_options 'mipdisplay = 2';
objective Total_cost;
solve;
display x;
display sum{i in N}x[i];
display Total_cost;
```

执行脚本文件的求解结果如图 3.2 所示。

```
CPLEX 12.9.0.0: mipdisplay=2
CPLEX 12.9.0.0: optimal solution; objective 2111.937041
5 dual simplex iterations (0 in phase I)
x [*] :=
 1     0
 2   126.634
 3     0
 4   162.5
 5     0
 6     0
 7     0
 8   351.375
 9   308.577
10     0
11   550.914
12     0
;

sum{i in N} x[i] = 1500

Total_cost = 2111.94
```

图 3.2 营养配餐算例结果

案例4：电网流量设计问题建模与求解实验

1. 问题描述

设 $G=(V,E)$ 为供电网络的有向图，其中，V 是节点的集合，i 是节点的下标，节点表示电厂、用户（城市）或电能并网的中继站，$i \in V$；E 是连接节点的边的集合，对于 $(i,j) \in E$，表示节点 (i,j) 之间建立了连接电线，电能可从节点 i 传输到节点 j（或反之）。各边上流通的电能称为电网的流量。图 3.3 给出了一个电网结构示意图。

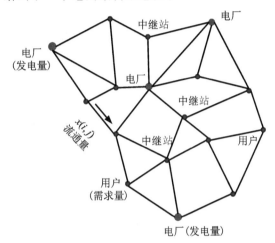

图 3.3 电网结构示意图

对于 G 中的每个节点 $i(i \in V)$，关联了一个标识数 a_i，表示该节点所产生的流量值，其含义为：

① 当 $a_i > 0$ 时，表示节点 i 产生电能，属于电厂节点，且 a_i 值代表该节点所能产生的最大流量上限。

② 当 $a_i < 0$ 时，表示节点 i 消耗电能，属于用户节点，且 $|a_i|$ 值代表该节点需要消耗的流量值。

③ 当 $a_i = 0$ 时，表示节点 i 是中继节点，既不产生电能，也不消耗电能。

对于 G 中的每条边 $(i,j) \in E$，以数值 c_{ij} 表示边 (i,j) 的单位流通费用，即每流通一单位流量需要支付给电网公司的费用，以 C_{ij} 表示边 (i,j) 允许承载的最大流量。

④ D_{ij} 是边 (i,j) 的欧氏距离，d 是每单位流量传输每单位距离的单位损耗，令 $d=0.001$，单位电价为 $e=0.5$ 元/(°)。

试设计网络流量分配，在满足用户用电需求的前提下，如何优化设计网络流量，使得网络总成本（流通成本+损失成本）最小。该问题不考虑流通损耗的规划模型可参见文献[2]。

2. 数学建模

基于上述问题描述，建立线性规划模型如下：

(1) 参数定义

V　节点的集合；

a_i　节点 i 产生的流量，$i \in V$；

E　边的集合，$(i,j) \in E$；

c_{ij}　边 (i,j) 的单位流通费用，$(i,j) \in E$；

C_{ij}　边(i,j)的最大流通容量，$(i,j) \in E$；
D_{ij}　边(i,j)的欧氏距离，$(i,j) \in E$；
d　每单位距离单位流量的损耗率。

(2) 变量定义

x_{ij}　非负连续变量，表示流入边(i,j)的流量，$(i,j) \in E$。

(3) 优化模型

$$\min \sum_{(i,j) \in E}^{m} c_{ij} x_{ij} \tag{1}$$

$$\text{s.t.} \sum_{(j,i) \in E} x_{ji}(1 - D_{ji}d) - \sum_{(i,j) \in E} x_{ij} = -a_i, \quad \forall i \in V; a_i \leqslant 0 \tag{2}$$

$$\sum_{(i,j) \in E} x_{ij} - \sum_{(j,i) \in E} x_{ji}(1 - D_{ji}d) \leqslant a_i, \quad \forall i \in V; a_i > 0 \tag{3}$$

$$x_{ij} \leqslant C_{ij}, \quad \forall (i,j) \in E \tag{4}$$

$$x_{ij} \geqslant 0, \quad \forall (i,j) \in E \tag{5}$$

(4) 模型解释

上述优化模型中，式(1)为目标函数，使所有边上的流量总费用最小化；约束式(2)表示对于用户节点($a_i < 0$)或中继节点($a_i = 0$)，所有流入该节点的流量(扣除损耗后)减去所有自该节点流出的流量恰好等于该节点消耗的流量(即$-a_i$)；约束式(3)表示对于发电厂节点($a_i > 0$)，流出该节点的流量减去流入该节点(扣除损耗后)的流量不能超过发电厂生产的最大流量；约束式(4)表示边上的流量值不能超过传输容量上限值；约束式(5)定义了变量的值域。

实例电网的结构图如图 3.4 所示。

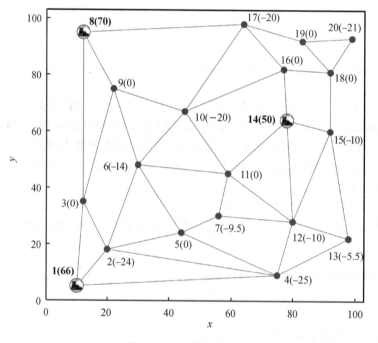

图 3.4　实例电网结构图

对上述电网流量问题建立 AMPL 模型,代码如下:

```
# 文件 netflow_C.mod
set V;              # 节点的集合
set E in {V,V};     # 边的集合
param px{V};        # 节点的 x 坐标
param py{V};        # 节点的 y 坐标
param D{E};         # 边的欧氏距离
param d: = 0.001;   # 单位流量单位距离传输费用
param a{V};         # 节点消耗或产生的流量
param c{E};         # 边的单位成本
param C: = 30;      # 边的传输容量
var x{E}>= 0;       # 边(i,j)上的设计流量,从点 i 流向点 j
minimize Total_cost: sum{(i,j) in E}(c[i,j] * x[i,j] + D[i,j] * d * x[i,j] * 0.5);
# 对于用户或中继:(流入 - 传输损耗) - 流出 = 需求量
subject to InOutBalanceUserFlag1{i in V: a[i]<= 0}:
    sum{(j,i) in E}x[j,i] * (1 - D[j,i] * d) - sum{(i,j) in E}x[i,j] = - a[i];
# 对于电厂:流出 - (流入 - 传输损耗) <= 发电量
subject to InOutBalanceStationFlag1{i in V: a[i]>0}:
    sum{(i,j) in E}(x[i,j]) - sum{(j,i) in E}x[j,i] * (1 - D[j,i] * d) <= a[i];
# x[i,j]流量 <= C
subject to CapacityLimitFlag1{(i,j) in E}:
    x[i,j] <= C;
```

建立计算实例的数据文件如下:

```
# 文件 netflow_C.dat
param: V:   px   py   a: =
1      10    5   66
2      27   20   - 24
3      41   12   0
4      53    9   0
5      44   24   0
6      21   48   44
7      75   25   - 29
8      29   66   0
9      15   81   39
10     48   67   - 20
11     61   51   0
12     80   47   0
13     98   32   - 10
14     63   72   0
15     92   60   0
16     77   82   0
17     64   98   - 20
18     92   81   0
```

19	83	92	0
20	99	93	−21;

param: E: c: =

1	2	1.5
1	4	1.7
1	3	1
2	4	0.2
2	5	2
3	4	1.7
3	8	1.4
4	7	0.8
5	7	0.9
5	6	0.4
6	7	0.2
6	11	1.6
6	12	1.8
7	8	1.4
7	10	1
8	9	1.6
8	17	1.9
9	10	1.5
9	17	0.1
9	16	1.4
9	14	1.8
10	12	1.7
10	14	0.9
11	12	1.9
12	13	1.8
13	14	0.5
4	3	1.7
13	15	1.2
14	15	1
14	16	1.1
14	18	0.7
15	16	0.8
16	17	0.9
16	18	1.3
16	19	1.4
17	18	0.7
17	19	1.8
17	20	1.4
18	19	0.1
18	20	1.1
2	1	1.5
4	1	1.7

```
3    1    1
4    2    0.2
5    2    2
8    3    1.4
7    4    0.8
7    5    0.9
6    5    0.4
7    6    0.2
11   6    1.6
12   6    1.8
8    7    1.4
10   7    1
9    8    1.6
17   8    1.9
10   9    1.5
17   9    0.1
16   9    1.4
14   9    1.8
12   10   1.7
14   10   0.9
12   11   1.9
13   12   1.8
14   13   0.5
15   13   1.2
15   14   1
16   14   1.1
18   14   0.7
16   15   0.8
17   16   0.9
18   16   1.3
19   16   1.4
18   17   0.7
19   17   1.8
20   17   1.4
19   18   0.1
20   18   1.1;
```

编写如下脚本文件：

```
# 脚本文件 netflow_C.sh
model netflow_C.mod;
data netflow_C.dat;
option solver cplex;
option cplex_options 'mipdisplay = 2';
for{(i,j) in E} let D[i,j] := sqrt((px[i] - px[j])^2 + (py[i] - py[j])^2);
objective Total_cost;
```

```
solve;
printf "结果:\n" >>netflow_C.out;
printf "目标函数(总成本) = %f\n",Total_cost >>netflow_C.out;
printf "流通成本 = %f\n",sum{(i,j) in E}x[i,j] * c[i,j] >>netflow_C.out;
printf "流通损耗 = %f\n",sum{(i,j) in E}x[i,j] * D[i,j] * d >>netflow_C.out;
for{(i,j) in E:x[i,j]>0}
{
    printf "边(%d%d)的流量为%f,流通成本 = %f,流通损耗 = %f\n",i,j,x[i,j],x[i,j] * c[i,j],
x[i,j] * D[i,j] * d >>netflow_C.out;
}
```

执行上述脚本文件,获得如下计算结果,请大家对结果进行可视化。

目标函数(总成本) = 516.10,流通成本 = 464.35,流通损耗 = 103.50
边(1,2)的流量为43.99,流通成本 = 65.99,流通损耗 = 9.97
边(4,7)的流量为13.96,流通成本 = 11.17,流通损耗 = 3.80
边(5,7)的流量为9.35,流通成本 = 8.41,流通损耗 = 2.90
边(6,7)的流量为30.00,流通成本 = 6.00,流通损耗 = 17.61
边(9,10)的流量为9.00,流通成本 = 13.50,流通损耗 = 3.23
边(9,17)的流量为30.00,流通成本 = 3.00,流通损耗 = 15.56
边(11,12)的流量为100.51,流通成本 = 190.98,流通损耗 = 19.52
边(15,16)的流量为48.66,流通成本 = 38.93,流通损耗 = 12.96
边(16,17)的流量为7.00,流通成本 = 6.30,流通损耗 = 1.44
边(16,18)的流量为28.70,流通成本 = 37.31,流通损耗 = 4.32
边(18,20)的流量为24.39,流通成本 = 26.83,流通损耗 = 3.39
边(6,5)的流量为14.00,流通成本 = 5.60,流通损耗 = 4.65
边(12,10)的流量为81.00,流通成本 = 137.70,流通损耗 = 30.57
边(15,13)的流量为14.01,流通成本 = 16.82,流通损耗 = 4.01

案例5:数据传输网络设计问题建模与求解实验

1. 问题描述

设$G=(V,E)$为数据传输网络图,其中,V是节点的集合,i是节点的下标,$i \in V$;E是连接节点的边的集合,对于$(i,j) \in E$,表示节点(i,j)之间建立了连接电线,数据可从节点i传输到节点j(或反之)。假设在当前网络状态下,任意边(i,j)的数据传输速度为c_{ij}且为已知。现要将数据量大小为a的数据从节点s传输至节点t,试确定网络数据的路径与流量设计,使数据传输完毕所需时间最小。

问题描述如图3.5所示,数据包从节点s分包发出,经网络传输后,到达节点t,假设经任意边(i,j)传输数据量为a的传输时间为a/c_{ij}。由于数据传输的各路径是并行传输的,且数据到达某节点后即开始向下一节点传输,因此,数据传输时间最长的边(瓶颈边)即为数据传输完毕所需的时间。

2. 数学建模

基于上述问题描述,建立线性规划模型:

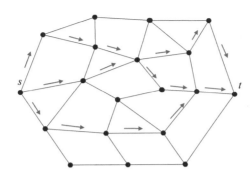

图 3.5 数据传输网络示意图

(1) 参数定义

V　节点的集合；

E　边的集合，$(i,j)\in E$；

c_{ij}　边 (i,j) 的数据传输速度，$(i,j)\in E$；

s　数据发出节点，$s\in E$；

t　数据接收节点，$t\in E$；

a　从 s 向 t 传输的数据量。

(2) 变量定义

x_{ij}　非负连续变量，表示从节点 i 到节点 j 的设计数据流量，$(i,j)\in E$；

T　非负连续变量，表示最大数据传输时间。

(3) 优化模型

$$\min T \tag{1}$$

$$\text{s.t.} \sum_{(s,j)\in E} x_{sj} = a \tag{2}$$

$$\sum_{(i,t)\in E} x_{it} = a \tag{3}$$

$$\sum_{(j,i)\in E;j\neq t} x_{ji} = \sum_{(i,j)\in E;j\neq s} x_{ij}, \quad \forall i\in V; i\neq s, i\neq t \tag{4}$$

$$T \geqslant x_{ij}/c_{ij}, \quad \forall (i,j)\in E \tag{5}$$

$$x_{ij} \geqslant 0, \quad \forall (i,j)\in E \tag{6}$$

(4) 模型解释

上述优化模型中，式(1)为目标函数，表示使所有边中传输时间最大的值最小化；约束式(2)和(3)分别表示从点 s 和点 t 流出和流入的数据量必须都是 a；约束式(4)表示除了发出点和接收点之外的其他所有节点流入和流出的数据量必须相等；约束式(5)表示取所有边中传输时间最大的值；约束式(6)定义了变量的值域。

3. 计算实验

随机构造如图 3.6 所示的数据传输网络，节点数为 18，链接边 (i,j) 及各边的数据传输速度 c_{ij}（双向）如表 3.1 所列。

表 3.1 数据传输网络实例数据传输速度参数

(i,j)	c_{ij}	(i,j)	c_{ij}	(i,j)	c_{ij}	(i,j)	c_{ij}
(1,18)	1.8	(3,6)	2.3	(6,12)	2.6	(10,18)	4.2
(1,10)	1.2	(3,16)	1.6	(6,17)	3.2	(12,17)	4.1
(1,4)	2.6	(3,17)	2.9	(7,9)	1.7	(12,18)	2.9
(1,5)	4.8	(4,11)	4.8	(7,12)	3	(13,15)	2.7
(1,11)	3.3	(4,8)	4.1	(8,13)	4.7	(14,15)	3.5
(1,12)	3.9	(4,5)	2.5	(8,14)	2.2	(14,16)	2.4
(2,7)	4.5	(5,8)	3	(8,15)	2.5	(14,17)	2.8
(2,9)	1.6	(5,12)	2.9	(9,10)	4.3	(15,16)	3
(2,12)	1	(5,14)	3.2	(9,18)	1.8	(16,17)	3
(2,18)	3.1	(6,7)	4.6	(10,11)	1.5		

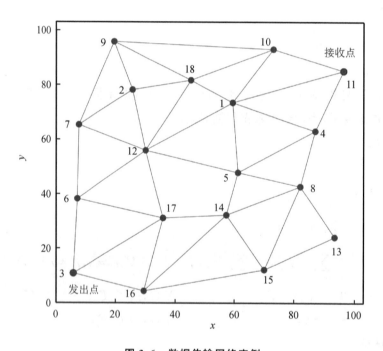

图 3.6 数据传输网络实例

现要将数据从 $s=3$ 传输到 $t=11$,数据传输的大小 $a=1\,024$。对上述数据传输问题建立 AMPL 模型,代码如下:

```
# 定义参数:
set V;                  # 节点的集合
set E in {V,V};         # 边的集合
param c{E};             # 边的数据传输速度(单位 Mb/s)
```

```
param s: = 3;              #数据发出的节点
param t: = 11;             #数据接收的节点
param a: = 1024;           #从点 s 传输到点 t 的数据量(单位 MB)
#变量定义
var x{E}>= 0;              #各边的数据流量
var T >= 0;                #最大传输时间
#目标函数
minimize Trans_T: T;
#约束条件
#从 s 点输出的总量为 a
subject to Con1:
    sum{(s,j) in E}x[s,j] = a;
#输入 t 点的总量为 a
subject to Con2:
    sum{(i,t) in E}x[i,t] = a;
#其他节点的输入、输出保持平衡
subject to Con3{i in V: i<>s and i<>t}:
    sum{(j,i) in E:j<>t}x[j,i] = sum{(i,j) in E:j<>s}x[i,j];
#获取所有传输边的最大传输时间
subject to Con4{(i,j) in E}:
    T >= x[i,j]/c[i,j];
```

用 AMPL 语言建立上述问题实例的模型文件、数据文件和脚本文件,调用 CPLEX 软件进行模型求解,得到的最优目标函数值为 150.6,网络各边的设计流量如表 3.2 所列。

表 3.2 数据传输网络实例模型设计流量参数

(i,j)	x_{ij}	c_{ij}	传输时间/s	(i,j)	x_{ij}	c_{ij}	传输时间/s
(1,4)	105.4	2.6	40.5	(8,4)	195.8	4.1	47.7
(1,11)	496.9	3.3	150.6	(9,10)	225.9	4.3	52.5
(3,6)	346.4	2.3	150.6	(10,11)	225.9	1.5	150.6
(3,16)	240.9	1.6	150.6	(12,18)	271.1	2.9	93.5
(3,17)	436.7	2.9	150.6	(12,1)	331.3	3.9	84.9
(4,11)	301.2	4.8	62.7	(14,8)	195.8	2.2	89.0
(6,7)	436.7	4.6	94.9	(16,17)	240.9	3	80.3
(6,12)	391.5	2.6	150.6	(17,6)	481.9	3.2	150.6
(7,9)	225.9	1.7	132.9	(17,14)	195.8	2.8	69.9
(7,12)	210.8	3	70.3	(18,1)	271.1	1.8	150.6

数据传输流量优化结果如图 3.7 所示。

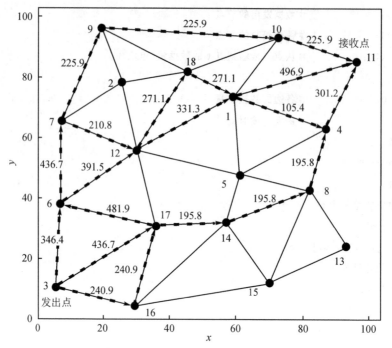

图 3.7 数据传输流量优化结果图(箭头为传输方向)

案例 6：二维中心问题建模与求解实验

1. 问题描述

二维中心问题(the Weber problem)是：平面上有 n 个已知坐标位置的客户点，求选址一个服务中心点，使该点到所有客户点的欧氏距离之和最小。线性化精度要求为 0.1%。以 20 个客户点为例，其坐标位置如表 3.3 所列。

表 3.3 客户点坐标位置

客户 i	x	y	客户 i	x	y
1	75	63	11	73	57
2	54	47	12	58	74
3	80	63	13	38	73
4	23	1	14	3	94
5	47	69	15	70	13
6	36	95	16	99	26
7	9	73	17	50	75
8	53	64	18	73	95
9	47	66	19	42	52
10	44	54	20	25	76

2. 数学建模

针对上述问题建立数学规划模型如下。

(1) 参数定义

N　　　客户节点的集合；

(X_i, Y_i)　节点 i 的坐标值，$i \in N$。

(2) 变量定义

x　非负连续变量，服务中心的 x 坐标；

y　非负连续变量，服务中心的 y 坐标；

d_i^x　客户节点 i 到服务中心的 x 轴向距离；

d_i^y　客户节点 i 到服务中心的 y 轴向距离；

d_i　客户节点 i 到服务中心的欧氏距离。

(3) 优化模型

$$\min \sum_{i \in N} d_i \tag{1}$$

s.t.

$$\begin{cases} d_i^x \geqslant x - X_i, & \forall i \in N \end{cases} \tag{2}$$
$$\begin{cases} d_i^x \geqslant X_i - x, & \forall i \in N \end{cases} \tag{3}$$
$$\begin{cases} d_i^y \geqslant y - Y_i, & \forall i \in N \end{cases} \tag{4}$$
$$\begin{cases} d_i^y \geqslant Y_i - y, & \forall i \in N \end{cases} \tag{5}$$
$$d_i \geqslant \sqrt{(d_i^x)^2 + (d_i^y)^2}, \quad \forall i \in N \tag{6}$$
$$x, y \geqslant 0, d_i^x \geqslant 0, d_i^y \geqslant 0, \quad \forall i \in N \tag{7}$$

利用欧氏距离外逼近法公式，将模型中的约束式(6)转化为线性模型(方法推导可参见文献[7,12])，即

$$d_i \geqslant d_i^x \cos(p\theta) + d_i^y \sin(p\theta), \quad \forall i \in N; p = 0, 1, 2, \cdots, \eta - 1$$

式中，$\theta = 0.089\,450\,2, \eta = 18$。

3. 计算实验

建立基于 AMPL/CPLEX 的优化模型如下：

```
#参数定义
set N;                          #客户节点的集合
param X{N};                     #客户点的X坐标
param Y{N};                     #客户点的Y坐标
param cita := 0.0894502;        #根据精度要求(0.1%)计算的角度值
param n := 18;                  #根据精度要求(0.1%)计算的切平面数量
#变量定义
var x >= 0;                     #服务点的x坐标
var y >= 0;                     #服务点的y坐标
var dx{N} >= 0;                 #x轴向距离
var dy{N} >= 0;                 #y轴向距离
```

```
var d{N}>= 0;                    #欧氏距离
#目标函数
minimize Weighted_Dis:sum{i in N}d[i];
#约束条件
subject to Con1a{i in N}:
    dx[i] >= x - X[i];
subject to Con1b{i in N}:
    dx[i] >= X[i] - x;
subject to Con2a{i in N}:
    dy[i] >= y - Y[i];
subject to Con2b{i in N}:
    dy[i] >= Y[i] - y;
subject to Con3{i in N,p in 0..n-1}:
    d[i] >= dx[i] * cos(p * cita) + dy[i] * sin(p * cita);
```

在 AMPL/CPLEX 环境下求解上述模型,可获得选址设施的最优坐标值为 $x=49.0994$,$y=65.5348$,目标函数值为 556.095。

更换采用内逼近法(割平面法),获得的最优坐标值为 $x=49.3262$,$y=65.5019$,目标函数值为 556.635。

案例7:多维中心问题建模与求解实验

1. 问题描述

多维中心问题是:在 k 维度欧氏空间($x_1,x_2,\cdots,x_k$)中有 n 个已知坐标位置的客户点,求选址一个服务中心点,使该点到所有客户点的多维欧氏距离之和最小。线性化精度要求为 0.1%。

给出一个具体算例:在三维空间(X,Y,Z)中,有 n 个已知坐标位置的节点,如表 3.4 所列。

表 3.4 一组节点的三维坐标

节点 i	X_i	Y_i	Z_i	节点 i	X_i	Y_i	Z_i
1	74	53	54	11	73	57	20
2	54	27	77	12	58	24	23
3	40	63	15	13	38	73	59
4	23	1	90	14	3	94	46
5	47	69	56	15	70	13	38
6	36	95	82	16	9	26	44
7	9	73	34	17	50	75	85
8	53	64	29	18	73	15	22
9	47	6	65	19	42	52	11
10	44	54	91	20	25	76	23

请寻找一个中心点，使该点到所有节点的三维欧氏距离之和最小，线性化精度要求为 0.1%。

2. 数学建模

针对上述三维中心问题建立数学规划模型如下。

(1) 参数定义

N 节点的集合；

(X_i, Y_i, Z_i) 节点 i 的坐标值，$i \in N$。

(2) 变量定义

x 非负连续变量，中心点的 x 坐标；

y 非负连续变量，中心点的 y 坐标；

z 非负连续变量，中心点的 z 坐标；

d_i^x 节点 i 到中心点的 x 轴向距离；

d_i^y 节点 i 到中心点的 y 轴向距离；

d_i^z 节点 i 到中心点的 z 轴向距离；

d_i^{xy} 节点 i 到中心点的 xy 维欧氏距离；

d_i^{xyz} 节点 i 到中心点的 xyz 维欧氏距离。

(3) 优化模型

$$\min \sum_{i \in N} d_i^{xyz} \tag{1}$$

s. t.

$$\begin{cases} d_i^x \geqslant x - X_i, & \forall i \in N \\ d_i^x \geqslant X_i - x, & \forall i \in N \end{cases} \tag{2}$$
$$\tag{3}$$

$$\begin{cases} d_i^y \geqslant y - Y_i, & \forall i \in N \\ d_i^y \geqslant Y_i - y, & \forall i \in N \end{cases} \tag{4}$$
$$\tag{5}$$

$$\begin{cases} d_i^z \geqslant z - Z_i, & \forall i \in N \\ d_i^z \geqslant Z_i - z, & \forall i \in N \end{cases} \tag{6}$$
$$\tag{7}$$

$$\begin{cases} d_i^{xy} \geqslant d_i^x \cos(p\theta) + d_i^y \sin(p\theta), & \forall i \in N; p = 0, 1, 2, \cdots, \eta - 1 \tag{8}\\ d_i^{xyz} \geqslant d_i^{xy} \cos(p\theta) + d_i^z \sin(p\theta), & \forall i \in N; p = 0, 1, 2, \cdots, \eta - 1 \end{cases} \tag{9}$$

$$d_i^x, d_i^y, d_i^z, d_i^{xy}, d_i^{xyz} \geqslant 0, \quad \forall i \in N \tag{10}$$

上述三维欧氏距离经过两重叠加后，误差精度要求控制在 $1-(1+\varepsilon)^2 = 0.001$ 之内，因而有 $\varepsilon = \sqrt{0.999} \approx -0.0005$，$\theta = \arccos(1 + 4\varepsilon + 2\varepsilon^2) = 0.063\,248\,189$，$\eta = \left\lceil \dfrac{\pi}{2\theta} \right\rceil = 25$。

3. 计算实验

建立基于 AMPL/CPLEX 的优化模型如下：

```
# 文件 Weber3D.mod
set N;                    # 客户节点的集合
param X{N};               # 客户节点的 X 坐标
param Y{N};               # 客户节点的 Y 坐标
```

```
param Z{N};                           # 客户需求
param cita: = 0.063256099;            # 根据精度要求(0.1%)计算的角度值
param n: = 25;                        # 根据精度要求(0.1%)计算的切平面数量
var x >= 0;
var y >= 0;
var z >= 0;
var dx{N} >= 0;
var dy{N} >= 0;
var dz{N} >= 0;
var d_xy{N} >= 0;
var d_xyz{N} >= 0;
minimize Weighted_Dis: sum{i in N}d_xyz[i];
subject to Con1a{i in N}:
    dx[i] >= x - X[i];
subject to Con1b{i in N}:
    dx[i] >= X[i] - x;
subject to Con2a{i in N}:
    dy[i] >= y - Y[i];
subject to Con2b{i in N}:
    dy[i] >= Y[i] - y;
subject to Con3a{i in N}:
    dz[i] >= z - Z[i];
subject to Con3b{i in N}:
    dz[i] >= Z[i] - z;
subject to Con4{i in N, p in 0..n-1}:
    d_xy[i] >= dx[i] * cos(p * cita) + dy[i] * sin(p * cita);
subject to Con5{i in N, p in 0..n-1}:
    d_xyz[i] >= d_xy[i] * cos(p * cita) + dz[i] * sin(p * cita);
```

建立数据文件 Weber3D.dat 如下:

```
# 文件 Weber3D.dat
param: N: X   Y   Z: =
1      74  53  54
2      54  27  77
3      40  63  15
4      23   1  90
5      47  69  56
6      36  95  82
7       9  73  34
8      53  64  29
9      47   6  65
```

10	44	54	91
11	73	57	20
12	58	24	23
13	38	73	59
14	3	94	46
15	70	13	38
16	9	26	44
17	50	75	85
18	73	15	22
19	42	52	11
20	25	76	23

;

建立脚本文件 Weber3D.sh 如下：

```
model Weber3D.mod;
data Weber3D.dat;
option solver cplex;
option cplex_options 'mipdisplay = 2';
objective Weighted_Dis;
solve;
display x,y,z,Weighted_Dis;
```

在 AMPL/CPLEX 环境下求解上述模型，可获得如下计算结果：

x = 44.779 5
y = 54.058 4
z = 45.843 4
Weighted_Dis = 836.459

3.2 离散型线性规划

离散型线性问题的特征是最优化模型中的决策变量包含离散变量。

案例 8：紧急医疗调度中心选址问题建模与求解实验

1. 问题描述

2013 年美国大学生数学建模竞赛问题题目：紧急医疗响应问题(emergency medical response)。该题目是城市建立医疗救护车调度中心选址问题。问题描述如下：某城市有 6 个区域，记为集合 N。各城区的分布图如图 3.8 所示。

各城区之间救护车的平均行驶时间为已知，记为 d_{ij}，其中 $i,j \in N$。6 个区域之间的平均行驶时间和各区域的人口数如表 3.5 所列。

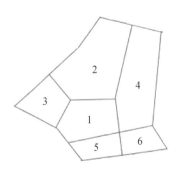

图 3.8 城区分布图

表 3.5 各区域之间的平均行驶时间

区 域	平均行驶时间/min					
	1	2	3	4	5	6
1	1	8	12	14	10	16
2	8	1	6	18	16	16
3	12	18	1.5	12	6	4
4	16	14	4	1	16	12
5	18	16	10	4	2	2
6	16	18	4	12	2	2

各城区的人口数量如表 3.6 所列。

表 3.6 区域人口表

区 域	人口数量/人
1	50 000
2	80 000
3	30 000
4	55 000
5	35 000
6	20 000
总计	270 000

现在需要建立 3 个救护车调度中心,要求如下:
① 每城区最多建立 1 个救护车调度中心;
② 救护中心具有最大可覆盖 100 000 人的容量;
③ 救护车到达城区的最长时间在 8 min 以内。

试建立数学优化模型,获得最优的救护中心选址位置,使得救护车在 8 分钟以内所能到达区域的总人数最大。

2. 问题分析与建模

第一步:分析问题域中有哪些对象。令每一种对象为一个有限集合。经分析,问题域存在的对象有:
- 中心:即救援中心,这是一个概念对象,令其实体表示为集合 $K, k \in K$;
- 区域:即需要救援覆盖的区域,这是一个概念对象,令其实体表示为集合 $N, i \in N$。

第二步:分析对象存在哪些属性。
- 中心的属性:坐标、车辆数、容量 C_k 等;
- 区域的属性:面积、人口数 a_i、是否选址 b_i、是否被覆盖 c_i 等。

第三步:分析上述对象之间的关系。
- 区域与区域之间的距离关系:区域之间的距离(时间)可表示为 $d_{ij}, i \in N, j \in N$。
- 中心与区域之间:

① 建设关系,以 $x_{ki} \in \{0,1\}$ 表示中心 k 是否选建在区域 i 上,$k \in K$,$i \in N$;
② 覆盖关系,以 $y_{ki} \in \{0,1\}$ 表示中心 k 是否能够覆盖区域 i,$k \in K$,$i \in N$。

第四步:确立目标函数,即被覆盖区域的总人口数,越大越好:

$$\max \sum_{k \in K} a_i c_i$$

式中,a_i 表示人口数,c_i 表示是否被覆盖。

第五步:建立约束条件。

- 对属性的约束:

① 属性 b_i:选择建立救护中心的区域,数量不超过 3 个,即

$$\sum_{i \in N} b_i = 3$$

② 容量 C_k:每个救护中心覆盖的总人口数不超过其容量(100 000 人),即

$$\sum_{i \in N} a_i y_{ki} \leqslant C_k, \quad \forall k \in K$$

③ 区域是否被覆盖 c_i,即

$$c_i \leqslant \sum_{k \in K} y_{ki}, \quad \forall i \in N (至少被 1 个中心覆盖)$$

- 对关系的约束:

① 选建关系 x_{ki}:

$$\sum_{i \in N} x_{ki} = 1, \quad \forall k \in K (每个中心建在一个区域上)$$

$$\sum_{k \in K} x_{ki} = b_i, \quad \forall i \in N (每个区域最多建一个中心)$$

② 救援覆盖关系 y_{ki}:

$$d_{ij} \leqslant 8 + M(2 - x_{ki} - y_{kj}), \quad \forall k \in K; i,j \in N (满足 8\ \min 距离要求)$$

第六步:建立模型:

- 符号定义:

① 参数定义:

K　救护中心的集合(对象);
C_k　救护中心 k 的容量(最大覆盖人口数),$k \in K$;
N　区域的集合(对象);
a_i　区域 i 的人口数(对象属性),$i \in N$。

② 变量定义:

b_i　0/1 型变量,区域 i 是否选建救护中心(对象属性),$i \in N$;
c_i　0/1 型变量,区域 i 是否被覆盖(响应时间 8 min 内),$i \in N$;
x_{ki}　0/1 型变量,中心 k 是否选建在区域 i 上,$i \in N$,$k \in K$;
y_{ki}　0/1 型变量,中心 k 是否能够有效覆盖区域 i,$i \in N$,$k \in K$。

- 目标函数:

$$\max \sum_{k \in K} a_i c_i \tag{1}$$

- 约束条件:

$$\begin{cases} \sum_{i \in N} b_i = 3 & (2) \\ \sum_{i \in N} x_{ki} = 1, & \forall k \in K & (3) \\ \sum_{k \in K} x_{ki} = b_i, & \forall i \in N & (4) \\ \sum_{i \in N} a_i y_{ki} = C_k, & \forall k \in K & (5) \\ d_{ij} \leqslant 8 + M(2 - x_{ki} - y_{kj}), & \forall k \in K; i,j \in N & (6) \\ c_i \leqslant \sum_{k \in K} y_{ki}, & \forall i \in N & (7) \\ b_i, c_i \in \{0,1\}; x_{ki}, y_{ki} \geqslant 0, & \forall i \in N, k \in K & (8) \end{cases}$$

3. 计算实验

将上述模型用 AMPL 语言建立数学规划,代码如下:

```
#模型文件 AMBU.mod
#参数:
set N;                          #区域的集合
param A{N};                     #区域的人口数量
param d{N,N};                   #区域之间的平均到达时间
set K;                          #救援中心的集合
param C: = 100000;              #救援中心的能力容量
param M: = 9999;
#变量
var b{N} binary;                #是否在区域 i 建立救援中心
var c{N} binary;                #区域 i 是否被有效覆盖(8 min 以内)
var x{K,N} binary;              #中心 k 是否选建在区域 i
var y{K,N} binary;              #中心 k 是否能够有效救援区域 i
maximize Total_population:sum{i in N}A[i] * c[i];
subject to Con1:
    sum{i in N}b[i] = card(K);
subject to Con2{k in K}:
    sum{i in N}x[k,i] = 1;
subject to Con3{i in N}:
    sum{k in K}x[k,i] = b[i];
subject to Con4{k in K,i in N,j in N}:
    d[i,j] <= 8 + M * (2 - x[k,i] - y[k,j]);
subject to Con5{i in N}:
    c[i] <= sum{k in K}y[k,i];
subject to Con6{k in K}:
    C >= sum{i in N}A[i] * y[k,i];
```

对上述救护车选址问题建立数据文件 AMBU.dat 如下:

```
#数据文件:AMBU.dat
set K: = 1,2,3;
```

```
set N: = 1,2,3,4,5,6;
param: A: =
1    50000
2    80000
3    30000
4    55000
5    35000
6    20000
;
param d:1    2    3    4    5    6: =
1    1    8    12   14   10   16
2    8    1    6    18   16   16
3    12   18   1.5  12   6    4
4    16   14   4    1    16   12
5    18   16   10   4    2    2
6    16   18   4    12   2    2
;
```

建立 AMPL 脚本文件 AMBU.sh 如下：

```
model AMBU.mod;                                 ♯装入模型
data AMBU.dat;                                  ♯装入数据
option solver cplex;                            ♯设定求解器
♯设定显示方式和计算时间上限
option cplex_options  "mipdisplay = 2 timelimit = 3600";
objective Total_population;                     ♯设定目标函数
solve;                                          ♯开始求解
♯显示结果
display x;
display y;
display A,b,c;
```

在 AMPL 环境下，执行上述脚本文件 AMBU.sh，获得计算结果，并对计算结果进行解释。

救援中心选建区域情况如下：

1 号救援中心，选建于 5 区；覆盖 4、5 区人口；覆盖人口总数：90000
2 号救援中心，选建于 1 区；覆盖 2 区人口；覆盖人口总数：80000
3 号救援中心，选建于 2 区；覆盖 1、3 区人口；覆盖人口总数：80000

4. 扩展问题实验

(1) 修改问题参数 1

要求救护车 7 min 内能到达(原问题为 8 min)。

修改后的结果如下：

1 号救援中心，选建于 3 区；覆盖 3、5、6 区人口；覆盖人口总数：85000

2号救援中心,选建于2区;覆盖2区人口;覆盖人口总数:80000
3号救援中心,选建于4区;覆盖4区人口;覆盖人口总数:55000
覆盖总人口数 220000

(2) 修改问题参数 2

救援中心的容量能力由 100 000 人下降为 80 000 人。
修改后的结果如下:

1号救援中心,选建于3区;覆盖3、5区人口;覆盖人口总数:65000
2号救援中心,选建于2区;覆盖2区人口;覆盖人口总数:80000
3号救援中心,选建于5区;覆盖4、6区人口;覆盖人口总数:75000
覆盖总人口数 220000

(3) 扩展问题目标

保持最多覆盖人口数量不变,优化第二目标,即最小化平均响应时间。

案例 9:单背包问题(knapsack)建模与求解实验

1. 问题描述

一个旅行者闯入某个海盗洞穴遗迹,发现洞中有一堆宝石,五颜六色,大小各异,重量不同,且宝石价值也各有不同。旅行者发现无法将这些宝石全部装入自身携带的背包中。请您帮助他/她决定:如何选取其中体积较小的、重量较轻的宝石装入背包,且既不超过背包的体积容量和负重上限,又能使装入背包的宝石总价值最大。

假设旅行者的背包体积容量为 100,最大负重为 150。问如何选择表 3.7 中的宝石,能使装入背包中的宝石总价值最大?

表 3.7 单背包问题宝石信息表

宝石编号 i	体积 v_i	重量 w_i	价值 p_i	宝石编号 i	体积 v_i	重量 w_i	价值 p_i
1	24	21	32	6	16	27	28
2	15	20	86	7	29	26	85
3	17	13	14	8	19	23	50
4	17	23	61	9	11	28	19
5	10	16	80	10	13	29	76

2. 数学建模

对上述单背包问题进行数学建模,包括 5 大部分:

(1) 问题描述

要将 n 个物体放入背包中,物体体积分别为 $v_1, v_2, \cdots, v_n$;重量分别为 $w_1, w_2, \cdots, w_n$;价值分别为 $p_1, p_2, \cdots, p_n$。背包的体积容量为 V,最大负重为 W,确定一个将物体装入背包的方案,使装入背包中的物体总价值最大。

(2) 参数定义

N 物体的集合;

v_i 物体 i 的体积, $i \in N$;

w_i 物体 i 的重量，$i \in N$；
p_i 物体 i 的价值，$i \in N$；
V 背包最大容量；
W 背包最大负重。

(3) 变量定义

x_i 0/1 型变量，0 表示不装入物体 i，1 表示装入物体 i。

(4) 数学模型

$$\max \sum_{i \in N} p_i x_i \tag{1}$$

$$\text{s.t.} \sum_{i \in N} v_i x_i \leqslant V \tag{2}$$

$$\sum_{i \in N} w_i x_i \leqslant W \tag{3}$$

$$x_i = \{0, 1\}, \quad \forall i \in N \tag{4}$$

(5) 模型解释

上述模型中：式(1)为目标函数，使背包中的物体价值最大化；约束式(2)表示背包的容量约束；约束式(3)表示背包的负重约束；约束式(4)定义了变量仅能取值 0 或 1。

3. 计算实验

将上述模型用 AMPL 语言建立数学规划，代码如下：

```
#模型文件 pack.mod
set N;
param v{N};
param w{N};
param p{N};
param V: = 100;
param W: = 150;
var x{N} binary;              #是否选入背包
maximize Total_value:sum{i in N}p[i] * x[i];
subject to Con1:
    sum{i in N}v[i] * x[i] <= V;
subject to Con2:
    sum{i in N}w[i] * x[i] <= W;
```

建立上述案例的数据文件如下：

```
#数据文件 pack10.dat
param: N: v   w    p: =
1      24    21   32
2      15    20   86
3      17    13   14
4      17    23   61
5      10    16   80
6      16    27   28
```

7	29	26	85
8	19	23	50
9	11	28	19
10	13	29	76

;

建立 AMPL 脚本文件进行求解，代码如下：

```
#脚本文件 pack.sh
model pack.mod;
data pack10.dat;
option solver cplex;
option cplex_options  "mipdisplay = 2 timelimit = 3600";
objective Total_value;
solve;
display x;
```

在 Linux 终端执行 pack.sh，获得计算结果如图 3.9 所示。

```
xiaoyiyong@station:~/MyWork/test/pack$ ampl pack.sh
CPLEX 12.9.0.0: mipdisplay=2
return_mipgap=3
timelimit=3600
Found incumbent of value 0.000000 after 0.00 sec. (0.00 ticks)
Reduced MIP has 2 rows, 10 columns, and 20 nonzeros.
Reduced MIP has 10 binaries, 0 generals, 0 SOSs, and 0 indicators.
Probing time = 0.00 sec. (0.00 ticks)
Reduced MIP has 2 rows, 10 columns, and 20 nonzeros.
Reduced MIP has 10 binaries, 0 generals, 0 SOSs, and 0 indicators.
Probing time = 0.00 sec. (0.00 ticks)
MIP emphasis: balance optimality and feasibility.
MIP search method: dynamic search.
Parallel mode: deterministic, using up to 32 threads.
Root relaxation solution time = 0.00 sec. (0.01 ticks)

        Nodes                                         Cuts/
   Node  Left     Objective  IInf  Best Integer    Best Bound    ItCnt     Gap

*     0+    0                        0.0000      531.0000             ---
*     0+    0                      416.0000      531.0000           27.64%
      0     0      430.1053     1   416.0000      430.1053       4    3.39%
      0     0        cutoff         416.0000                     5     ---
Elapsed time = 0.02 sec. (0.06 ticks, tree = 0.01 MB)

Root node processing (before b&c):
  Real time             =    0.02 sec. (0.06 ticks)
Parallel b&c, 32 threads:
  Real time             =    0.00 sec. (0.00 ticks)
  Sync time (average)   =    0.00 sec.
  Wait time (average)   =    0.00 sec.
                          ------------
Total (root+branch&cut) =    0.02 sec. (0.06 ticks)
CPLEX 12.9.0.0: optimal integer solution; objective 416
5 MIP simplex iterations
0 branch-and-bound nodes

suffix relmipgap OUT;
suffix absmipgap OUT;
x [*] :=
 1  0
 2  1
 3  0
 4  1
 5  1
 6  1
 7  1
 8  0
 9  0
10  1
;
```

图 3.9　单背包问题案例计算结果

4. 扩展问题实验

(1) 增加第 1 种约束

- 物体 2 和 4 不能同时放在一起；
- 物体 5 和 6 不能同时放在一起。

尝试采用以下两种方式进行实验：

① 直接增加约束条件；

② 设计一个配对集合，集合中的每个成员（一对物体）不能放在一起。

增加参数定义和约束条件如下：

set P in {N,N};
let P: = {(2,4),(5,6)};
subject to Con3{(i,j) in P}: x[i] + x[j]<= 1;

(2) 增加第 2 种约束

- 物体 1 和 3 是配套的，若同时拿走则价值增值 50%；
- 物体 7 和 8 是配套的，若同时拿走则价值增值 35%。

尝试采用以下两种方式进行实验：

① 直接增加约束条件；

② 考虑如表 3.8 所列的两两配套增值表。

表 3.8 两两配套增值表

物体编号 i	1	2	3	4	5	6	7	8	9	10
1			50%							
2				−20%						
3						60%				
4										50%
5							50%			
6										
7								35%		
8										
9										
10										

增加参数定义和约束条件如下：

set H;
param r{H};
param a{H};
param b{H};
#数据文件
param: H: a b r: =
1 1 3 0.5

```
2  2  4  -0.2
3  3  6  0.6
...
#增加变量
var y{H} binary;              #是否成套
#目标函数
minimize sum{i in N}p[i] * x[i] + sum{k in H}r[k] * (p[a[k]] + p[b[k]]) * y[k];

subject to Con4{k in H}:
    y[k] = x[a[k]] * x[b[k]];
subject to Con5{k in H: r[k]>0}:
    y[k] <= (x[a[k]] + x[b[k]])/2;
```

案例 10：多背包问题建模与求解实验

1. 问题描述

在案例 9 的单背包问题中，假设进入海盗遗弃山洞的是一行 3 人（爸爸、妈妈、孩子）。3 人每人背了一个空背包，可以用来装入宝石。3 个背包的体积容量分别为 100、80、60，3 人的最大负重分别为 150、120、80。问：如何选择表 3.9 中的宝石，使得装入背包中的宝石总价值最大？

表 3.9 多背包问题宝石信息表

宝石编号 i	体积 v_i	重量 w_i	价值 p_i	宝石编号 i	体积 v_i	重量 w_i	价值 p_i
1	24	21	32	16	12	20	56
2	15	20	86	17	17	21	45
3	17	13	14	18	18	19	48
4	17	23	61	19	17	23	64
5	10	16	80	20	14	28	55
6	16	27	28	21	18	19	54
7	29	26	85	22	14	20	63
8	19	23	50	23	10	23	59
9	11	28	19	24	12	24	61
10	13	29	76	25	14	21	53
11	19	19	48	26	18	19	61
12	10	23	77	27	20	25	49
13	12	19	61	28	16	23	68
14	21	24	59	29	15	25	52
15	17	21	45	30	20	21	54

2. 数学建模

对上述多背包问题进行数学建模。

(1) 参数定义

N　物体的集合；
v_i　物体 i 的体积，$i \in N$；
w_i　物体 i 的重量，$i \in N$；
p_i　物体 i 的价值，$i \in N$；
B　背包的集合；
V_j　背包 j 的容量，$j \in B$；
W_j　背包 j 的最大负重，$j \in B$。

(2) 变量定义

x_{ij}　0/1 型变量，表示物体 i 是否被装入背包 j 中，$i \in N, j \in M$。

(3) 数学模型

$$\max \text{Total\_Value} = \sum_{i \in N, j \in B} p_i x_{ij} \tag{1}$$

$$\text{s.t.} \sum_{j \in B} x_{ij} \leqslant 1, \quad \forall i \in N \tag{2}$$

$$\sum_{i \in N} v_i x_{ij} \leqslant V_j, \quad \forall j \in B \tag{3}$$

$$\sum_{i \in N} w_i x_{ij} \leqslant W_j, \quad \forall j \in B \tag{4}$$

$$x_{ij} \in \{0,1\}, \quad \forall i \in N, j \in B \tag{5}$$

(4) 模型解释

上述模型中，式(1)表示使装入背包中的物体价值最大化的目标函数；约束式(2)表示一个物体仅能装入一个背包中；约束式(3)和(4)分别表示装入的物体不能超过背包的体积容量和最大负重；约束式(5)定义了变量值域。

3. 计算实验

将上述模型用 AMPL 语言建立数学规划，代码如下：

```
#文件 packM.mod
set N;
param v{N};
param w{N};
param p{N};
set B;
param V{B};
param W{B};
var x{N,B} binary;
maximize Total_Value:sum{i in N,j in B}p[i] * x[i,j];
subject to Con0{i in N}:
    sum{j in B}x[i,j] <= 1;
subject to Con1{j in B}:
    sum{i in N}v[i] * x[i,j] <= V[j];
subject to Con2{j in B}:
    sum{i in N}w[i] * x[i,j] <= W[j];
```

编制数据文件 packM.dat 的内容如下：

```
# 文件 packM.dat
param: N: v w p: =
1    24   21   32
2    15   20   86
3    17   13   14
4    17   23   61
5    10   16   80
6    16   27   28
7    29   26   85
8    19   23   50
9    11   28   19
10   13   29   76
11   19   19   48
12   10   23   77
13   12   19   61
14   21   24   59
15   17   21   45
16   12   20   56
17   17   21   45
18   18   19   48
19   17   23   64
20   14   28   55
21   18   19   54
22   14   20   63
23   10   23   59
24   12   24   61
25   14   21   53
26   18   19   61
27   20   25   49
28   16   23   68
29   15   25   52
30   20   21   54
;
param: B: V  W: =
1    100  150
2     80  120
3     60   80
;
```

在 Linux 终端执行 packM.sh 脚本文件，获得计算结果如下：

```
Pack1 include: 12   13   19   22   23   26   28
Pack2 include: 7    10   16   24   25
Pack3 include: 2    4    5    21
```

案例 11：单机订单排序问题建模与求解实验

1. 问题描述

某单机被分派了多项订单，记为订单集合 N；每项订单 i 的处理时间为 p_i，权重为 w_i，其中 $i \in N$；机器需要依次处理这批订单，前后订单之间的搬运、清理时间为常数 a。问：如何安排订单的处理顺序，能使所有订单的加权完成时间之和最小化。

2. 数学建模

该问题的数学规划模型如下。

(1) 参数定义

N　订单的集合，$n = \text{card}(N)$；

i, j　订单的下标，$i, j \in N$；

p_i　订单 i 的处理时间，$i \in N$；

w_i　订单 i 的权重，$i \in N$；

M　一个大数。

(2) 决策变量

s_{ij}　0/1 型决策变量，表示订单 i 排在订单 j 之前被处理；

c_j　非负连续变量，订单 i 的完成时间。

(3) 数学模型

$$\min \sum_{i \in N} w_i \cdot c_i$$

$$\text{s. t.} \quad s_{ij} + s_{ji} = 1, \qquad \forall i, j \in N; i < j \qquad (1)$$

$$c_i \geq p_i, \qquad \forall i \in N \qquad (2)$$

$$c_j - c_i \geq p_j - M(1 - s_{ij}), \quad \forall i, j \in N; i < j \qquad (3)$$

$$s_{ij} \in \{0, 1\}, c_i \geq 0, p_i \geq 0, \quad \forall i \in N, j \in N \qquad (4)$$

(4) 模型解释

上述模型中，目标函数为所有订单完成时间的加权总和；约束式(1)确定订单对的先后关系；约束式(2)和(3)递推计算订单的最迟完成时间；约束式(4)定义变量的值域。

3. 计算实验

在 AMPL 环境下，将上述模型编写为计算机代码如下：

```
#文件 Order.mod
set N;                  #订单集合
param p{N}>= 0;         #订单的处理时间
param w{N};             #订单的权重
var s{N,N} binary;      #0/1型决策变量,订单i是否排在订单j的前面
var c{N}>= 0;           #非负连续变量,订单的完成时间
param M: = 999;         #一个大数
```

#总加权完成时间最小
```
minimize objective_WT:sum{j in N}w[j] * c[j];
```
#订单的排序规则
```
subject to JobSequence{i in N,j in N: i<>j}:
    s[i,j] + s[j,i] = 1;
```
#递推计算完成时间
```
subject to FinishTime{i in N,j in N: i<>j}:
    c[j] - c[i] >= p[j] - M * (1 - s[i,j]);
```
#最小完成时间
```
subject to FinishTime1{i in N}:
    c[i] >= p[i];
```

考虑 10 个订单的排序问题,建立如下数据文件,其中 N 是订单的 ID 集合,w 和 p 分别是订单的权重和处理时间。

```
# 文件 Order.dat
set N: = 1 2 3 4 5 6 7 8 9 10;
param: w p: =
1    1.1    4
2    1.2    1
3    1.4    4
4    0.9    2
5    1.5    2
6    0.8    5
7    1      4
8    0.9    2
9    0.8    7
10   3      2
;
```

用 AMPL 语言建立如下脚本文件(Order.sh),该脚本文件装入上述模型文件 Order.mod 和数据文件 Order.dat,并调用 CPLEX 求解器对模型进行求解,然后输出结果。

```
# 文件 Order.sh
model Order.mod;              #装入模型文件
data Order.dat;               #装入数据文件
option solver cplex;          #设定 CPLEX 为整数规划求解器
objective objective_WT;       #设定目标函数
solve;                        #开始求解
#输出订单的排序号
param sn{N};                  #订单的排序号
param ps{N};                  #位置对应的订单号
for{i in N} let sn[i]: = 1 + sum{j in N: j<>i}s[j,i];
for{i in N} let ps[sn[i]]: = i;
for{i in N}
    printf "i = % d,orderID = % d\n",i,ps[i];
display objective_WT;
```

执行上述脚本文件,获得求解结果如图 3.10 所示。

```
xiaoyiyong@station:~/MathLangCourse/Order$ ampl Order.sh
CPLEX 12.9.0.0: optimal integer solution; objective 136.6
198566 MIP simplex iterations
53279 branch-and-bound nodes
i=1, orderID=10
i=2, orderID=2
i=3, orderID=5
i=4, orderID=4
i=5, orderID=8
i=6, orderID=3
i=7, orderID=1
i=8, orderID=7
i=9, orderID=6
i=10, orderID=9
objective_WT = 136.6
```

图 3.10　单机订单排序案例计算结果

4. 附加计算练习

增加订单排序问题的约束条件：

条件(1)：订单 3 必须排在订单 4 的前面，修改 Order.mod 文件，提交 AMPL 服务器，计算出结果。

条件(2)：去掉条件(1)，更改为若订单 3 排在订单 4 的前面，则订单 2 也必须排在订单 4 的前面。请设计约束条件，修改 Order.mod 文件，提交 AMPL 服务器，计算出结果。

案例 12：多机订单接受和排序问题建模与求解实验

1. 问题描述

某车间收到 n 个订单需要处理，标记为 $i=1,2,3,\cdots,n$；每个订单有一个重要度权重 w_i。车间有 m 台机器可以处理订单，标记为 $j=1,2,3,\cdots,m$。每台机器处理不同订单所需的时间可能相异（由于机器的新旧、型号等差异），表示为 p_{ij}，且为已知。问：如何分配订单和安排订单的处理顺序，能使所有订单的带权重完成时间（total weighted time）之和最小。

2. 数学建模

(1) 参数定义

N　订单集合，$n=\text{card}(N)$；

i,j　订单的下标；

w_i　订单 i 的权重；

K　机器集合，$m=\text{card}(K)$；

k　机器的下标；

p_{ik}　订单 i 在机器 k 上的处理时间；

M　一个大数，例如 999。

(2) 决策变量

d_{ik}　0/1 型变量，$d_{ik}=1$ 表示订单 i 被分配在机器 k 上处理；反之，$d_{ik}=0$。

s_{ij}　0/1 型变量，$s_{ij}=1$ 表示订单 i 排在订单 j 前面（仅同机有意义）；反之，$s_{ij}=0$。

c_i　非负连续变量，表示订单 i 的最后完成时间。

（3）数学模型

$$\max \sum_{i \in N} w_i \cdot c_i \tag{1}$$

$$\text{s.t.} \sum_{k \in K} d_{ik} = 1, \qquad \forall i \in N \tag{2}$$

$$s_{ij} + s_{ji} = 1, \qquad \forall i,j \in N; i \neq j \tag{3}$$

$$c_j - c_i \geq p_{jk} - M(3 - s_{ij} - d_{ik} - d_{jk}), \qquad \forall i,j \in N; k \in K; i \neq j \tag{4}$$

$$c_i \geq p_{ik} + M(1 - d_{ik}), \qquad \forall i \in N, k \in K \tag{5}$$

$$d_{ik}, s_{ij} \in \{0,1\}; c_i \geq 0, \qquad \forall i,j \in N; k \in K \tag{6}$$

（4）模型解释

上述模型中，目标函数(1)为订单完成时间加权值之总和最大化；约束式(2)确定订单必须被分配给一台机器；约束式(3)表示任意两个订单的排序关系；约束式(4)和(5)递推计算订单的完成时间；约束式(6)定义变量的值域。

3. 计算实验

用 AMPL 语言实现上述模型，代码如下：

```
# 文件 PAO.mod
set N;                      # 订单集合，下标 i,j
set K;                      # 机器集合，下标 k
param w{N};                 # 订单的权重
param p{N,K};               # 订单 i 在机器 k 上的处理时间
param M: = 9999;            # 一个大数
var d{N,K} binary;          # 是否将订单 i 分配给机器 k
var s{N,N} binary;          # 订单 i 是否排在订单 j 前面
var c{N}>= 0;               # 订单完成时间
minimize objective_TWC:sum{i in N}w[i] * c[i];
subject to MustBeAssigned{i in N}:
    sum{k in K}d[i,k] = 1;
subject to JobSequence1{i in N,j in N: i<>j}:
    s[i,j] + s[j,i] = 1;
subject to TimeAcc{i in N,j in N,k in K: i<>j}:
    c[j] - c[i] >= p[j,k] - M * (3 - s[i,j] - d[i,k] - d[j,k]);
subject to FirstTime1{i in N,k in K}:
    c[i] >= p[i,k] - M * (1 - d[i,k]);
```

构造 10 个订单分配给 3 台机器处理的小型算例，数据文件如下：

```
# 文件 PAO.dat
set K: = 1 2 3;
param: N: w: =
1    1.1
2    1.2
3    1.4
4    0.9
```

```
5    1.5
6    0.8
7    1
8    0.9
9    0.8
10   3
;
param p:1   2   3: =
1    4   6   2
2    3   3   2
3    4   5   3
4    2   2   3
5    5   3   1
6    5   4   3
7    4   4   2
8    2   2   3
9    7   5   4
10   5   5   4
;
```

建立如下脚本文件,用 CPLEX 对上述模型和数据文件进行求解,并输出结果。

```
#文件 PAO.sh
model PAO.mod;
data PAO.dat;
option solver cplex;
objective objective_TWC;
solve;

#输出各机器上订单的排序
param sn{K,N};              #订单的排序号
for{k in K,i in N}let sn[k,i]:= d[i,k] + sum{j in N: j<>i}s[j,i] * d[i,k] * d[j,k];
param ps{K,N};              #位置对应的订单号
for{k in K,i in N}let ps[k,i]:= 0;
for{k in K,i in N: sn[k,i]>0}let ps[k,sn[k,i]]:= i;
#输出
for{k in K}
{
    printf "machine %d:\t",k;
    for{i in N:ps[k,i]>0}printf " %d\t",ps[k,i];
    printf "\n";
}
display objective_TWC;
```

执行结果如图 3.11 所示。

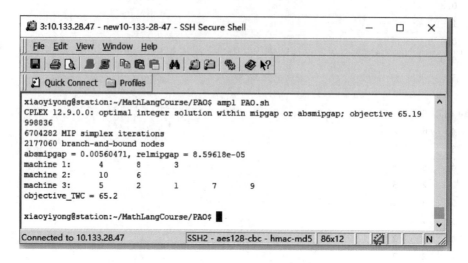

图 3.11　多机订单排序案例计算结果

4. 附加计算练习

下面增加如下订单排序问题的约束条件：

条件(1)：任务分配要平衡，分配给不同机器之间的订单数之差不超过 1，表示为

$$\sum_{i\in N} p_{i,k_1} - \sum_{i\in N} p_{i,k_2} \leqslant 1, \quad \forall k_1, k_2 \in K; k_1 \neq k_2 \qquad (7)$$

计算结果如图 3.12 所示。

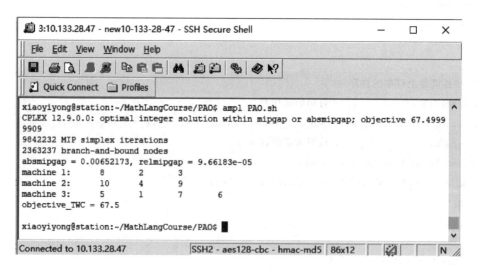

图 3.12　增加约束条件的订单排序计算结果

案例13：多机流程型排序问题建模与求解实验

1. 问题描述

有一批 n 个订单，记为集合 N，订单收益为 r_i，交付时间为 d_i，延迟交付罚金系数为 w_i，其中 $i \in N$。每个订单都需要经过 m 台机器处理，机器的集合记为 K，订单 i 在机器 k 上的处理时间为 p_{ik}，$i \in N, k \in K$。若订单需要先在机器 k 上处理完成后才能在机器 l 上处理，则令参数 $h_{kl}=1$；反之若无此要求，则令参数 $h_{kl}=0$，其中 $k \in K, l \in K$。问：选择接受哪些订单以及如何安排已接受的订单在每台机器上的处理顺序，能使被接受订单收益扣除延迟罚金后的总实际收益最大化。

上述问题中，若每个订单经过 m 台机器的顺序是固定的，即对于 $k \in K$ 且 $k>1$，都有 $h_{k-1,k}=1$，则该问题称为流程性排序问题(Flow-Shop Scheduling Problem，FSSP)。对于 FSSP 问题，若要求订单在每台机器上的处理顺序是一样的，则称为阵列型流程性排序问题(permutation FSSP)；反之若无此要求，则称为非阵列型流程性排序问题(non-permutation FSSP)，后者的可行解空间巨大，求解更困难(参见文献[10])。

2. 数学建模

非阵列型流程性排序问题的数学规划模型如下。

(1) 参数定义

N　　订单的集合，$n=\text{card}(N)$；

i,j　　订单的下标，$i,j \in N$；

K　　机器的集合，$m=\text{card}(K)$；

k,l　　机器的下标，$k,l \in K$；

r_i　　订单 i 的收益，$i \in N$；

d_i　　订单 i 的要求交付时间，$i \in N$；

w_i　　订单 i 的延迟交付罚金系数，$i \in N$；

p_{ik}　　订单 i 在机器 k 上的处理时间，$i \in N, k \in K$；

h_{kl}　　0/1 型参数，表示机器的处理顺序，$h_{kl}=1$ 表示订单需先经机器 k 处理后再经机器 l 处理，$k \in K, l \in K$；

M　　一个大数。

(2) 决策变量

y_i　　0/1 型变量，表示订单 i 是否被接受；

s_{ijk}　　0/1 型变量，表示在机器 k 上订单 i 是否排在订单 j 之前；

t_{ik}　　非负连续变量，订单 i 在机器 k 上的完成时间；

c_i　　非负连续变量，订单 i 的最后完成时间；

τ_i　　非负连续变量，订单 i 的延迟交付时间。

(3) 数学模型

$$\max \sum_{i \in N}(y_i r_i - w_i \tau_i)$$

s.t.

$$\begin{cases} s_{ijk} + s_{jik} \geq 1 - (2 - y_i - y_j), & \forall k \in K; i,j \in N; i<j \\ s_{ijk} + s_{jik} \leq 1 + (2 - y_i - y_j), & \forall k \in K; i,j \in N; i<j \\ s_{ijk} + s_{jik} \leq \dfrac{y_i + y_j}{2}, & \forall k \in K; i,j \in N; i \neq j \end{cases} \quad (1)$$

$$\begin{cases} t_{ik} \geq y_i p_{ik}, & \forall i \in N, k \in K \\ t_{jk} - t_{ik} \geq p_{jk} - M(1 - s_{ijk}), & \forall i,j \in N; k \in K; i \neq j \\ t_{il} - t_{ik} \geq p_{il} - M(1 - y_i), & \forall i \in N; k,l \in K; h_{kl} = 1 \end{cases} \quad (2)$$

$$\begin{cases} c_i \geq t_{ik} y_i, & \forall i \in N, k \in K \\ \tau_i \geq c_i - d_i y_i, & \forall i \in N \end{cases} \quad (3)$$

$$\begin{cases} y_i, s_{ijk} \in \{0,1\} \\ t_{ik} \geq 0, c_i \geq 0, \tau_i \geq 0 \end{cases} \quad \forall i,j \in N; k \in K \quad (4)$$

(4) 模型解释

上述模型中,目标函数为所接受订单带来的收益扣除罚金之后的总和最大化;约束组(1)确定被接受订单在每台机器上处理的先后关系;约束组(2)递推计算订单的最迟完成时间;约束组(3)计算订单的最后完成时间和延迟交付时间;约束组(4)定义变量的值域。

3. 计算实验

用 AMPL 语言实现上述模型,代码(文件 OA_FSSP.mod)如下:

```
#参数
set N;                    #订单的集合
set K;                    #机器的集合
param r{N};               #订单收益
param d{N};               #订单交期
param p{N,K};             #订单处理时间
param w{N};               #订单罚金系数
param h{K,K} binary;
param M: = 9999;
#变量
var y{N} binary;          #订单接受变量
var s{N,N,K} binary;      #订单排序变量
var t{N,K}>= 0;           #订单在各机器上的完成时间
var c{N}>= 0;             #订单最后完成时间
var T{N}>= 0;             #延迟罚金
#目标函数:总收益-延迟罚金
maximize Total_r:sum{i in N}(r[i] * y[i] - w[i] * T[i]);
#订单的排序规则
subject to Con1a{i in N,j in N,k in K: i<j}:
    s[i,j,k] + s[j,i,k] >= 1 - M * (2 - y[i] - y[j]);
```

```
subject to Con1b{i in N,j in N,k in K: i<j}:
    s[i,j,k] + s[j,i,k] <= 1 + M * (2 - y[i] - y[j]);
subject to Con1c{i in N,j in N,k in K: i<>j}:
    s[i,j,k] + s[j,i,k] <= (y[i] + y[j])/2;
#最小完成时间
subject to Con2a{i in N,k in K}:
    t[i,k] >= p[i,k] * y[i];
#递推完成时间
subject to Con2b{i in N,j in N,k in K: i<>j}:
    t[j,k] - t[i,k] >= p[j,k] - M * (1 - s[i,j,k]);
subject to Con2c{i in N,k in K,l in K: h[k,l] = 1}:
    t[i,l] - t[i,k] >= p[i,l] - M * (1 - y[i]);
#计算完成时间和延迟惩罚
subject to Con3a{i in N,k in K}:
    c[i] >= t[i,k];
subject to Con3b{i in N,k in K}:
    T[i] >= c[i] - d[i] * y[i];
```

构造小规模算例数据文件(p10x3_9.dat)如下：

```
#文件 p10x3_9.dat
set K: = 1,2,3;      #机器的集合

#订单集合 N、收益 r_i、交付时间 d_i 和延迟惩罚系数 w_i
param: N: r d w: =
 1    199    445    0.9
 2    100    385    1.3
 3    196    570    1.5
 4    448    121    1.5
 5    314    288    1.1
 6    143     33    1.2
 7    448    265    0.8
 8    449    474    1.2
 9    452    259    0.9
10    286    253    0.8
;
#订单在不同机器上的处理时间
param p: 1   2   3: =
 1    35   74   75
 2    74   74   14
 3    20   27   68
 4    92   37   52
 5    11   91   20
 6    52   66   44
 7    69    9    8
 8     7    2   35
```

9	31	70	14
10	39	6	68

;
机器处理顺序
param h: 1 2 3: =
1 0 1 0
2 0 0 1
3 0 0 0
;

建立 AMPL 对模型求解的脚本代码文件如下：

```
# 脚本文件 OA_FSSP.sh
model OA_FSSP.mod;
data p10x3_9.dat;
option solver cplex;
option cplex_options 'mipdisplay = 2';

objective Total_r;
solve;

display y,s,t,c,T;
display Total_r;

param sn{N,K};            # 订单的排序号
param ps{N,K};            # 位置对应的订单号
for{i in N,k in K} let sn[i,k]: = 1 + sum{j in N: j<>i}s[j,i,k];
for{i in N,k in K} let ps[i,k]: = 0;
for{i in N,k in K} let ps[sn[i,k],k]: = i;
for{k in K,i in N}
{
    printf "k = %d,i = %d,orderID = %d\n",k,i,ps[i,k];
}
```

执行结果如下：

```
Total_r = 2684.1
Machine ID = 1: 6 4 9 10 7 1 2 3 8 0
Machine ID = 2: 6 4 10 9 7 1 2 8 3 0
Machine ID = 3: 6 4 10 7 9 1 2 8 3 0
```

案例 14：作业指派问题(JSP)建模与求解实验

1. 问题描述

作业指派问题(Job Shop Problem,JSP)，又称作业调度问题，考虑的是面对多个作业和能处理该作业的多个机器(或工作组)，如何将作业分配给合适的机器，能使总的作业完成时间最

短,或者总完成成本最小。

问题描述如下:当前有一批作业需要分配给多台机器进行处理,作业的集合记为 N,机器的集合记为 K;机器对作业的处理时间 p_{ij} 是已知的,其中 $i \in N, j \in K$;每台机器的可用总时间有上限,记为 C_j。问:如何给机器分派作业,能使该批作业的总处理时间最短,且各机器承担的总处理时间的最大偏差不超过一个常数值 a。

2. 数学建模

该问题的数学规划模型如下。

(1) 参数定义

N 作业的集合;

i 作业的下标,$i \in N$;

K 机器的集合;

j 机器的下标,$j \in K$;

p_{ij} 作业 i 在机器 j 上的处理时间,$i \in N, j \in K$;

c_{ij} 作业 i 在机器 j 上的处理成本,$i \in N, j \in K$;

H_j 机器 j 的最大可用时间,$j \in K$;

b 机器之间的总处理时间的最大允许偏差。

(2) 决策变量

x_{ij} 0/1 型变量,表示是否将作业 i 分派给机器 j 来完成;

P_j 机器 j 的总作业时间。

(3) 数学模型

$$\min \sum_{i \in N} \sum_{j \in K} c_{ij} \cdot x_{ij}$$

$$\text{s.t.} \sum_{j \in K} x_{ij} = 1, \quad \forall i \in N \quad (1)$$

$$\begin{cases} \sum_{i \in N} p_{ij} x_{ij} = P_j, & \forall j \in K \\ P_j - P_{j'} \leqslant b, & \forall j', j \in K \end{cases} \quad (2)$$

$$P_j \leqslant H_j, \quad \forall j \in K \quad (3)$$

$$x_{ij} \in \{0,1\}, P_j \geqslant 0, \quad \forall i \in N, j \in K \quad (4)$$

(4) 模型解释

上述模型中,目标函数为所有作业的处理时间总和最小化。约束式(1)表示每项作业仅且必须分派给一台机器,约束组(2)计算每台机器的总作业时间,且需满足总时间最大偏差不超过给定常数 b,约束式(3)要求满足机器最大可用时间约束,约束式(4)定义了变量值域。

3. 计算实验

用 AMPL 语言实现上述模型,代码如下:

```
# 文件 AP.mod
set N;              # 作业的集合
set M;              # 机器的集合
param H{M};         # 机器的总可用时间
```

```
param a{N,M};            # 作业在机器上的处理时间
param c{N,M};            # 作业在机器上的处理成本
param b: = 5;            # 机器之间的最大允许处理时间偏差
var x{N,M} binary;       # 0/1 型变量,表示作业是否分配到机器
var P{M} >= 0;           # 表示机器的总处理时间
minimize objective_TC:sum{i in N,j in M}x[i,j] * c[i,j];
subject to Con1{i in N}:
    sum{j in M}x[i,j] = 1;
subject to Con2{j in M}:
    P[j] = sum{i in N}x[i,j] * a[i,j];
subject to Con3{j in M}:
    P[j] <= H[j];
subject to Con4{j1 in M,j2 in M: j1 <> j2}:
    P[j1] - P[j2] <= b;
```

构造 15 个订单分配给 3 台机器进行处理的小型算例,要求机器之间的最大允许处理时间偏差不超过 b。数据文件如下:

```
# 文件 AP.dat
set N: = 1 2 3 4 5 6 7 8 9 10 11 12 13 14 15;
set M: = 1 2 3;
param H: =
1     150
2     140
3     160;
param a:1    2    3: =
1     79    33    5
2     48    21    30
3     16    10    30
4     8     96    29
5     16    43    28
6     4     81    4
7     81    81    81
8     100   32    27
9     93    47    51
10    23    54    72
11    74    29    21
12    79    36    27
13    95    37    94
14    42    58    28
15    12    93    55;
param c:   1    2    3: =
1     3     9.3    3.7
2     5     8      5.6
3     1.6   7.2    5.1
```

4	8	9.1	9
5	5.3	6.2	3.9
6	1.8	7.7	2.7
7	4.9	4.8	3
8	6.6	7.7	7
9	2.6	9	5.2
10	2.6	9	5.6
11	6.4	1.6	5.8
12	7.6	3.2	1
13	7.8	7	5.6
14	7.2	5.2	2.6
15	4.4	5.4	7.3

;

建立如下脚本文件,用 CPLEX 执行对上述模型和数据文件的求解,并输出结果。

```
#文件 AP.sh
model AP.mod;
data AP.dat;
option solver cplex;
objective objective_TC;
solve;
display x;
#输出每台机器上的分配任务
for{j in M}
{
    printf "Machine %d: ",j;
    for{i in N: x[i,j]=1}printf "%d\t",i;
    printf "total T= %d ",sum{i in N}x[i,j]*a[i,j];
    printf "\n";
}
display objective_TC;
```

计算结果如图 3.13 所示。

```
xiaoyiyong@station:~/MyWork/AP$ ampl AP.sh
CPLEX 12.9.0.0: optimal integer solution; objective 72.9
112 MIP simplex iterations
0 branch-and-bound nodes
Machine 1: 3    4    7    10    15            total T= 140
Machine 2: 2    5    12    13            total T= 137
Machine 3: 1    6    8    9    11    14            total T= 136
objective_TC = 72.9

xiaoyiyong@station:~/MyWork/AP$
```

图 3.13 作业指派案例计算结果

案例 15:旅行者问题(TSP)建模与求解实验

1. 问题描述

在一个二维坐标平面上,旅行者从起点 0 出发,访问 $n-1$ 个村子后再返回起点。起点与村子以及村子之间两两距离是已知的,求旅行者的最短访问路线。

2. 数学建模

问题的数学规划描述如下。

(1) 参数定义

N 所有节点的集合,$n=\mathrm{card}(N)$;

D_{ij} 从节点 i 到节点 j 的距离,$i,j \in N$。

(2) 决策变量

x_{ij} 0/1 型变量,表示旅行者是否经过边 (i,j),$i,j \in N$;

u_i 非负整数变量,表示节点 i 的被访问顺序,$i \in N$。

(3) 数学模型

$$\min \sum_{i,j \in N, i \neq j} x_{ij} \cdot D_{ij}$$

s.t.

$$\begin{cases} \sum_{i \in N, i \neq j} x_{ij} = 1, & \forall j \in N \\ \sum_{j \in N, i \neq j} x_{ij} = 1, & \forall i \in N \end{cases} \quad (1)$$

$$\begin{cases} u_j - u_i \geq 1 - n(1 - x_{ij}), & \forall i,j \in N; i \neq j, j > 0 \\ u_i \leq n-1, & \forall i \in N \end{cases} \quad (2)$$

$$x_{ij} \in \{0,1\}, u_i \geq 0, \quad \forall i,j \in N \quad (3)$$

(4) 模型解释

上述模型中,目标函数为旅行者所经过的路线总距离最小化。约束组(1)表示每个节点必须且仅被访问 1 次;约束组(2)确定节点的访问顺序,并且消除子循环现象;约束式(3)定义了变量值域。

3. 计算实验

在 AMPL 环境下,将上述模型编写为计算机代码如下:

```
#文件 TSP.mod
set NODE;                          #节点集合
Param Node_X{NODE};                #节点的 X 坐标
Param Node_Y{NODE};                #节点的 Y 坐标
param D{NODE,NODE};                #节点之间的距离
Param n: = card(NODE) - 1;
var x{NODE,NODE} binary;           #0/1 型路径选择变量
var u{NODE} >= 0;                  #访问顺序变量
#总访问距离最短
```

```
minimize Total_Distance:
    sum{i in NODE,j in NODE: i<>j}x[i,j] * D[i,j];
#每个节点进入1次
subject to MoveInOnce{i in NODE}:
    sum{j in NODE: i<>j}x[j,i] = 1;
#每个节点出来1次
subject to MoveOutOnce{i in NODE}:
    sum{j in NODE: i<>j}x[i,j] = 1;
#产生访问顺序
subject to VisitingSN{i in NODE,j in NODE: j>0 and i<>j}:
    u[j] - u[i] >= 1 - n * (1 - x[i,j]);
#最大顺序号
subject to MaxSN{i in NODE: i>0}:
    u[i] <= n - 1;
```

考虑 10 个节点的 TSP 问题实例,建立如下数据文件,其中 Node_X 和 Node_Y 是节点的二维坐标位置。

```
#文件 TSP.dat
param: NODE: Node_X  Node_Y: =
0       0      0
1      25.1   36.3
2      13.9   29.2
3       3.5   10.4
4       5.2   38.5
5       7.5   21.7
6      35.6    6.3
7      37.8    2.4
8       1.6   37.3
9      11.4   36.3
10     32.6   12.5;
```

用 AMPL 语言建立如下脚本文件(TSP.sh),该脚本文件装入上述模型文件 TSP.mod 和数据文件 TSP.dat,并调用 CPLEX 求解器对模型进行求解,然后输出旅行者的最优访问路线。

```
#文件 TSP.sh
model TSP.mod;
data TSP.dat;
for{i in NODE,j in NODE}
    let D[i,j]: = sqrt((Node_X[i] - Node_X[j])^2 + (Node_Y[i] - Node_Y[j]) *^2);
option solver cplex;
objective Total_Distance;
solve;
#输入访问路径
param cur_i;
param next_i;
for{i in NODE: x[0,i] = 1}
{
    let cur_i: = 0;
```

```
        printf " % f  % f\n",Node_X[cur_i],Node_Y[cur_i];
        printf " % f  % f\n",Node_X[i],Node_Y[i];
        let cur_i: = i;
        repeat
        {
            for{j in NODE: x[cur_i,j] = 1}
            {
                printf " % f  % f\n",Node_X[j],Node_Y[j];
                let cur_i: = j;
            }
            if(cur_i = 0)then break;
        }
    }
```

在 Linux 环境下运行 AMPL 程序执行上述脚本文件,得到旅行者的最短路径距离值为 145.00,路径绘图如图 3.14 所示。

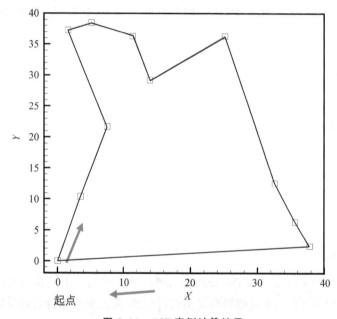

图 3.14 TSP 案例计算结果

案例 16:车辆路径规划问题(VRP)建模与求解实验

1. 问题描述

在一个欧氏二维平面上,m 辆车都从仓库点 0 出发,需要访问 $n-1$ 个客户,然后再返回仓库点,每个客户至少且只能访问一次,仓库到各客户以及各客户之间的两两距离是已知的,求车辆的最短访问路线,并要求各车辆分派的客户数均衡。

2. 数学建模

问题的整数规划模型如下:
(1) 参数定义
N 全部节点的集合,$N=\{0,1,2,3,\cdots,n\}$;

D_{ij} 从节点 i 到节点 j 的距离, $i,j \in N$。

(2) 决策变量

x_{ij} 0/1 型变量,表示边 (i,j) 是否选车辆的行驶路线, $i,j \in N$;

u_i 非负整数变量,表示节点 i 的访问顺序, $i \in N$。

(3) 数学模型

$$\min \sum_{i,j \in N, i \neq j} x_{ij} \cdot D_{ij}$$

$$\text{s. t.} \sum_{i \in N, i > 0} x_{0i} = m \tag{1}$$

$$\sum_{j \in N, i \neq j} x_{ji} = 1, \quad \forall i \in N; i > 0 \tag{2}$$

$$\sum_{j \in N, i \neq j} x_{ij} = 1, \quad \forall i \in N; i > 0 \tag{3}$$

$$\begin{cases} u_j - u_i \geqslant 1 - n(1 - x_{ij}), & \forall i,j \in N; i \neq j, j > 0 \\ u_j - u_i \leqslant 1 + n(1 - x_{ij}), & \forall i,j \in N; i \neq j, j > 0 \\ u_i \leqslant \left\lceil \dfrac{n}{m} \right\rceil, & \forall i \in N; i > 0 \\ u_0 = 0 \end{cases} \tag{4}$$

$$x_{ij} \in \{0,1\}, u_i \geqslant 0, \quad \forall i,j \in N \tag{5}$$

(4) 模型解释

上述模型中,目标函数为最小化车辆行驶的总距离;约束式(1)表示一共有 m 辆车从仓库出发;约束式(2)和(3)分别表示每个客户节点有且仅有 1 条进入的边和 1 条离开的边;约束组(4)确定节点的访问顺序,消除子循环现象,并且确定各车辆分派的客户数均衡;约束式(5)定义了变量值域。

例:在 AMPL 环境下,求解 3 辆车从仓库出发访问 20 个客户再返回仓库的实例。仓库和客户节点坐标如表 3.10 所列。

表 3.10 仓库和客户节点坐标数据

节点	坐标		节点	坐标		节点	坐标	
	X	Y		X	Y		X	Y
0	50	50	7	55	33	14	36	48
1	61	59	8	26	81	15	5	31
2	19	20	9	35	64	16	76	60
3	92	25	10	41	75	17	45	39
4	96	53	11	67	49	18	17	96
5	11	17	12	58	8	19	79	59
6	71	13	13	94	65	20	84	76

在 AMPL 环境下,将上述模型编写为计算机代码如下:

```
# 文件 VRP.mod
set NODE;                              # 节点集合
param Node_X{NODE};                    # 节点的 X 坐标
```

```
param Node_Y{NODE};                    #节点的Y坐标
param D{NODE,NODE};                    #节点之间的距离
param n: = card(NODE) - 1;
param m: = 3;
var x{NODE,NODE} binary;
var u{NODE} >= 0;                      #访问顺序变量
minimize Total_Distance:
    sum{i in NODE,j in NODE: i<>j}x[i,j] * D[i,j];
subject to Con1:
    sum{i in NODE: i>0}x[0,i] = m;
subject to Con2{i in NODE: i>0}:
    sum{j in NODE: i<>j}x[j,i] = 1;
subject to Con3{i in NODE: i>0}:
    sum{j in NODE: i<>j}x[i,j] = 1;
subject to Con4{i in NODE,j in NODE: j>0 and i<>j}:
    u[j] - u[i] >= 1 - n * (1 - x[i,j]);
subject to Con5{i in NODE,j in NODE: j>0 and i<>j}:
    u[j] - u[i] <= 1 + n * (1 - x[i,j]);
subject to Con6:
    u[0] = 0;
subject to Con7{i in NODE: i>0}:
    u[i] <= ceil(n/m);
```

在 Linux 环境下运行 AMPL 程序,调用 CPLEX 优化软件对案例进行求解,得到 3 辆车访问 20 位客户的最短路径值为 465.425,路径图如图 3.15 所示。

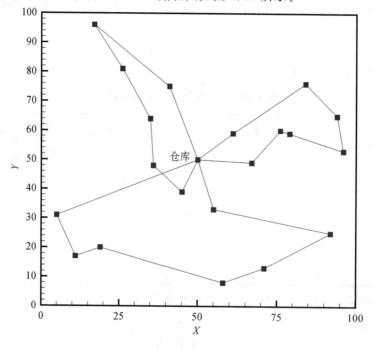

图 3.15 VRP 案例结果图

案例 17：设施布局优化问题建模与求解实验

1. 问题描述

设施布局问题是研究如何设计一个区域内各种设备(又称为部门)的位置,使整个系统之间的物流转移成本(material handling cost)最低。优化设施布局可以减少系统的物流转运时间和提高系统运转效率。针对不同的设施布局场景,可采用与之相应的优化模型(参见文献[7])。

问题抽象为:在一个矩形区间内,如何布置各项功能活动的功能单元,为之设置合适的位置、形状和面积,使部门之间的物资转运成本——部门之间的物料转运量乘以流动距离之总和——最小化。部门之间的物资转运关系如图 3.16 所示。

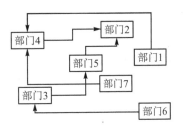

图 3.16 部门之间的物资转运关系

在矩形设施布局的问题中,矩形车间的长和宽是固定且已知的,需要确定各部门在矩形车间中的位置和大小,以及由此产生的物资搬运成本。

2. 数学建模

(1) 部门部署参数和变量及约束条件

部门部署参数和变量的说明如表 3.11 所列。

表 3.11 部门部署参数和变量

参数	说 明
N	一组部门(设备)集合
i,j	部门的下标, $i,j \in N$
B^x, B^y	车间的长度和宽度
a_i	部门 i 要求的使用面积
$l_i^{\min}$	部门 i 要求的最短边长度

变量	说 明
l_i^x, l_i^y	非负连续决策变量,表示部门 i 的长度和宽度
c_i^x, c_i^y	非负连续决策变量,表示部门 i 的中心点
s_{ij}^x, s_{ij}^y	0/1 型变量,表示部门 i 和部门 j 的相对位置,当: • $s_{ij}^x = 1$ 时,表示部门 i 和部门 j 在 x 轴向分开(i 在 j 左边); • $s_{ij}^y = 1$ 时,表示部门 i 和部门 j 在 y 轴向分开(i 在 j 下面)

变量约束条件如下:

① 部门之间的相对位置为

$$\begin{cases} c_i^x + 0.5 l_i^x \leqslant c_j^x - 0.5 l_j^x + M(1 - s_{ij}^x), \\ c_i^y + 0.5 l_i^y \leqslant c_j^y - 0.5 l_j^y + M(1 - s_{ij}^y), \quad \forall i,j \in N; i \neq j \\ s_{ij}^x + s_{ji}^x + s_{ij}^y + s_{ji}^y = 1, \end{cases}$$

② 部门部署的位置及最短边要求是

$$\begin{cases} c_i^x + 0.5 l_i^x \leqslant B^x, \\ c_i^x - 0.5 l_i^x \geqslant 0, \\ c_i^y + 0.5 l_i^y \leqslant B^y, \\ c_i^y - 0.5 l_i^y \geqslant 0, \\ l_i^x \geqslant l_i^{\min}, \\ l_i^y \geqslant l_i^{\min}, \end{cases} \forall i \in N$$

③ 部门的面积要求是

$$a_i \geqslant l_i^x \cdot l_i^y, \quad \forall i \in N$$

转换为线性化表达式为

$$l_i^y \geqslant a_i k_p l_i^x + a_i b_p, \quad \forall i \in N; p = 0, 1, 2, \cdots, \eta$$

式中，

$$\begin{cases} k_p = -\dfrac{1}{\mu^{2p-1} \cdot l_{\min}^2}, \\ b_p = \dfrac{\mu + 1}{\mu^p \cdot l_{\min}}, \end{cases} \forall p = 1, 2, \cdots, \eta$$

$$\mu = 1 + 2\varepsilon + 2\sqrt{(\varepsilon + \varepsilon^2)}, \quad \eta = \left\lceil \dfrac{\ln l_{\max} - \ln l_{\min}}{\ln \mu} \right\rceil$$

式中，ε 为要求的误差精度，$l_{\max}$ 和 $l_{\min}$ 分别为部门边长的上、下限。

(2) 物资搬运成本参数和变量及约束条件

物资搬运成本参数和变量的说明如表 3.12 所列。

表 3.12 物资搬运成本参数和变量

参　数	说　　明
f_{ij}	部门 i 与 j 之间的物资流动数量
δ_{ij}	部门 i 与 j 之间的距离类型： • $\delta_{ij}=1$ 表示矩形距离； • $\delta_{ij}=2$ 表示欧氏距离； • $\delta_{ij}=3$ 表示天车距离
变　量	说　　明
d_{ij}^x, d_{ij}^y	非负连续决策变量，分别表示部门 i 和部门 j 在 x 和 y 轴向的距离
d_{ij}	非负连续决策变量，表示部门 i 与部门 j 之间的物资流动距离

变量约束条件如下。

部门之间的距离通常表示为部门中心点之间的距离，在确定变量约束条件时需要考虑 3 种基本距离类型：

① 矩形距离(rectangle distance)：从一个部门中心点 (x_i, y_i)，经最短矩形路径到达另一部门中心点 (x_j, y_j)，计算公式为 $d_{ij} = |x_i - x_j| + |y_i - y_j|$；

② 天车距离(chebyshev distance)：从一个部门中心点经最长的轴向路径到达另一个部门

中心点，计算公式为 $d_{ij}=\max\{|x_i-x_j|,|y_i-y_j|\}$；

③ 欧氏距离（Euclidean distance）：部门中心点之间的直线距离。欧氏距离约束条件为

$$\begin{cases} d_{ij}^x \geqslant |c_i^x - c_j^x|, & \forall i,j \in N; i<j \\ d_{ij}^y \geqslant |c_i^y - c_j^y|, & \forall i,j \in N; i<j \\ d_{ij} = d_{ij}^x + d_{ij}^y, & \forall i,j \in N; i<j, \delta_{ij}=1 \\ d_{ij} = \sqrt{(d_{ij}^x)^2 + (d_{ij}^y)^2}, & \forall i,j \in N; i<j, \delta_{ij}=2 \\ d_{ij} \geqslant d_{ij}^x, & \forall i,j \in N; i<j, \delta_{ij}=3 \\ d_{ij} \geqslant d_{ij}^y, & \forall i,j \in N; i<j, \delta_{ij}=3 \end{cases}$$

将上述欧氏距离约束转化为线性化约束

$$d_{ij} \geqslant d_{ij}^x \sin(p\theta) + d_{ij}^y \cos(p\theta), \quad \forall i,j \in N; p=0,1,2,\cdots,\eta'; i<j, \delta_{ij}=2$$

式中，$\theta=\arccos(1+4\varepsilon+2\varepsilon^2)$，$\eta'=\left\lceil\dfrac{\pi}{2\theta}\right\rceil$，$\varepsilon$ 为精度要求。

(3) 车间内不可利用面积（如消防通道、隔离墙、其他固定不可用区域）排除

具体方法是将不可用区域设定为位置和大小固定的特殊"部门"集，设置参数的说明如表 3.13 所列。

表 3.13　不可用区域参数

参　数	说　明
K	不可用区域 的集合，$K \subset N$
W_i, H_i	不可用区域 i 的长度和宽度，$i \in K$
X_i, Y_i	不可用区域 i 的左下角位置坐标，$i \in K$

建立的约束为

$$\begin{cases} l_i^x = W_i, & \forall i \in K \\ l_i^y = H_i, & \forall i \in K \\ c_i^x = X_i + 0.5 W_i, & \forall i \in K \\ c_i^y = Y_i + 0.5 H_i, & \forall i \in K \end{cases}$$

(4) 目标函数

$$\min \text{COST} = \sum_{i,j \in N, i<j} f_{ij} \cdot d_{ij}$$

3. 计算实验

上述模型的 AMPL 代码如下：

```
#矩形设施布局问题：
set DIM：={1,2};              # 维度集合，即 x 和 y 维度
set DEP;                      # 部门集合
set DDF within {DEP,DEP};     # 具有物资流动关系的部门对
set MET：={1,2,3};            # 距离类型集合：1 矩形距离；2 欧氏距离；3 天车距离
param L{DIM};                 # 车间的长和宽
```

```
param l_min{DEP,DIM};                    #部门最短边要求
param l_max{DEP,DIM};                    #部门最长边要求
param a{DEP};                            #部门最小面积要求
param ar{DEP};                           #部门最大长宽比要求
param TL_n{DEP} in 1..999;               #部门面积线性化的切线数量,即 $\eta_i$
param TL_k{DEP,1..999};                  #上述切线的斜率
param TL_b{DEP,1..999};                  #上述切线的截距
param TP_cita;                           #欧氏距离线性化的θ值
param TP_n;                              #欧氏距离线性化的切平面数量
param f{DDF}>= 0;                        #部门之间的物资流量
param w{DDF,MET};                        #部门之间的物资搬运距离类型
param M;                                 #一个大数
var c{DEP,DIM};                          #部门的中心
var l{DEP,DIM}>= 0;                      #部门的边长
var s{DEP,DEP,DIM} binary;               #部门之间的相对位置
var o{DEP,DEP,DIM} binary;               #部门之间在轴向是否重叠
var dxy{DDF,DIM}>= 0;                    #部门之间的轴向距离
var dis{DDF,MET}>= 0;                    #部门之间的距离
#目标函数
minimize objective_Cost:
    sum{(i,j) in DDF,d in MET} f[i,j] * dis[i,j,d] * w[i,j,d];
#约束条件
#部门面积不能重叠
subject to Con1{i in DEP,j in DEP,e in DIM: i<>j}:
    (c[j,e] - 0.5 * l[j,e]) >= (c[i,e] + 0.5 * l[i,e]) - M * (1 - s[i,j,e]);
subject to Con2{i in DEP,j in DEP: i<j}:
    sum{e in DIM}(s[i,j,e] + s[j,i,e]) = 1;
#部门之间的轴向距离
subject to Con3A{(i,j) in DDF,e in DIM}:
    dxy[i,j,e]>= c[i,e] - c[j,e];
subject to Con3B{(i,j) in DDF,e in DIM}:
    dxy[i,j,e]>= c[j,e] - c[i,e];
#计算矩形距离
subject to Con4A{(i,j) in DDF: w[i,j,1] = 1}:
    dis[i,j,1]>= dxy[i,j,1] + dxy[i,j,2];
#计算欧氏距离
subject to Con4B{(i,j) in DDF,p in 0..TP_n: w[i,j,2] = 1}:
    dis[i,j,2]>= cos(TP_cita * p) * dxy[i,j,1] + sin(TP_cita * p) * dxy[i,j,2];
#计算天车距离
subject to Con4C_1{(i,j) in DDF,e in DIM: w[i,j,3] = 1}:
    dis[i,j,3]>= dxy[i,j,e];
#对于采用天车距离的部门对,至少在某一个轴向是重叠的(天车搬运)
subject to Con4C_2{(i,j) in DDF,e in DIM: w[i,j,3] = 1}:
    0.5 * (l[i,e] + l[j,e])>= dxy[i,j,e] - M * (1 - o[i,j,e]);
subject to Con4C_3{(i,j) in DDF: w[i,j,3] = 1}:
```

```
        o[i,j,1] + o[i,j,2]>= 1;
# 满足部门面积要求和长宽比要求
subject to Constraint_5{i in DEP,p in 1..TL_n[i]}:
        l[i,2] >= TL_k[i,p] * l[i,1] + TL_b[i,p];
subject to Constraint_6{i in DEP: ar[i]>0}:
        l[i,1] <= ar[i] * l[i,2];
subject to Constraint_7{i in DEP: ar[i]>0}:
        l[i,2] <= ar[i] * l[i,1];
# 部门布局在车间内部
subject to Constraint_8{i in DEP,d in DIM}:
        c[i,d] + 0.5 * l[i,d]<= L[d];
subject to Constraint_9{i in DEP,d in DIM}:
        c[i,d] - 0.5 * l[i,d]>= 0;
# 满足部门的最短边和最长边要求
subject to Constraint_10A{i in DEP,d in DIM: l_min[i,d]>0}:
        l[i,d] >= l_min[i,d];
subject to Constraint_10B{i in DEP,d in DIM: l_max[i,d]>0}:
        l[i,d] <= l_max[i,d];
```

案例数据为:车间长 90,宽 95;各部门的面积要求和最大长宽比如表 3.14 所列,部门之间的物流量如表 3.15 所列。

表 3.14 部门的面积要求和最大长宽比

部门 i	1	2	3	4	5	6	7	8	9	10
面积 a_i	1 200	150	300	400	600	300	900	600	1 000	3 000
最大长宽比 α_i	3	3	3	3	3	3	3	3	3	3

表 3.15 部门之间的物流量

部门 i	1	1	1	2	2	2	2	2	2	2	4	5	6	6	7	8	9
部门 j	2	3	4	3	4	5	6	7	8	9	10	6	10	10	7	9	9	10	10
物流量 f_{ij}	1	16	1	4	1	4	4	4	4	4	1	64	16	4	16	64	16

在建立混合整数规划模型时,应分别考虑案例中部门之间的距离类型,即矩形距离、欧氏距离和天车距离,以便在求解该模型时获得最优的车间部门布局和目标函数值。根据不同的距离类型进行如下模型计算:

① 考虑部门之间的距离关系是矩形距离,则建立数据文件如下:

```
# 车间大小
param    L :=
1    95
2    90;
# 部门要求面积和最大长宽比
param: DEP: aar: =
```

1	1200	3
2	150	3
3	300	3
4	400	3
5	600	3
6	300	3
7	900	3
8	600	3
9	1000	3
10	3000	3

;

#部门的最短边下限和最长边上限
param l_min: = default 0
;
param l_max: = default 0
;

#部门之间的物流量
param: DDF: f: =

1	2	1
1	3	16
1	4	1
2	3	4
2	4	1
2	5	4
2	6	4
2	7	4
2	8	1
2	9	4
2	10	4
4	6	1
4	10	4
5	10	64
6	7	16
6	9	4
7	9	16
8	10	64
9	10	16

;

#部门之间的距离关系：ID,关系类型(1 矩形,2 欧氏,3 天车),1
param w: = default 0

1	2	1	1
1	3	1	1
1	4	1	1
2	3	1	1

2	4	1	1
2	5	1	1
2	6	1	1
2	7	1	1
2	8	1	1
2	9	1	1
2	10	1	1
4	6	1	1
4	10	1	1
5	10	1	1
6	7	1	1
6	9	1	1
7	9	1	1
8	10	1	1
9	10	1	1

;

计算结果是：目标函数值为 7 637.896 231。

② 考虑部门之间的距离关系是欧氏距离，则将数据文件中的参数 w 赋值更改如下：

#部门之间的距离关系:ID,关系类型(1 矩形,2 欧氏,3 天车),2
param w: = default 0

1	2	2	1
1	3	2	1
1	4	2	1
2	3	2	1
2	4	2	1
2	5	2	1
2	6	2	1
2	7	2	1
2	8	2	1
2	9	2	1
2	10	2	1
4	6	2	1
4	10	2	1
5	10	2	1
6	7	2	1
6	9	2	1
7	9	2	1
8	10	2	1
9	10	2	1

;

计算结果是：目标函数值为 6 722.128 127。

③ 考虑部门之间的距离关系是天车距离，则将数据文件中的参数 w 赋值更改如下：

#部门之间的距离关系:ID,关系类型(1 矩形,2 欧氏,3 天车),3
param w: = default 0

1	2	3	1

1	3	3	1
1	4	3	1
2	3	3	1
2	4	3	1
2	5	3	1
2	6	3	1
2	7	3	1
2	8	3	1
2	9	3	1
2	10	3	1
4	6	3	1
4	10	3	1
5	10	3	1
6	7	3	1
6	9	3	1
7	9	3	1
8	10	3	1
9	10	3	1

;

计算结果是：目标函数值为 5 569.318 757。

案例 18：单行设施布局优化问题建模与求解实验

1. 问题描述

单行设施布局问题(single-row facility layout problem)假设设备的布局要求是单行模式，即由多个设备排成一行组成的生产系统，行线旁边设有物资搬运走廊，设备之间的物资流动经过走廊转移，物资流动量为固定的已知数，流动的距离为两装备/设备中心点之间的直线距离。每个设备 i 的位置 x_i 和占地长度 l_i 为决策变量，优化目标函数是物资的加权流动距离总和最小化。单行设施布局问题如图 3.17 所示。

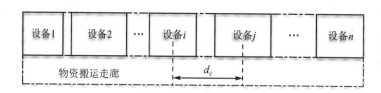

图 3.17　单行设施布局问题

2. 数学建模

(1) 参数定义

N　　一组设备的集合，$n=\mathrm{card}(N)$；

i,j　　设备的下标，$i,j\in N$；

e_{ij}　　设备 i 与设备 j 之间必要的间距；

f_{ij}　　设备 i 与设备 j 之间的物流量；

l_i　　设备 i 要求的最短长度。

(2) 变量定义

x_i　　非负连续变量，表示设备 i 的中心点坐标，$i \in N$；

y_{ij}　　0/1 型变量，表示设备 i 与设备 j 的相对位置，$y_{ij}=1$ 表示设备 i 在设备 j 的左边，$y_{ij}=0$ 表示设备 i 在设备 j 的右边；

d_{ij}　　非负连续变量，表示设备 i 与设备 j 之间的中心距离。

(3) 目标函数

$$\min \mathrm{HMC} = \sum_{i,j \in N, i<j} f_{ij} \cdot d_{ij}$$

(4) 约束条件

① 确定设备之间的相对关系为

$$\begin{cases} y_{ij} + y_{ji} = 1, & \forall i,j \in N; i<j \\ y_{ij} \geqslant 1-(2-y_{ik}-y_{kj}), & \forall i,j,k \in N; i \neq j \neq k \\ x_j - x_i \geqslant 0.5(l_i+l_j)+e_{ij}-M(1-y_{ij}), & \forall i,j \in N; i \neq j \end{cases}$$

② 确定设备之间的距离为

$$\begin{cases} d_{ij} \geqslant x_i - x_j, & \forall i,j \in N; i<j \\ d_{ij} \geqslant x_j - x_i, & \forall i,j \in N; i<j \end{cases}$$

③ 定义变量的值域为

$$x_i \geqslant 0, d_{ij} \geqslant 0, y_{ij} \in \{0,1\}, \quad \forall i,j \in N$$

3. 计算实验

根据数学模型编写 AMPL 代码如下：

```
#文件名 SRFLP.mod
set N;                  #设备集合
param e{N,N};           #设备之间必要的距离
param f{N,N};           #设备之间的物流量
param L{N};             #设备要求的最短长度
param M: = 9999;
#变量
var x{N}>= 0;           #设备布置的中心坐标
var y{N,N} binary;      #0/1型变量，表示设备i与设备j的相对位置
                        #y[i,j]=1 表示设备i在设备j的左边，反之，表示设备i在设备j的右边
var d{N,N}>= 0;         #非负连续变量，表示设备i与设备j之间的中心距离
#目标函数
minimize Total_HMC:sum{i in N,j in N: i<j}f[i,j] * d[i,j];
#确定设备之间的相对关系
subject to Con1a{i in N,j in N: i<j}:
    y[i,j] + y[j,i] = 1;
subject to Con1b{i in N,j in N: i<>j}:
    x[j] - x[i] >= 0.5 * (L[i] + L[j]) + e[i,j] - M * (1 - y[i,j]);
subject to Con1c{i in N,j in N,k in N: i<>j and j<>k and i<>k}:
```

```
        y[i,j] >= 1 - (2 - y[i,k] - y[k,j])
#确定设备之间的距离
subject to Con2a{i in N,j in N: i<j}:
        d[i,j] >= x[i] - x[j];
subject to Con2b{i in N,j in N: i<j}:
        d[i,j] >= x[j] - x[i];
```

下面求解含有 10 个部门的小规模算例,建立数据文件如下:

```
#文件名 SRFLP10.dat
#设备集以及要求的最短长度
param: N: L: =
1   10
2   9
3   7
4   6
5   7
6   8
7   6
8   8
9   6
10  4.5
;
#设备之间必要的距离
parame: = default 1.5
5   6   2
3   10  3
1   9   2.5
;
#设备之间的物流量
param f: = default 0
1   2   33
1   3   46
1   9   89
2   3   79
2   4   65
3   5   22
3   8   38
4   5   69
4   8   56
5   8   37
6   9   50
6   10  59
7   8   88
7   10  61
8   9   76
8   10  55
9   10  22
```

；

建立执行模型求解的脚本文件如下：

```
model SRFLP.mod;
data SRFLP10.dat;
option solver cplex;
option cplex_options 'mipdisplay = 2';

objective Total_HMC;
solve;
display x;
display d;
display y;
```

执行上述脚本和模型文件，最优求解结果目标值为 15 303.25，各设备的中心位置 x_i 如表 3.16 所列。

表 3.16 各设备的中心位置 x_i

i	x_i	i	x_i
6	0	1	41
10	7.75	3	51
7	14.5	2	60.5
8	23	4	69.5
9	31.5	5	77.5

思考：尝试增加约束条件，打破最优解的布局对称性。

案例 19：多级经济批量优化问题建模与求解实验

1. 问题描述

多级经济批量问题（Multi-Level Lot-Sizing problem，MLLS）定量描述了具有较复杂结构的产品以及构成该产品的半成品、零配件、原材料等之间的生产用量优化问题。由于多种产品、半成品、原材料之间存在装配关系且具有物料提前期，因此多级经济批量问题更加复杂，且已被证明属于 NP-Hard 问题。装配产品之间的数量依赖关系又称为物料清单（Bill Of Material，BOM），可用参数 c_{ij} 表示，即产品 i 用于生产一单位产品 j 的数量；用 Γ_i 表示用于生产产品 i 的其他产品的集合；用符号 l_i 表示产品 i 的生产时间（周期数），也称为提前期（参见文献[11]）。

2. 数学建模

MLLS 问题可建立基本的数学规划模型，描述如下。

(1) 参数定义

T　　整个计划范围内的生产期间的集合，$m = \text{card}(T)$；

t　　第 t 个生产期间，$t \in T$；

N　　产品/零件的种类集合，$n = \text{card}(N)$；

i, j 产品/零件的下标，$i \in N, j \in N$；
h_i 产品 i 的单位库存成本；
s_i 产品 i 的生产准备成本；
d_{it} 产品 i 在期间 t 内的外部需求数量；
C_{ij} 产品结构（BOM 表），表示单位产品 j 中包含产品 i 的数量；
l_i 产品 i 的生产提前期；
Γ_i 产品 i 的上级产品的集合，即以产品 i 为直接原料的产品集合。

(2) 决策变量

y_{it} 0/1 型变量，表示是否在期间 t 内安排生产产品 i；
x_{it} 非负连续变量，表示产品 i 在期间 t 内的生产数量；
D_{it} 非负连续变量，表示产品 i 在期间 t 内的总需求数量；
I_{it} 非负连续变量，表示第 t 期间末产品 i 的库存数量。

(3) 目标函数

$$\min \text{Total\_Cost} = \sum_{i \in N} \sum_{t \in T} (h_i \cdot I_{it} + s_i \cdot y_{it})$$

(4) 约束条件

① 物流守恒约束生产批量、需求和库存量之间的平衡关系，即

$$\begin{cases} I_{i1} = x_{i1} - D_{i1}, & \forall i \in N \\ I_{it} = I_{i,t-1} + x_{it} - D_{it}, & \forall i \in N, t \in T; t > 1 \end{cases}$$

② 计算各期间的产品需求总数量，即

$$D_{it} = d_{it} + \sum_{j \in \Gamma_i, t+l_j \leqslant m} C_{ij} \cdot x_{j, t+l_j}, \quad \forall i \in N, t \in T$$

③ 当安排生产时，生产数量不能超过生产能力 M，即

$$x_{it} - M \cdot y_{it} \leqslant 0, \quad \forall i \in N, t \in T$$

④ 不允许出现负库存数，用户需求必须满足，即

$$I_{it} \geqslant 0, \quad \forall i \in N, t \in T$$

⑤ 每个生产期间的生产数量为非负数，即

$$x_{it} \geqslant 0, \quad \forall i \in N, t \in T$$

⑥ 定义 0/1 型决策变量的值域，即

$$y_{it} \in \{0, 1\}, \quad \forall i \in N, t \in T$$

3. 计算实验

将上述数学规划模型用计算机建模语言 AMPL 实现，代码如下：

```
#Multi-level lot-sizing problem
set T;                          #生产期间的集合
param m: = card(T);             #期间数
set N;                          #产品的集合
param d{N,T};                   #产品的外部需求
param C{N,N};                   #产品的组成结构
param L{N};                     #产品的生产周期(提前期)
param H{N};                     #产品的生产准备成本
```

```
param S{N};                    #产品的单位库存成本
param M: = 999;                #一个大数
var y{N,T} binary;             #0/1型变量,表示产品 i 是否在期间 t 内生产
var D{N,T} >= 0;               #非负连续变量,表示产品 i 在期间 t 内生产的需求总数
var x{N,T} >= 0;               #非负连续变量,表示产品 i 在期间 t 内生产的数量
var I{N,T} >= 0;               #非负连续变量,表示产品 i 在期间 t 内末的库存余量

minimize Total_Cost:
    sum{i in N,t in T}(S[i] * y[i,t] + H[i] * I[i,t]);
subject to Con1_1{i in N}:
    I[i,1] = x[i,1] - D[i,1];
subject to Con1_2{i in N,t in T: t > 1}:
    I[i,t] = I[i,t-1] + x[i,t] - D[i,t];
subject to Con2{i in N,t in T}:
    D[i,t] = d[i,t] + sum{j in N: C[i,j]>0 and t+L[j]<=m}C[i,j] * x[j,t+L[j]];
subject to Con3{i in N,t in T}:
    x[i,t] - M * y[i,t] <= 0;
```

产品结构是组装型结构,即终端产品(代号 0)由产品 1 和产品 2 组装而成,产品 2 由产品 3 和产品 4 组装而成,组成数量均为 1,提前期均为 1 周期。产品组装关系如图 3.18 所示。

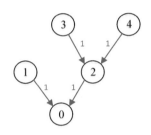

图 3.18 产品组装关系

生产计划期间分为 12 期,各期间对终端产品 0 和主要零件 2 的需求量如表 3.17 所列。

表 3.17 各期间对终端产品和主要零件的需求量

计划期间 t	1	2	3	4	5	6	7	8	9	10	11	12
终端产品 0	0	100	125	100	50	50	100	125	125	100	50	100
主要零件 2	0	10	15	10	10	5	10	12	15	10	5	10

产品生产成本数据如表 3.18 所列。

表 3.18 产品生产成本数据

产品 i	0	1	2	3	4
生产准备成本	30	15	20	10	8
单位库存成本	0.35	0.05	0.2	0.1	0.1
生产提前期	1	1	1	1	1

应用 AMPL/CPLEX 求解上述数学规划模型。得到最优的目标生产成本为 655。生产计划和各期经济批量如表 3.19 所列。

表 3.19 生产计划和各期经济批量

	计划期间 t	1	2	3	4	5	6	7	8	9	10	11	12
经济批量	产品 0	80	225	0	200	0	0	225	0	225	0	150	0
	零件 1	225	0	200	0	0	225	0	225	0	150	0	0
	零件 2	245	0	235	0	0	240	0	252	0	175	0	0
	零件 3	0	235	0	0	240	0	252	0	175	0	0	0
	零件 4	0	235	0	0	240	0	252	0	175	0	0	0

第4章 工程优化综合问题建模与计算实验

本章提供面向工厂优化综合问题的建模和计算实验。

4.1 混合整数规划

混合整数规划问题指优化模型中的决策变量既包括整数变量,又包括连续变量的问题。

案例 20:面向作战现场的战损装备时效性抢修优化问题建模与求解实验

1. 问题描述

在一个作战现场区域,分布了多个作战单元系统,记为集合 S。其中每个单元具有独立的任务执行能力值,记为常数 C_s,下标 $s \in S$。在组成该区域的全部作战单元系统中,共有 n 个装备出现了故障(或损伤),需进行紧急维修,记为集合 N。当某个作战单元的故障装备均被修复后,即认为恢复了任务执行能力。作战单元与故障装备之间的依赖关系用 0/1 型参数 r_{si} 表示,若 $r_{si}=1$,则表示单元 s 与故障装备 i 相关;若 $r_{si}=0$,则表示无关。

故障装备的位置坐标为 (x_i, y_i),所需的修复时间为 τ_i,同时对维修人员的专业及其专业等级有所要求。可分派的维修人员记为集合 P,他们分布于现场区域的不同位置,记为坐标 (x_i', y_i')。维修人员具有已知的专业和专业等级。仅当维修人员的专业等级与故障装备要求相符时,才能被派遣去维修该装备。每个维修人员可以被指派前往维修一处或多处故障。当维修多处故障时,维修人员需要顺序依次维修。故障装备之间的距离为已知,记为 d_{ij}。维修人员的当前位置与故障装备之间的距离为已知,记为 d_{ij}',维修人员的移动速度记为 v_p,其中 $i, j \in S, p \in P$。

假定现场抢修时长是限定的,记为 h,即抢修活动的总时长不超过 h。在抢修时间期间 $[0, h]$ 内,以 $F(t)$ 表示全部单元系统的总能力的恢复程度与时间 t 的函数关系,其中 $t \in [0, h]$,$F(t) \in [F_0, 1]$,F_0 是全部系统在 $t=0$ 时刻的可用能力率。

该问题的目标函数是全部系统在 $[0, h]$ 期间的时效能力恢复率最大化,计算公式为

$$\max E = \int_0^h F(t) \mathrm{d}t$$

上式表示系统能力恢复曲线在时间轴上的积分最大化,即曲线与时间轴之间的面积最大化。不同的维修分配与路径方案虽然可能出现系统在最后时刻能力恢复率相同的现象,但在维修期间却对应着不同的时效能力恢复率。如图 4.1 所示,尽管 A 和 B 两种方案最后都恢复了相同的系统能力,但从时效能力恢复率的角度看,图(b)中的恢复过程优于图(a)。

以时效能力恢复率为优化目标,有利于系统在维修期间继续输出较高的任务执行能力。在某些实时系统中,如军事上的战场装备修复、区域防空预警,以及区域灾区装备抢修等现场作业场景中,都具有很实用的意义。

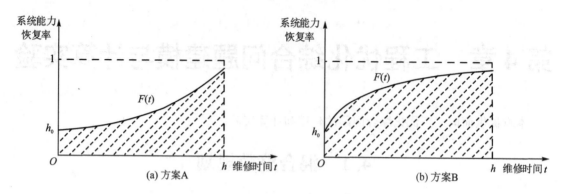

图 4.1 时效能力恢复率示意图

2. 混合整数规划建模

(1) 参数定义

S　作战单元的集合；

s　作战单元的下标，$s \in S$；

C_s　作战单元 s 的能力值；

N　故障装备（下称装备）的集合；

i,j　装备的下标，$i,j \in N$；

τ_i　装备 i 所需的维修时间；

d_{ij}　装备 i 与 j 之间的距离；

r_{si}　0/1 型参数，表示单元 s 是否依赖于装备 i；

P　可用维修人员（下称人员）的集合；

p　人员的下标，$p \in P$；

d'_{pi}　人员 p 与装备 i 之间的距离；

v_p　人员 p 的移动速度；

h　维修过程的截止时间节点；

M　一个大数。

(2) 变量定义

① 独立变量，与任务分配和维修路径相关：

x_i　0/1 型变量，表示装备 i 是否修复；

y_{ip}　0/1 型变量，表示是否将装备 i 的维修任务分配给人员 p；

y'_{ip}　0/1 型变量，表示装备 i 是否是人员 p 的维修第一站；

y''_{ip}　0/1 型变量，表示装备 i 是否是人员 p 的维修最后一站；

z_{ij}　0/1 型变量，$z_{ij}=1$ 表示（由同一人员）先维修装备 i，随后维修装备 j。

② 依赖变量，与维修效果相关：

o_s　0/1 型变量，表示作战单元 s 的能力是否被恢复；

a_i　连续非负变量，表示人员到达装备 i 处的时间；

e_s　连续非负变量，表示作战单元 s 的恢复时间；

e'_s　连续非负变量，表示作战单元 s 恢复后的时效能力。

(3) 目标函数

目标函数是最大化系统的时效能力,对于能力为 C_s 的作战单元 s,若恢复时间为 e_s,那么到截止时间 h 的时效能力 $e'_s = C_s(h - e_s)$,全系统恢复的时效能力为 $\sum_{s \in S} e'_s$。因此目标函数可表示为

$$\min \sum_{s \in S} e'_s$$

(4) 约束条件

① 被修复的装备(即 $x_i = 1$)必须分配 1 名人员,即

$$\sum_{p \in P} y_{ip} = x_i, \quad \forall i \in N$$

② 选择某个装备作为人员 p 出发后的第一站,即

$$\begin{cases} y'_{ip} \leqslant y_{ip}, & \forall i \in N, p \in P \\ \sum_{i \in N} y'_{ip} = 1, & \forall p \in P \end{cases}$$

③ 选择某个装备作为人员 p 的最后一站,即

$$\begin{cases} y''_{ip} \leqslant y_{ip}, & \forall i \in N, p \in P \\ \sum_{i \in N} y''_{ip} = 1, & \forall p \in P \end{cases}$$

④ 建立人员的装备维修路径,即

$$\begin{cases} \sum_{p \in P} y'_{ip} + \sum_{j \in N, j \neq i} z_{ji} = x_i, & \forall i \in N \\ y_{ip} - y_{jp} \leqslant 1 - z_{ij}, & \forall i, j \in N; p \in P; i \neq j \\ \sum_{p \in P} y''_{ip} + \sum_{j \in N, j \neq i} z_{ij} = x_i, & \forall i \in N \\ x_i + x_j \geqslant 2 z_{ij}, & \forall i, j \in N; i \neq j \end{cases}$$

⑤ 计算人员到达装备处的时间,即

$$\begin{cases} a_i \geqslant \dfrac{60 d'_{pi}}{v_p} - M(1 - y_{ip}), & \forall i \in N, p \in P \\ a_j \geqslant a_i + \tau_i + \dfrac{60 d_{ij}}{v_p} - M(1 - z_{ij}), & \forall i, j \in N; i \neq j \end{cases}$$

⑥ 维修截止时间约束,即

$$\begin{cases} a_i + \tau_i \leqslant h + M(1 - x_i), & \forall i \in N \\ a_i \leqslant M x_i, & \forall i \in N \end{cases}$$

⑦ 只有系统中的故障全部恢复后,系统效能才能恢复,即

$$o_s \leqslant x_i, \quad \forall s \in D, i \in N; r_{si} = 1$$

⑧ 计算系统的恢复时间和时效能力,即

$$\begin{cases} e_s \geqslant a_i + \tau_i - M(1 - x_i), & \forall s \in S, i \in N; r_{si} = 1 \\ e'_s \leqslant C_s(h - e_s), & \forall s \in S \\ e'_s \leqslant M \cdot o_s, & \forall s \in S \end{cases}$$

⑨ 定义变量的值域,即

$$\begin{cases} y_{ip}, y'_{ip}, y''_{ip}, z_{ij}, x_i, o_s \in \{0,1\}, \\ e_s \geq 0, e'_s \geq 0, \end{cases} \quad \forall i,j \in N; s \in S; p \in P$$

3. 计算实验

将上述数学规划模型用计算机建模语言 AMPL 实现，代码如下：

```
#模型文件 SVRPIII.mod
set S;                              #系统集合
set N;                              #设备集合
set P;                              #人员集合
param v: = 60;                      #人员移动速度
param C{S};                         #系统能力值

param tao{N};                       #设备的预估修复时间
param d{N,N};                       #设备之间的距离
param d1{P,N};                      #维修人员与设备之间的距离
param r{S,N} binary;                #系统是否包含设备
param LX{N};                        #故障设备的坐标 X
param LY{N};                        #故障设备的坐标 Y
param LP{P,1..2};                   #维修人员的坐标(X,Y)
param h: = 120;                     #维修截止的时间
param M: = 9999;                    #一个大数
var x{N} binary;                    #设备是否修复
var y{N,P} binary;                  #设备由谁来修复
var y1{N,P} binary;                 #是否为维修路径第一站
var y2{N,P} binary;                 #是否为维修路径最后一站
var z{N,N} binary;                  #维修先后关系
var a{N}>= 0;                       #到达时间
var o{S} binary;                    #系统是否恢复能力
var e{S}>= 0;                       #系统恢复时间
var e1{S}>= 0;                      #设备恢复后的时效能力值
maximize Total_eff_C:sum{s in S}e1[s];
#若决定修复,则分配给某一人去修复
subject to Con1{i in N}:sum{p in P}y[i,p] = x[i];
#维修第一站
subject to Con2_1{i in N,p in P}: y1[i,p] <= y[i,p];
subject to Con2_2{p in P}:sum{i in N}y1[i,p] <= 1;
#维修最后一站
subject to Con3_1{i in N,p in P}: y2[i,p] <= y[i,p];
subject to Con3_2{p in P}:sum{i in N}y2[i,p] <= 1;
#确定进站次数(最多仅 1 次)
subject to Con4_1{i in N}:
    sum{p in P}y1[i,p] + sum{j in N:i<>j}z[j,i] = x[i];
#确定出站次数(最多仅 1 次)
subject to Con4_2{i in N}:
```

```
           sum{p in P}y2[i,p] + sum{j in N:j<>i}z[i,j] = x[i];
#若存在维修顺序,则必定属于同一人
subject to Con4_3{i in N,j in N,p in P: i<>j}:
           y[i,p] - y[j,p] <= 1 - z[i,j];
#若两节点之间存在维修顺序,则二者都要修复
subject to Con4_4{i in N,j in N: i<>j}:
           x[i] + x[j] >= 2 * z[i,j];
#第1站的到达时间
subject to Con6_1{i in N,p in P}:
           a[i] >= 60 * d1[p,i]/v - M * (1 - y1[i,p]);
#第2,3,4…站的到达时间
subject to Con6_2{i in N,j in N: i<>j}:
           a[j] >= a[i] + tao[i] + 60 * d[i,j]/v - M * (1 - z[i,j]);
#每站的修复时间不超过截止时间
subject to Con7_1{i in N}:
           a[i] + tao[i] <= h + M * (1 - x[i]);
#不修复的节点,修复时间为0
subject to Con7_2{i in N}:
           a[i] <= M * x[i];
#若系统的故障点均得到修复,则系统恢复能力
subject to Con8{s in S,i in N: r[s,i] = 1}:
           o[s] <= x[i];
#确定系统修复的最后时间(即最迟的故障修复时间)
subject to Con9_1{s in S,i in N: r[s,i] = 1}:
           e[s] >= a[i] + tao[i] - M * (1 - x[i]);
#确定系统修复的时效能力:能力 * 剩余时间
subject to Con9_2{s in S}:
           e1[s] <= C[s] * (h - e[s]);
subject to Con9_3{s in S}:
           e1[s] <= M * o[s];
```

构造小规模算例:现场区域有 10 个作战单元,共有 20 处装备发生故障,维修人员有 5 个小组,分 3 类维修专业,专业等级分为 1 和 2 两级,要求在 120 分钟内完成时效能力最大恢复。其余数据如下面的数据文件 SVRPIII.dat 所列:

```
#数据文件:SVRPIII.dat
set P: = 1,2,3,4,5;
set Q: = 1,2,3;
param: S: C: =
1    1.2
2    1.3
3    0.9
4    0.7
5    1.8
6    1.4
```

```
7    0.9
8    2.2
9    3.8
10   1.7;
param: N: tao  LX   LY: =
1    25   26.4  87.6
2    30   23.5  91.9
3    45   27.8  93.6
4    25   34.6  70.5
5    15   40.5  65.2
6    45   48.6  19.3
7    20   58.5  21.1
8    40   57.2  24.5
9    10   72.2  75.1
10   25   21.7  44.2
11   10   24.6  51.3
12   30   27.2  39.6
13   45   22.8  22.5
14   45   89.5  90.9
15   35   95.7  90.6
16   10   96.8  83.5
17   30   78.4  28.9
18   35   60.7  80.8
19   10   62.7  90.1
20   50   45.7  51.4;
param r: 1  2  3  4  5  6  7  8  9  10 11 12 13 14 15 16 17 18 19 20 : =
1       1  1  1  1  0  0  0  0  0  0  0  0  0  0  0  0  0  0  0  1
2       0  0  0  1  1  0  0  0  0  0  0  0  0  0  0  0  0  0  0  1
3       0  0  0  0  1  1  1  0  0  0  0  0  0  0  0  0  0  0  0  1
4       0  0  0  0  0  0  0  1  0  0  0  0  0  0  0  0  0  0  0  1
5       0  0  0  0  0  0  1  1  1  1  1  0  0  0  0  0  0  0  0  1
6       0  0  0  0  0  0  0  1  0  0  0  0  1  1  0  0  0  0  0  1
7       0  0  0  0  0  0  0  0  0  0  0  0  0  1  1  0  0  0  0  1
8       0  0  0  0  0  0  0  0  0  0  0  0  0  0  1  0  0  1  0  1
9       0  0  0  0  0  0  0  0  0  0  0  0  0  0  0  0  1  1  1  1
10      0  0  0  0  0  0  0  0  0  0  0  0  0  0  0  0  0  0  0  1;
param LP:  1     2 : =
1    77.5   28.1
2    4.50   34.6
3    38.5   48.2
4    71.2   64.5
5    49.4   77.9;
```

在 AMPL/CPLEX 环境下调用求解器对上述算例进行求解,获得最优目标函数值 568.82,从 10 个系统中选择恢复了 6 个系统。维修路径如图 4.2 所示,其中三角形标记为故障发生地点,圆形标记为维修人员所在地点,虚线为维修人员维修路径。

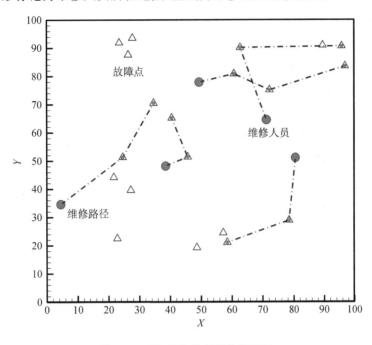

图 4.2 现场抢修算例最优解图示

案例 21:考虑战备值班率的装备群维修优化问题建模与求解实验

1. 问题描述

某装备有 n 个部件需要定期预防性维修,表示为集合 N;对于部件 $i,i \in N$,要求每累计工作量达到 μ_i 后需要开展一次维修,每次预防性维修的成本为 c_i,所需维修工时为 h_i。装备的工作期被划分为多个期间,表示为集合 T,第 t 期间内装备的工作量为 w_t,其中 $t \in T$。

每个部件 i 可以决定是否在第 t 周期进行维修,记为 0/1 型决策变量 x_{it}。若某期间有部件需要维修,则该期间装备停机,产生一个固定的停用损失,该损失在不同周期(如淡季/旺季)可能有所差异,记为 l_t。期间的总可用维修工时上限记为 H_t。

考虑以下实际因素:

① 维修间隔期为工作量和日历时间混合的情况。在这种情况下,维修判断条件为:累计工作量达到设计值,或者经历自然日历时间达到一定天数,或者以二者先到为主。

② 装备的部件对同时维修时产生的成本节省和工时节省的效应。若装备的某些部件同时维修,由于拆卸、工具准备等方面的效率提升,可能会产生一定的成本节省和维修工时节省。

③ 存在多个同类装备的情况。当存在多个同类装备时,通常要求在某个周期内不能安排太多的装备停机维修,如值班战机群不能同时都处于维修状态,而必须保持一个最低战斗力阈值。

问:如何安排各部件的维修计划,即 x_{it} 变量的取值,可使总维修成本最低?总维修成本为部件维修成本与装备停用损失之和。

2. 混合整数规划建模

(1) 参数定义

K　一组同类装备群的集合。

k　装备的下标，$k \in K$。

N　单装备上需要定期维修的部件集合。

i,j　部件的下标，$i, j \in N$。

μ_i　部件 i 的最大累计工作量(单位为小时、次等)。

η_i　部件 i 的最大维修间隔日历时间(天)。

δ_i　部件 i 的维修间隔期：
- $\delta_i = 1$：按日历时间；
- $\delta_i = 2$：按累计工作量；
- $\delta_i = 3$：按先到为主。

c_i　部件 i 的单次维修成本。

h_i　部件 i 的单次维修工时。

T　期间的集合。

t　期间的下标，$t \in T$。

d_t　期间 t 的自然日历时长(天)。

w_{kt}　装备 k 在期间 t 内的计划工作量。

β_i　部件 i 的运行比，即装备每运行单位工作量所对应的部件 i 运行的工作量。

w'_{kt}　装备 k 在期间 t 内因维修将减少的工作量。

d'　每次维修所需的日历时长(天)。

H　每次维修的总可用维修工时。

W　每期间内，装备群需要输出的最低工作量阈值。

l_t　期间 t 的维修停用损失成本。

s_{ij}　部件 i 和 j 同时维修产生的成本节省，即实际成本为 $c_i + c_j - s_{ij}$。

g_{ij}　部件 i 和 j 同时维修产生的维修工时节省，即实际工时为 $h_i + h_j - g_{ij}$。

M　一个大数。

(2) 决策变量定义

x_{kit}　0/1 型变量，表示装备 k 的部件 i 是否在期间 t 内维修(于期间开始时刻)；

y_{kt}　0/1 型变量，表示装备 k 在期间 t 末是否有部件要维修(如有则停机)；

z_{kijt}　0/1 型变量，表示装备 k 的部件 i 和 j 是否在期间 t 内同时维修；

a_{kit}　连续非负变量，表示装备 k 的部件 i 在期间 t 内的累计工作量(维修后清零)；

b_{kit}　连续非负变量，表示装备 k 的部件 i 在期间 t 内的累计工作日历时间(维修后清零)。

(3) 目标函数

$$\min \text{Total\_Cost} = \sum_{k \in K, i \in N, t \in T} c_i x_{kit} + \sum_{k \in K, t \in T} l_t y_{kt} - \sum_{k \in K, t \in T, i, j \in N, i < j} z_{kijt} s_{ij}$$

(4) 约束条件

① 计算各部件各期间末维修之后(若有)的累计工作量,即

$$\begin{cases} a_{ki1} = w_{k1} - w'_{k1}x_{ki1}, & \forall k \in K, i \in N; \delta_i = 1 \\ a_{kit} \geqslant a_{k,i,t-1} + w_{kt} - Mx_{kit}, & \forall k \in K, i \in N, t \in T; t > 1, \delta_i = 1 \\ a_{kit} \leqslant a_{k,i,t-1} + w_{kt} + Mx_{kit}, & \forall k \in K, i \in N, t \in T; t > 1, \delta_i = 1 \\ a_{kit} \leqslant w_{kt} - w'_{kt}x_{kit} + M(1 - x_{kit}), & \forall k \in K, i \in N, t \in T; \delta_i = 1 \\ a_{kit} \geqslant w_{kt} - w'_{kt}x_{kit} - M(1 - x_{kit}), & \forall k \in K, i \in N, t \in T; \delta_i = 1 \end{cases}$$

② 部件累计工作量不超过最大设计值,即

$$a_{kit} \leqslant \mu_i, \quad \forall k \in K, i \in N, t \in T; \delta_i = 1 \text{ 或 } \delta_i = 3$$

③ 各部件各期间末维修之后(若有)的累计自然日历时间计算,即

$$\begin{cases} b_{ki1} = d' - d'x_{ki1}, & \forall k \in K, i \in N; \delta_i = 2 \\ b_{kit} \geqslant b_{k,i,t-1} + d_t - Mx_{kit}, & \forall k \in K, i \in N, t \in T; t > 1, \delta_i = 2 \\ b_{kit} \leqslant b_{k,i,t-1} + d_t + Mx_{kit}, & \forall k \in K, i \in N, t \in T; t > 1, \delta_i = 2 \\ b_{kit} \leqslant d_t - d'x_{kit} + M(1 - x_{kit}), & \forall k \in K, i \in N, t \in T; \delta_i = 2 \\ b_{kit} \geqslant d_t - d'x_{kit} - M(1 - x_{kit}), & \forall k \in K, i \in N, t \in T; \delta_i = 2 \end{cases}$$

④ 部件的维修间隔不超过最大维修间隔日历时间,即

$$b_{kit} \leqslant \eta_i, \quad \forall k \in K, i \in N, t \in T; \delta_i = 2 \text{ 或 } \delta_i = 3$$

⑤ 总可用维修工时不能超过

$$\sum_{k \in K, i \in N} x_{kit}h_i - \sum_{k \in K, i, j \in N; i < j} z_{kijt}g_{ij} \leqslant H, \quad \forall t \in T$$

⑥ 每期间内装备群需要保持最低输出工作量阈值,即

$$\sum_{k \in K} (w_{kt} - y_{kt}w'_{kt}) \geqslant W, \quad \forall t \in T$$

⑦ 确定装备在各期间末是否安排维修,即

$$\begin{cases} y_{kt} \geqslant x_{kit}, & \forall k \in K, i \in N, t \in T \\ y_{kt} \leqslant \sum_{i \in N} x_{kit}, & \forall k \in K, t \in T \end{cases}$$

⑧ 确定装备的部件对是否同时维修,即

$$\begin{cases} z_{kijt} \geqslant x_{kit} + x_{kjt} - 1, & \forall k \in K; i, j \in N; t \in T; i < j \\ 2z_{kijt} \leqslant x_{kit} + x_{kjt}, & \forall k \in K; i, j \in N; t \in T; i < j \end{cases}$$

⑨ 定义决策变量的值域,即

$$\begin{cases} x_{kit}, y_{kt}, z_{kijt} \in \{0,1\}, \\ a_{kit}, b_{kit} \geqslant 0, \end{cases} \quad \forall k \in K; i, j \in N; t \in T$$

3. 计算实验

考虑上述数学规划模型的简化形式:仅 1 台设备含有 n 个部件的维修情况,只考虑按工作量维修方式。用计算机建模语言 AMPL 实现,代码如下:

```
set N;                    # 部件的集合,n = card(N)
param miu{N};             # 部件 i 的设计要求维修间隔期
param c{N};               # 部件 i 的每次维修成本
```

```
param h{N};                      #部件 i 的每次维修所需工时数
set T;                           #期间的集合
param w{T};                      #期间 t 内的工作量
param l{T};                      #期间 t 的停用损失
param H{T};                      #期间 t 的总可用维修工时
param M: = 9999;                 #一个大数
var x{N,T} binary;               #0/1 型变量,表示部件 i 是否在期间 t 内维修
var y{T} binary;                 #0/1 型变量,表示期间 t 是否停机维修
var a{N,T}>= 0;                  #连续非负变量,表示期间 t 内的累计工作量,维修后清零

#目标函数:维修成本和停工损失之和
minimize Total_Cost:
    sum{i in N,t in T}c[i] * x[i,t] + sum{t in T}l[t] * y[t];
#计算各期间内的累计工作量
subject to Con1_1{i in N}:
    a[i,1] = w[1] * (1 - x[i,1]);
subject to Con1_2{i in N,t in T: t>1}:
    a[i,t] >= a[i,t-1] + w[t] - M * x[i,t];
subject to Con1_3{i in N,t in T: t>1}:
    a[i,t] <= a[i,t-1] + w[t] + M * x[i,t];
subject to Con1_4{i in N,t in T}:
    a[i,t] <= M * (1 - x[i,t]);
#累计工作量不超过设计值
subject to Con2{i in N,t in T}:
    a[i,t] <= miu[i];
#期间内的总可用维修工时约束
subject to Con4{t in T}:
    sum{i in N}x[i,t] * h[i] <= H[t];
#判断期间是否停工维修
subject to Con5_1{i in N,t in T}:
    y[t] >= x[i,t];
subject to Con5_2{t in T}:
    y[t] <= sum{i in N}x[i,t];
```

以下构造具有 10 个部件和 6 个期间的算例。维修部件的维修要求信息和各周期的数据见如下数据文件:

```
set N: = 1,2,3,4,5,6,7,8,9,10;
set T: = 1,2,3,4,5,6;
param: miu,c,h: =
    1    50     2      6
    2    45     3.5    8
    3    80     7      5
    4    30     4      10
    5    30     13     8
    6    100    5      2
    7    120    2.5    8
    8    140    9      10
```

```
9    90    1.2   9
10   100   2.9   10
;
param: w,l,H: =
1    15    20    124
2    20    30    124
3    15    30    124
4    15    15    124
5    14    10    124
6    14    10    124
;
```

在 CPLEX 环境下求解上述算例,获得最优解结果,如表 4.1 所列。其中 10 个部件的维修分别安排在第 2 和第 5 期间,得到最优目标函数值 93.2。

表 4.1 部件维修安排

维修安排		部件										停机
		1	2	3	4	5	6	7	8	9	10	
期间	1	0	0	0	0	0	0	0	0	0	0	0
	2	1	1	0	1	1	0	0	0	0	0	1
	3	0	0	0	0	0	0	0	0	0	0	0
	4	0	0	0	0	0	0	0	0	0	0	0
	5	1	1	1	1	1	0	0	0	1	0	1
	6	0	0	0	0	0	0	0	0	0	0	0

案例 22:救援现场的信号覆盖优化问题建模与求解实验

1. 问题描述

在大规模作战现场、被敌方实施大面积军事打击现场或大型自然灾害现场(如地震、洪涝、海啸等)的搜救过程中,保持通信网络畅通是很重要的。但是由于电力中断或地域偏远,这些现场一般缺乏通信网络信号,例如地震搜救现场。跟随式的移动通信车通常是解决现场通信保障的主要方式。一辆移动通信车可为多部通信终端(如手机)接入通信信号,覆盖一定的区域范围。但现场的行动单元(如搜救小队、作战小队等)通常数量较多,并随机分散行动;而移动通信车数量较少,无法提供一对一式的跟随服务。因此如何规划移动通信车的共享利用,设计合适的停留位置与移动路线,从而最大程度地为众多行动单元提供通信信号覆盖服务,是现场通信保障优化模型要解决的问题。该问题可抽象为多周期的、动态的连续选址优化模型(参见文献[6])。

2. 数学建模

(1) 参数定义

T 行动(搜救/军事)周期(或阶段)的集合;

t 周期的下标,$t \in T$;

N_t 周期 t 内的行动单元的数量,$t \in T$;

V	移动通信车的集合；
i, k	行动单元的下标，$i, k \in N_t$；
j	通信车的下标，$j \in V$；
R_j	通信车 j 的最大覆盖半径，$j \in V$；
L_j	通信车 j 在周期 t 内的最大移动距离（受限于移动速度）；
(x_{it}, y_{it})	行动单元 i 在周期 t 内的坐标位置，$i \in N_t, t \in T$；
(X_{j0}, Y_{j0})	通信车 j 进入现场的初始位置，$j \in V$；
C_j	通信车 j 的信道容量，$j \in V$；
M	一个大数。

(2) 决策变量

(X_{jt}, Y_{jt})	非负连续变量，表示通信车 j 在周期 t 内的坐标位置，$j \in V, t \in T$；
d_{ijt}	非负连续变量，表示在周期 t 内行动单元 i 与通信车 j 之间的距离，$i \in N_t, j \in V, t \in T$；
D_{jt}	非负连续变量，表示通信车 j 在周期 t 内的移动距离，$j \in V, t \in T$；
E_{ijt}	0/1 型变量，表示在周期 t 内行动单元 i 是否被通信车 j 的信号覆盖，$i \in N_t, j \in V, t \in T$；
e_{it}	0/1 型变量，表示在周期 t 内行动单元 i 是否被信号覆盖，$i \in N_t, t \in T$。

(3) 目标函数

优化两个分层次的目标函数：第一目标函数是行动单元在各周期内的信号覆盖率（Signal-Coverage-Rate，SCR）之和最大化，第二目标函数是在保持信号覆盖率最大的同时，使通信车的移动距离（Total-Moved-Distance，TMD）最小化，分别如下：

$$\max \text{SCR} = \sum_{i \in N_t, t \in T} \frac{e_{it}}{|N_t|}$$

$$\min \text{TMD} = \sum_{j \in V_t, t \in T} D_{jt}$$

(4) 约束条件

① 计算行动单元与通信车之间的距离和通信车在每周期内的移动距离，即

$$\begin{cases} d_{ijt} = \sqrt{(X_{jt} - x_{it})^2 + (Y_{jt} - y_{it})^2}, & \forall i \in N_t, j \in V, t \in T \\ D_{jt} = \sqrt{(X_{jt} - X_{j,t-1})^2 + (Y_{jt} - Y_{j,t-1})^2}, & \forall j \in V, t \in T \end{cases}$$

② 满足通信车容量约束和每周期内的移动距离约束，即

$$\begin{cases} C_j \geqslant \sum_{i \in N_t} E_{ijt}, & \forall j \in V, t \in T \\ D_{jt} \leqslant L_j, & \forall j \in V, t \in T \end{cases}$$

③ 判断行动单元是否被信号覆盖，即

$$\begin{cases} M \cdot (E_{ijt} - 1) \leqslant (R_j - d_{ijt}), & \forall i \in N_t, j \in V, t \in T \\ e_{it} \leqslant E_{ijt}, & \forall i \in N_t, j \in V, t \in T \end{cases}$$

④ 定义变量的值域，即

$$\begin{cases} X_{jt} \geqslant 0, Y_{jt} \geqslant 0, d_{ijt} \geqslant 0, D_{jt} \geqslant 0, \\ e_{it}, E_{ijt} \in \{0, 1\}, \end{cases} \quad \forall i \in N_t, j \in V, t \in T$$

3. 计算实验

将上述模型编写为 AMPL 代码,并求解下面算例中军事行动现场的通信信号保障最优方案:行动方案分为 5 个周期,各周期的行动单元数量为 20,25,30,35 和 40。共有 3 辆移动通信车提供跟随式通信覆盖服务。行动单元和通信车的出发点为同一点 (50,0)。通信车的信号覆盖半径为 $R_j = 15$,通信容量为 $C_j = 18$,每周期最大移动距离为 $L_j = 30$。各行动单元在各周期内的目标位置坐标设定如表 4.2 所列。

表 4.2 行动单元各周期目标位置

行动单元 ID	行动周期				
	$t=1$	$t=2$	$t=3$	$t=4$	$t=5$
1	(63.7,17.3)	(59.2,47.1)	(57.7,49.9)	(51.2,62.0)	(24.8,89.4)
2	(58.6,10.0)	(52.6,40.7)	(96.7,6.5)	(9.7,39.8)	(42.6,97.6)
3	(34.2,18.6)	(37.8,41.8)	(16.5,48.6)	(55.7,69.9)	(96.8,86.0)
4	(54.2,10.3)	(77.1,39.9)	(74.2,57.3)	(13.0,75.0)	(68.0,85.8)
5	(30.7,11.0)	(15.4,25.6)	(1.3,19.4)	(46.9,60.5)	(25.4,80.7)
6	(57.5,20.3)	(73.1,38.2)	(75.3,46.0)	(55.4,84.3)	(15.2,78.1)
7	(42.9,16.0)	(48.1,48.2)	(63.0,41.2)	(20.0,79.7)	(77.0,71.2)
8	(48.4,20.5)	(83.6,30.5)	(37.2,42.2)	(91.9,64.4)	(67.9,96.3)
9	(60.5,0.4)	(14.0,12.5)	(66.3,43.8)	(11.0,63.9)	(81.2,93.2)
10	(53.9,19.7)	(34.7,30.3)	(10.9,12.9)	(22.0,61.8)	(81.4,87.5)
11	(39.3,16.3)	(20.0,33.0)	(15.9,55.5)	(93.1,52.9)	(18.1,68.3)
12	(60.1,17.7)	(11.9,30.1)	(89.9,46.1)	(24.8,50.5)	(18.9,91.9)
13	(27.5,16.9)	(69.3,24.9)	(24.8,56.1)	(47.9,80.9)	(0.9,94.2)
14	(24.0,5.1)	(23.7,24.5)	(93.9,42.8)	(33.7,55.5)	(2.9,87.9)
15	(50.5,10.2)	(92.2,6.9)	(7.3,27.0)	(15.7,61.5)	(31.0,74.2)
16	(32.1,21.1)	(40.6,45.7)	(7.0,51.9)	(25.1,74.1)	(32.9,92.8)
17	(38.1,0.5)	(13.3,32.8)	(29.2,46.2)	(83.8,53.9)	(23.3,67.8)
18	(75.3,12.2)	(44.4,37.4)	(20.9,59.2)	(76.7,70.3)	(44.1,72.2)
19	(62.4,5.7)	(39.0,31.8)	(89.1,21.4)	(70.1,81.8)	(6.4,99.4)
20	(43.0,5.3)	(21.1,27.0)	(39.1,49.3)	(74.6,63.9)	(49.4,85.0)
21		(68.1,16.5)	(54.8,59.9)	(17.1,47.7)	(15.3,88.4)
22		(24.0,32.5)	(90.2,15.5)	(49.1,76.5)	(12.8,85.0)
23		(74.9,11.4)	(9.3,47.1)	(98.2,29.4)	(23.9,85.6)
24		(9.5,0.2)	(7.6,4.8)	(20.0,58.6)	(47.1,95.0)
25		(10.7,26.4)	(23.2,40.8)	(16.2,78.4)	(74.2,80.0)
26			(29.3,37.8)	(90.2,41.9)	(53.5,99.8)
27			(9.0,18.7)	(12.1,42.7)	(69.2,75.9)
28			(14.8,19.5)	(22.5,66.1)	(89.6,79.1)
29			(22.5,53.7)	(89.6,62.2)	(27.5,98.2)
30			(32.2,51.9)	(45.6,74.9)	(23.8,94.7)
31				(49.6,84.6)	(59.5,94.2)
32				(12.2,51.3)	(49.1,82.0)

续表 4.2

行动单元 ID	行动周期				
	$t=1$	$t=2$	$t=3$	$t=4$	$t=5$
33				(89.5,57.2)	(80.8,80.2)
34				(84.2,63.8)	(72.0,86.0)
35				(38.6,60.3)	(47.6,88.4)
36					(65.3,79.3)
37					(2.0,60.9)
38					(91.6,61.5)
39					(82.1,68.4)
40					(80.0,99.0)

应用 AMPL/CPLEX 求解上述数学规划模型,得到最优的通信车移动路线和信号保障覆盖方案。计算结果绘制于图 4.3 中,其中显示了行动单元小队和通信车的移动和跟随路线,实心方块标记表示被信号覆盖,空心圆圈标记表示未覆盖。

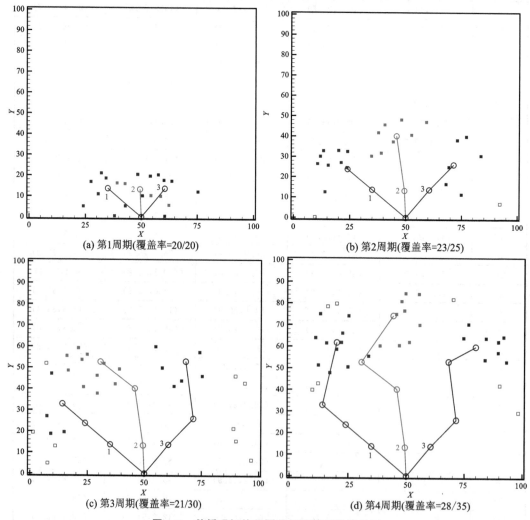

图 4.3 救援现场信号覆盖问题算例最优结果

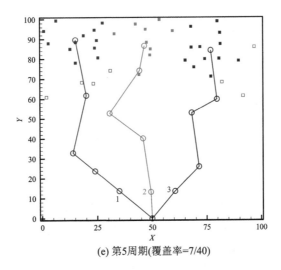

(e) 第5周期(覆盖率=7/40)

图 4.3 救援现场信号覆盖问题算例最优结果(续)

案例 23：战场/灾区直升机救援路径规划问题建模与求解实验

1. 问题描述

面向一个战场或灾区，有多架直升机参与救援，将伤员运送到医院。战场或灾区有多个待救援点，集合为 N；对于其中的每一个救援点 $i(i \in N)$，共有 a_i 个伤员，送至医院的要求时间为 w_i，直升机只访问一次；有多架直升机可用，集合为 H，直升机的荷载人数为 $C_h, h \in H$；有多个接收医院，集合为 G。问：如何规划直升机的救援路线，使得将伤员送至医院的总时间之和最小。直升机救援示例图如图 4.4 所示。

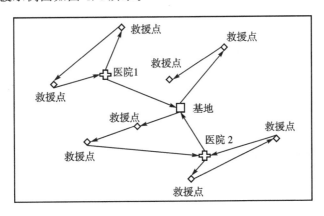

图 4.4 直升机救援示例图

2. 数学建模

（1）参数定义

N　救援节点集合；

G　医院节点集合；

N'　全部节点集合，$N' = N \cup G = \{0, 1, 2, 3, \cdots, n\}$，其中 0 为直升机基地；

D_{ij}　从节点 i 到节点 j 的距离，$i,j \in N'$；
a_i　救援节点 i 处的伤员数量，$i \in N$；
w_i　要求将伤员送达医院的截止时间，$i \in N$；
H　直升机的集合；
C_h　直升机 h 的最大载人数，$h \in H$；
v　直升机的飞行速度；
τ　直升机的装卸时间；
M　一个大数。

(2) 变量定义

x_{ijh}　0/1 型变量，表示直升机 h 从救援节点 i 到救援节点 j 的路线，$i \in N, j \in N, h \in H$；
y_{ijhg}　0/1 型变量，表示直升机 h 经过边 (i,j) 是否途经医院 g，$i \in N, j \in N, h \in H, g \in G$；
t_i　非负连续变量，到达救援节点 i 的时间，$i \in N$；
T_i　非负连续变量，从救援节点 i 送达医院的时间，$i \in N$；
f_i　非负连续变量，直升机离开救援节点 i 时的载量，$i \in N$。

(3) 目标函数

伤员到达医院时间的加权之和最小，即

$$\min \text{Total\_weighted\_time} = \sum_{i \in N, i > 0} a_i \cdot T_i$$

(4) 约束条件

① 救援点进入 1 次，即

$$\sum_{h \in H} \sum_{j \in N, i \neq j} x_{jih} = 1, \quad \forall i \in N; i > 0$$

② 救援点出来 1 次，即

$$\sum_{h \in H} \sum_{j \in N, i \neq j} x_{ijh} = 1, \quad \forall i \in N; i > 0$$

③ 直升机从仓库出来 1 次，即

$$\sum_{j \in N, j > 0} x_{0jh} = 1, \quad \forall h \in H$$

④ 直升机返回仓库 1 次，即

$$\sum_{i \in N, i > 0} x_{i0h} = 1, \quad \forall h \in H$$

⑤ 救援点：进入次数＝出来次数，即

$$\sum_{j \in N, j \neq i} x_{jih} = \sum_{j \in N, j \neq i} x_{ijh}, \quad \forall h \in H, i \in N$$

⑥ x 与 y 的关系，即

$$y_{jihg} \leqslant x_{jih}, \quad \forall i, j \in N; h \in H; g \in G; i \neq j$$

⑦ 直升机出发第 1 段路径不能途经医院（因为机上没有伤员），即

$$y_{0jhg} = 0, \quad \forall j \in N, h \in H, g \in G; j > 0$$

⑧ 最后 1 段必须途经医院，即

$$\sum_{g \in G} y_{i0hg} \geqslant x_{i0h}, \quad \forall i \in N, h \in H; i > 0$$

⑨ 到达救援点的时间递推计算,即

$$\begin{cases} t_j \geqslant \dfrac{D_{0j}}{v} - M(1-x_{0jh}), & \forall j \in N, h \in H; j > 0 \\ t_j - t_i \geqslant \dfrac{D_{ij}}{v} + \tau - M(1-x_{ijh}), & \forall i,j \in N; h \in H; i > 0, j > 0, i \neq j \\ t_j - t_i \geqslant \dfrac{D_{ig}+D_{gj}}{v} + 2\tau - M2 - x_{ijh} - y_{ijhg}), & \forall i,j \in N; h \in H, g \in G; i > 0, j > 0, i \neq j \end{cases}$$

⑩ 送达医院的时间递推计算,即

$$\begin{cases} T_i \geqslant a_i + \tau + \dfrac{D_{ig}}{v} - M(2-x_{ijh}-y_{ijhg}), & \forall i,j \in N; h \in H, g \in G; i > 0, i \neq j \\ T_i \geqslant T_j - M(1+\sum_{g \in G} y_{ijhg} - x_{ijh}), & \forall i,j \in N; h \in H; i > 0, j > 0, i \neq j \end{cases}$$

⑪ 满足送达医院截止时间,即

$$T_i \leqslant w_i, \quad \forall i \in N; i > 0$$

⑫ 直升机载量递推计算,即

$$\begin{cases} f_j - f_i \geqslant a_j - M(1-x_{ijh}+\sum_{g \in G} y_{ijhg}), & \forall i,j \in N; h \in H; i \neq j \\ f_j - f_i \leqslant a_j + M(1-x_{ijh}+\sum_{g \in G} y_{ijhg}), & \forall i,j \in N; h \in H; i \neq j \\ f_j \geqslant a_j - M(2-x_{ijh}-\sum_{g \in G} y_{ijhg}), & \forall i,j \in N; h \in H; i \neq j \\ f_j \leqslant a_j + M(2-x_{ijh}-\sum_{g \in G} y_{ijhg}), & \forall i,j \in N; h \in H; i \neq j \end{cases}$$

⑬ 载量不超过上限,即

$$f_i \leqslant C_h + M(1-x_{ijh}), \quad \forall i,j \in N; h \in H; i \neq j$$

3. 计算实验

将上述数学规划模型用计算机建模语言 AMPL 实现,代码如下:

```
# problem: Helicopter Routing Problem
set N;                          # 救援节点集合,0 表示基地
set Hos;                        # 医院节点集合
set Node: = N union Hos;        # 节点全集
param X{Node};                  # 坐标 X
param Y{Node};                  # 坐标 Y
param D{Node,Node};             # 两两之间的距离
param a{N};                     # 救援节点的伤员数量
param w{N};                     # 要求送达医院的截止时间
set Heli;                       # 直升机的集合
param C{Heli};                  # 直升机的容量
param V: = 10;                  # 飞行速度
param T: = 1;                   # 装卸时间
param M: = 9999;                # 一个大数

var x{N,N,Heli} binary;         # 直升机的救援节点路线
```

```
var y{N,N,Heli,Hos} binary;          #arc(i,j)是否途经医院
var at{N}>= 0;                        #到达救援节点的时间
var dt{N}>= 0;                        #从救援节点送达医院的时间
var f{N}>= 0;                         #离开救援节点时的载量
minimize Total_weighted_time:
    sum{i in N:i>0}dt[i] * a[i];
#救援点进入1次
subject to Con1{i in N: i>0}:
    sum{j in N,h in Heli: i<>j}x[j,i,h] = 1;
#救援点出来1次
subject to Con2{i in N: i>0}:
    sum{j in N,h in Heli:i<>j}x[i,j,h] = 1;
#直升机从机库出来1次
subject to Con3{h in Heli}:
    sum{i in N:i>0}x[0,i,h] = 1;
#直升机返回机库1次
subject to Con4{h in Heli}:
    sum{i in N:i>0}x[i,0,h] = 1;
#救援点:进入次数 = 出来次数
subject to Con5{i in N,h in Heli}:
    sum{j in N:i<>j}x[j,i,h] = sum{j in N:i<>j}x[i,j,h];
#x与y的关系
subject to Con5b{i in N,j in N,h in Heli,H in Hos:i<>j}:
    y[i,j,h,H] <= x[i,j,h];
#第1段路径不能途经医院
subject to Con5a{j in N,h in Heli,H in Hos:j>0}:
    y[0,j,h,H] = 0;
#最后1段路径必须途经医院
subject to Con5c{i in N,h in Heli: i>0}:
    sum{H in Hos}y[i,0,h,H] >= x[i,0,h];
#到达救援点的时间
#从0出发
subject to Con6a{j in N,h in Heli: j>0}:
    at[j] >= D[0,j]/V - M * (1 - x[0,j,h]);
#累加时间
subject to Con6b{i in N,j in N,h in Heli: i>0 and j>0 and i<>j}:
    at[j] - at[i] >= D[i,j]/V + T - M * (1 - x[i,j,h]);
#累加中途送医院的时间
subject to Con6c{i in N,j in N,h in Heli,H in Hos: i>0 and j>0 and i<>j}:
    at[j] - at[i] >= (D[i,H] + D[H,j])/V + 2 * T - M * (2 - x[i,j,h] - y[i,j,h,H]);
#送达医院的时间
#中途去医院
subject to Con7a{i in N,j in N,h in Heli,H in Hos: i>0 and i<>j}:
    dt[i] >= at[i] + T + D[i,H]/V - M * (2 - x[i,j,h] - y[i,j,h,H]);
```

#中途不去医院
subject to Con7b{i in N,j in N,h in Heli: i>0 and j>0 and i<>j}:
    dt[i] >= dt[j] - M * (1 + sum{H in Hos}y[i,j,h,H] - x[i,j,h]);
#满足送达医院截止时间
subject to Con8{i in N: i>0}:
    dt[i] <= w[i];
#直升机载量
#中途不去医院
subject to Con9a{i in N,j in N,h in Heli: i<>j}:
    f[j] - f[i] >= a[j] - M * (1 - x[i,j,h] + sum{H in Hos}y[i,j,h,H]);
#中途不去医院
subject to Con9b{i in N,j in N,h in Heli: i<>j}:
    f[j] - f[i] <= a[j] + M * (1 - x[i,j,h] + sum{H in Hos}y[i,j,h,H]);
#中途去医院
subject to Con9c{i in N,j in N,h in Heli: i<>j}:
    f[j] >= a[j] - M * (2 - x[i,j,h] - sum{H in Hos}y[i,j,h,H]);
#中途去医院
subject to Con9d{i in N,j in N,h in Heli: i<>j}:
    f[j] <= a[j] + M * (2 - x[i,j,h] - sum{H in Hos}y[i,j,h,H]);
#载量不超过上限
subject to Con10{i in N,j in N,h in Heli:i<>j}:
    f[i] <= C[h] + M * (1 - x[i,j,h]);

构造算例数据如下：

```
param: H: C: =
1    16
;
set N: = 0,1,3,4,5,6,7,8,9;
set Hos: = 2,10;
param: X Y: =
0    50    50
1    61    59
2    39    30
3    92    25
4    96    53
5    11    17
6    71    13
7    55    33
8    26    81
9    35    64
10   75    60;
param: a w: =
0    0    0
1    3    34
3    3    38
```

```
4  2  54
5  2  50
6  1  45
7  2  35
8  1  33
9  3  58;
```

计算上述算例的最优救援方案,获得最优目标函数值 425.32。可视化展示求解结果如图 4.5 所示。

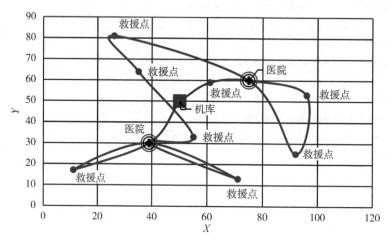

图 4.5　直升机救援算例结果图

案例 24：中美贸易战背景下的工厂选址优化问题建模与求解实验

1. 问题描述

郭台铭,1950 年出生于中国台湾,祖籍山西晋城,企业家,台湾企业鸿海精密(下属富士康科技集团,简称富士康)创办人。

有关富士康的情况有：
- 在中国大陆多个城市建厂：深圳、郑州、南京、上海、北京等;
- 在越南生产 iPad 订单;
- 在美国投资 100 亿美元建造一家液晶面板厂;
- 计划投资 50 亿美元在印度建厂;
- 其他。

问题：郭台铭的工厂选址考虑了哪些因素？其原则、依据和方法是什么？试建立数学规划模型,要求考虑必要的成本要素,建立工厂选址的优化模型。

问题描述：某企业生产某种产品,计划将产成品销往全球各国家/地区,产品组成的各零部件也需要从全球采购;不同国家/地区之间对产成品和零部件的关税税率是不同的,且为已知;一些关键零部件仅能从部分国家/地区采购;经过市场调研分析,不同国家/地区有预测的不同的产品销量和售价;该企业可选址在不同的国家/地区设立工厂,设立工厂的各项建厂费用和生产费用经过市场调研后可以获得,在模型中设为已知。

试建立该工厂选址问题的数学规划模型,以企业年收益最大化为目标。下面以新能源电动汽车工厂选址为实例问题,调查新能源电动汽车的产品构成,各产品零部件(如电机、电控、电池、芯片等)的供应国家/地区,以及各地区之间的关税。以数学模型的计算结果开展分析比较,判断在中国、美国、越南、欧盟等国家和中国台湾地区的建厂选址优势。

2. 数学建模

经调研考察,设定如下各类数据作为数学规划模型的已知参数或决策变量,分别予以符号化定义:

① 令工厂选址候选地点集合为 K。对于任一候选点 $k \in K$,有以下已知参数:

C_k 建厂成本(年均化),假定为已知的决策参数;

A_k 年均产能,已知参数;

R_k 单位产品在当地的"制造费+劳动力"成本,已知参数;

T_k 所得税税率,企业"营收-成本"的所得税税率,已知参数;

e_k 地点的所属国家,$e_k \in G$;

M 一个大数。

② 令国家/地区的集合为 G。对于 $g \in G$,有以下已知参数:

H_g 该国家/地区的产品销售量(预测值);

z_g 该国家/地区的产品售价(预测值)。

③ 令产品的原料集(物料清单 BOM)为 N。对于 $i \in N$,有以下已知参数:

b_i 生产 1 单位产品所需第 i 种原料的数量,$i \in N$;

a_{gi} 0/1 型参数,国家/地区 g 是否供应第 i 种原料,$g \in G, i \in N$;

p_{gi} 国家/地区 g 供应第 i 种原料的离岸价(FOB),$g \in G, i \in N$。

④ 国家/地区之间的关税税率:

t'_{ij} 从国家/地区 i 出口成品到国家/地区 j 的关税税率,$i \in G, j \in G$;

t_{ijl} 从国家/地区 i 出口原料 l 到国家/地区 j 的关税税率,$i \in G, j \in G, l \in N$。

⑤ 决策变量:

o_k 0/1 型变量,是否建立工厂 k,$k \in K$;

s_g 0/1 型变量,是否出口成品至国家/地区 g(或放弃),$g \in G$;

h_{kg} 工厂 k 的产品销往国家 g 的数量,$k \in K, g \in G$;

w_{kgi} 工厂 k 从国家 g 采购原料 i 的数量,$k \in K, g \in G, i \in N$;

Q_k 工厂 k 生产的产品总数量,$k \in K$;

u_k 工厂 k 采购原料的总金额,$k \in K$;

r_k 工厂 k 所得税前的利润,$k \in K$。

⑥ 目标函数:利润最大化,即

$$\max \left[\sum_{k \in K} r_k - \sum_{k \in K} (o_k C_k + u_k + Q_k R_k) \right] (1 - T_k)$$

[销售收入-(建厂成本+原料成本+制造人工)]×(1-所得税税率)

⑦ 数学规划模型:

$$\max \left[\sum_{k\in K} r_k - \sum_{k\in K}(o_k C_k + u_k + Q_k R_k)\right](1-T_k)$$

s.t. $\sum_{g\in G} h_{kg} = Q_k,$ $\forall k \in K$(产量 = 销量)

$Q_k \leqslant A_k o_k,$ $\forall k \in K$(产量上限)

$\sum_{k\in K} h_{kg} \leqslant H_g s_g,$ $\forall g \in G$(销量 = 市场需求量)

$r_k \leqslant \sum_{g\in G} h_{kg} z_g /(1+t'_{e_k,g}) \leqslant H_g s_g,$ $\forall k \in K$(每个工厂的销售收入(扣除关税))

$r_k \leqslant Mo_k,$ $\forall k \in K$(没有建立工厂就没有收入)

$w_{kgi} \leqslant Ma_{gi},$ $\forall k \in K, g \in G, i \in N$(判断是否供货)

$\sum_{g\in G} w_{kgi} \leqslant Q_k b_i,$ $\forall k \in K, i \in N$(原材料采购数量)

$u_k = \sum_{g\in G}\sum_{i\in N} w_{kgi} p_{gi}(1+t_{g,e_k,i}),$ $\forall k \in K$(原材料采购金额)

3. 计算实验

将上述数学规划模型用计算机建模语言 AMPL 实现,代码如下:

```
# 模型文件 FactoryLocation.mod
set G;                              # 国家/地区的集合
set K;                              # 选址候选点集合
param e{K} in G;                    # 地址所属国家/地区
set N;                              # 原料集合
param t{G,G,N};                     # 原料关税税率
param tt{G,G};                      # 成品关税税率
param b{N};                         # 单位产品所需第 i 种原料的数量
param a{G,N} binary;                # 原料的供应国家/地区
param p{G,N}>= 0;                   # 原料的供应价格(供应国家/地区 FOB 离岸价)
param C{K};                         # 年均化的建厂成本
param A{K};                         # 工厂年产能
param R{K};                         # 单位产品在当地的"制造费 + 劳动力"成本
param T{K};                         # 企业所得税税率,企业"营收 - 成本"的所得税税率
param H{G};                         # 国家/地区的销售量(预测)
param z{G};                         # 销售单价
param M: = 99999;                   # 一个大数
# 决策变量
var o{K} binary;                    # 0/1 型变量,是否建立工厂
var s{G} binary;                    # 0/1 型变量,是否成品出口至国家/地区市场(或放弃)
var h{K,G} >= 0;                    # 在国家/地区的成品销量
var Q{K}>= 0;                       # 工厂 k 的成品产量
var r{K}>= 0;                       # 工厂 k 的销售收益
var w{K,G,N}>= 0;                   # 原料采购量
var u{K}>= 0;                       # 原料采购金额
# 目标函数
maximize Total_P:sum{k in K}r[k] * (1 - T[k])
        - sum{k in K}(o[k] * C[k] + u[k] + Q[k] * R[k]) * (1 - T[k]);
```

```
//约束条件
subject to Con1{k in K}:
    sum{g in G}h[k,g] = Q[k];              #产量 = 销量
subject to Con2{k in K}:
    Q[k] <= A[k] * o[k];                   #产量上限
subject to Con3{g in G}:
    sum{k in K}h[k,g] = H[g] * s[g];       #销量 = 市场需求量
subject to Con4{k in K}:                   #计算每工厂的总销售收益
    r[k] <= sum{g in G}(h[k,g] * z[g]/(1 + tt[e[k],g])) + M * (1 - o[k]);
subject to Con5b{k in K}:
    r[k] <= M * o[k];
subject to Con5{k in K,g in G,i in N}:
    w[k,g,i] <= M * a[g,i];                #原料采购:是否供应
subject to Con6{k in K,i in N}:
    sum{g in G}w[k,g,i] = Q[k] * b[i];     #原料采购:采购数量
subject to Con7{k in K}:                   #原料采购金额(含关税)
    u[k] = sum{g in G,i in N}w[k,g,i] * p[g,i] * (1 + t[g,e[k],i]);
```

构造算例数据如下:

```
#不同国家/地区的销售量和销售单价
param: G: H z: =
1     400    10.5
2     750    9.9
3     860    10.5
4     480    8.5
5     200    9.6
6     650    8.2
7     460    9.5
8     120    10.9
9     780    8.5
10    450    9.4
11    560    10.6
12    880    9.1
;
#不同国家/地区的产品生产成本数据
#建厂候选点、所属国、年均化的建厂成本 C、工厂年产能 A、
#制造人工 R、企业所得税税率 T
param: K: e C A R T: =
1   1   1500   1600   1.5   0.28   #中国深圳
2   2   3900   2000   1.2   0.3    #中国台湾
3   3   2250   1600   1.8   0.15   #越南
4   4   3700   1500   2.1   0.25   #美国
5   5   1950   1200   1.8   0.33
6   5   550    1500   1.4   0.08
7   4   1600   1500   1.6   0.18
```

```
   8    2    1550   1800   1.3   0.24
;
```
产品的组成结构数据：产品物料清单
```
param: N: b: =
1   1
2   2
3   1
4   1
5   2
6   2
7   1
;
```
产成品在不同国家/地区之间的关税数据
成品关税税率 tt{G,G}
```
param tt:1 2 3 4 5 6 7 8 9 10 11 12: =
1    0     0.23  0.10  0.25  0.17  0.33  0.37  0.17  0.21  0.35  0.35  0.22
2    0.19  0     0.18  0.20  0.11  0.32  0.16  0.18  0.35  0.08  0.17  0.07
3    0.14  0.29  0     0.17  0.10  0.40  0.31  0.34  0.13  0.21  0.08  0.13
4    0.28  0.23  0.26  0     0.38  0.13  0.12  0.11  0.27  0.27  0.37  0.34
5    0.24  0.40  0.38  0.32  0     0.40  0.13  0.13  0.37  0.32  0.36  0.38
6    0.35  0.40  0.13  0.25  0.18  0     0.37  0.13  0.38  0.12  0.07  0.39
7    0.24  0.13  0.35  0.07  0.08  0.10  0     0.23  0.17  0.28  0.06  0.24
8    0.20  0.19  0.36  0.29  0.14  0.36  0.14  0     0.10  0.27  0.26  0.29
9    0.09  0.39  0.15  0.21  0.32  0.33  0.35  0.12  0     0.31  0.19  0.11
10   0.34  0.21  0.18  0.38  0.08  0.20  0.33  0.09  0.18  0     0.28  0.05
11   0.24  0.19  0.26  0.06  0.26  0.18  0.16  0.17  0.09  0.36  0     0.27
12   0.38  0.18  0.10  0.18  0.10  0.08  0.30  0.32  0.35  0.40  0.19  0
;
```
原料关税税率 t{G,G,N}
```
param t: =
[*,*,1]:1 2 3 4 5 6 7 8 9 10 11 12: =
1    0.00  0.07  0.05  0.15  0.09  0.11  0.08  0.09  0.14  0.06  0.12  0.14
2    0.07  0.00  0.05  0.05  0.11  0.05  0.09  0.05  0.07  0.15  0.12  0.09
3    0.13  0.12  0.00  0.06  0.07  0.12  0.09  0.12  0.15  0.08  0.06  0.09
4    0.12  0.11  0.10  0.00  0.12  0.12  0.12  0.14  0.15  0.11  0.12  0.13
5    0.06  0.07  0.09  0.11  0.00  0.13  0.15  0.12  0.07  0.15  0.07  0.08
6    0.08  0.10  0.12  0.14  0.05  0.00  0.10  0.06  0.12  0.10  0.14  0.13
7    0.11  0.08  0.11  0.12  0.08  0.05  0.00  0.09  0.09  0.14  0.05  0.06
8    0.13  0.05  0.12  0.09  0.11  0.06  0.13  0.00  0.10  0.10  0.08  0.15
9    0.08  0.11  0.13  0.08  0.05  0.08  0.11  0.15  0.00  0.06  0.06  0.10
10   0.07  0.09  0.10  0.14  0.12  0.07  0.10  0.14  0.10  0.00  0.12  0.13
11   0.06  0.05  0.08  0.13  0.05  0.15  0.05  0.10  0.08  0.08  0.00  0.09
12   0.09  0.05  0.10  0.08  0.08  0.15  0.05  0.13  0.05  0.15  0.13  0.00
[*,*,2]:1 2 3 4 5 6 7 8 9 10 11 12: =
1    0.00  0.10  0.08  0.07  0.10  0.09  0.12  0.06  0.11  0.12  0.11  0.06
```

	1	2	3	4	5	6	7	8	9	10	11	12
2	0.15	0.00	0.12	0.05	0.10	0.08	0.06	0.08	0.05	0.07	0.15	0.07
3	0.09	0.09	0.00	0.14	0.12	0.07	0.07	0.06	0.08	0.10	0.14	0.05
4	0.06	0.07	0.08	0.00	0.12	0.14	0.11	0.10	0.13	0.11	0.13	0.06
5	0.08	0.05	0.11	0.08	0.00	0.07	0.09	0.08	0.12	0.05	0.05	0.13
6	0.12	0.14	0.13	0.14	0.05	0.00	0.10	0.15	0.08	0.06	0.15	0.06
7	0.11	0.10	0.09	0.05	0.11	0.08	0.00	0.05	0.07	0.15	0.14	0.12
8	0.13	0.11	0.12	0.06	0.05	0.15	0.06	0.00	0.11	0.13	0.11	0.10
9	0.07	0.15	0.05	0.15	0.14	0.07	0.07	0.15	0.00	0.05	0.06	0.07
10	0.15	0.08	0.10	0.14	0.14	0.08	0.09	0.11	0.05	0.00	0.06	0.14
11	0.10	0.07	0.15	0.09	0.10	0.10	0.13	0.12	0.13	0.15	0.00	0.13
12	0.12	0.09	0.08	0.10	0.11	0.06	0.08	0.15	0.05	0.15	0.11	0.00

[*,*,3]: 1 2 3 4 5 6 7 8 9 10 11 12: =

	1	2	3	4	5	6	7	8	9	10	11	12
1	0.00	0.12	0.11	0.10	0.06	0.06	0.15	0.14	0.06	0.06	0.13	0.11
2	0.13	0.00	0.15	0.15	0.05	0.05	0.11	0.14	0.15	0.06	0.13	0.08
3	0.09	0.07	0.00	0.05	0.08	0.05	0.10	0.12	0.13	0.12	0.07	0.06
4	0.11	0.11	0.14	0.00	0.15	0.11	0.15	0.09	0.14	0.14	0.09	0.06
5	0.09	0.05	0.14	0.07	0.00	0.15	0.09	0.11	0.14	0.11	0.08	0.10
6	0.05	0.11	0.15	0.11	0.11	0.00	0.05	0.11	0.14	0.08	0.11	0.12
7	0.06	0.14	0.07	0.08	0.15	0.05	0.00	0.07	0.14	0.07	0.07	0.15
8	0.13	0.11	0.05	0.13	0.08	0.12	0.09	0.00	0.13	0.10	0.12	0.11
9	0.08	0.14	0.09	0.05	0.15	0.12	0.10	0.07	0.00	0.06	0.07	0.14
10	0.12	0.09	0.15	0.05	0.07	0.09	0.15	0.13	0.08	0.00	0.11	0.09
11	0.15	0.12	0.15	0.08	0.11	0.09	0.11	0.10	0.12	0.15	0.00	0.14
12	0.06	0.07	0.10	0.09	0.05	0.08	0.12	0.12	0.06	0.07	0.12	0.00

[*,*,4]: 1 2 3 4 5 6 7 8 9 10 11 12: =

	1	2	3	4	5	6	7	8	9	10	11	12
1	0.00	0.08	0.15	0.05	0.11	0.05	0.13	0.06	0.14	0.06	0.07	0.05
2	0.14	0.00	0.13	0.05	0.08	0.14	0.08	0.08	0.07	0.13	0.09	0.08
3	0.12	0.08	0.00	0.07	0.11	0.05	0.14	0.12	0.09	0.06	0.07	0.14
4	0.14	0.15	0.12	0.00	0.05	0.06	0.07	0.11	0.15	0.07	0.08	0.05
5	0.05	0.06	0.10	0.12	0.00	0.05	0.09	0.15	0.14	0.14	0.09	0.07
6	0.11	0.10	0.05	0.06	0.07	0.00	0.05	0.11	0.07	0.10	0.15	0.08
7	0.10	0.07	0.11	0.05	0.13	0.13	0.00	0.06	0.09	0.13	0.07	0.12
8	0.06	0.07	0.07	0.13	0.10	0.06	0.14	0.00	0.07	0.13	0.08	0.08
9	0.11	0.07	0.05	0.08	0.13	0.05	0.12	0.06	0.00	0.08	0.05	0.15
10	0.15	0.14	0.13	0.11	0.08	0.11	0.05	0.05	0.10	0.00	0.15	0.07
11	0.05	0.08	0.07	0.12	0.06	0.08	0.14	0.12	0.10	0.07	0.00	0.10
12	0.09	0.07	0.07	0.12	0.09	0.13	0.12	0.14	0.15	0.14	0.08	0.00

[*,*,5]: 1 2 3 4 5 6 7 8 9 10 11 12: =

	1	2	3	4	5	6	7	8	9	10	11	12
1	0.00	0.07	0.05	0.12	0.05	0.13	0.12	0.15	0.13	0.09	0.11	0.06
2	0.08	0.00	0.08	0.05	0.07	0.14	0.11	0.10	0.06	0.15	0.05	0.06
3	0.14	0.07	0.00	0.11	0.11	0.05	0.11	0.11	0.05	0.07	0.11	0.14
4	0.11	0.07	0.14	0.00	0.15	0.13	0.05	0.11	0.14	0.05	0.10	0.07
5	0.07	0.11	0.12	0.09	0.00	0.10	0.14	0.10	0.09	0.06	0.12	0.12
6	0.10	0.15	0.14	0.13	0.14	0.00	0.12	0.12	0.15	0.08	0.07	0.14
7	0.08	0.08	0.06	0.13	0.06	0.11	0.00	0.09	0.10	0.15	0.12	0.09

8	0.05	0.06	0.06	0.08	0.14	0.13	0.07	0.00	0.13	0.10	0.14	0.10
9	0.14	0.07	0.08	0.05	0.05	0.08	0.13	0.09	0.00	0.06	0.11	0.10
10	0.11	0.09	0.12	0.11	0.12	0.13	0.13	0.10	0.15	0.00	0.10	0.15
11	0.14	0.09	0.14	0.10	0.05	0.11	0.11	0.07	0.11	0.11	0.00	0.08
12	0.07	0.14	0.07	0.12	0.10	0.11	0.09	0.15	0.10	0.14	0.13	0.00

[*,*,6]:1 2 3 4 5 6 7 8 9 10 11 12 : =

	1	2	3	4	5	6	7	8	9	10	11	12
1	0.00	0.07	0.07	0.14	0.12	0.15	0.15	0.11	0.06	0.10	0.14	0.11
2	0.12	0.00	0.13	0.07	0.07	0.12	0.08	0.06	0.05	0.06	0.15	0.06
3	0.10	0.11	0.00	0.12	0.12	0.10	0.15	0.07	0.07	0.11	0.12	0.14
4	0.09	0.10	0.10	0.00	0.13	0.09	0.08	0.06	0.06	0.09	0.11	0.11
5	0.12	0.08	0.08	0.09	0.00	0.14	0.07	0.15	0.15	0.13	0.09	0.15
6	0.12	0.15	0.08	0.12	0.07	0.00	0.07	0.06	0.07	0.14	0.14	0.15
7	0.14	0.15	0.10	0.14	0.14	0.12	0.00	0.09	0.10	0.06	0.12	0.05
8	0.06	0.10	0.13	0.06	0.08	0.14	0.10	0.00	0.11	0.06	0.15	0.10
9	0.11	0.12	0.11	0.06	0.11	0.14	0.11	0.12	0.00	0.09	0.15	0.05
10	0.09	0.06	0.10	0.11	0.06	0.07	0.13	0.15	0.10	0.00	0.07	0.14
11	0.12	0.05	0.13	0.07	0.10	0.11	0.05	0.06	0.12	0.08	0.00	0.14
12	0.15	0.08	0.09	0.08	0.14	0.09	0.10	0.10	0.13	0.10	0.13	0.00

[*,*,7]:1 2 3 4 5 6 7 8 9 10 11 12 : =

	1	2	3	4	5	6	7	8	9	10	11	12
1	0.00	0.06	0.13	0.08	0.12	0.13	0.05	0.09	0.15	0.12	0.10	0.06
2	0.10	0.00	0.06	0.06	0.11	0.07	0.15	0.12	0.14	0.11	0.08	0.08
3	0.05	0.12	0.00	0.09	0.14	0.11	0.15	0.14	0.11	0.15	0.12	0.06
4	0.12	0.13	0.09	0.00	0.12	0.08	0.09	0.12	0.14	0.15	0.13	0.06
5	0.12	0.09	0.11	0.10	0.00	0.15	0.13	0.10	0.08	0.08	0.15	0.15
6	0.09	0.13	0.10	0.15	0.09	0.00	0.11	0.15	0.15	0.14	0.05	0.09
7	0.13	0.11	0.12	0.05	0.11	0.11	0.00	0.05	0.11	0.12	0.14	0.12
8	0.08	0.05	0.07	0.15	0.09	0.10	0.05	0.00	0.09	0.05	0.13	0.10
9	0.06	0.05	0.10	0.11	0.06	0.06	0.08	0.06	0.00	0.15	0.14	0.14
10	0.13	0.09	0.09	0.06	0.15	0.15	0.09	0.08	0.07	0.00	0.08	0.13
11	0.10	0.09	0.11	0.08	0.10	0.05	0.12	0.11	0.07	0.12	0.00	0.07
12	0.11	0.14	0.09	0.12	0.10	0.11	0.05	0.11	0.13	0.07	0.05	0.00

#原料的供应国家/地区数据

a{G,N} binary;　　　原料的供应国家/地区

param a:1 2 3 4 5 6 7: =

	1	2	3	4	5	6	7
1	1	0	1	0	1	0	0
2	1	1	0	1	1	0	1
3	0	1	1	0	0	0	0
4	1	1	1	0	1	0	0
5	1	0	1	0	0	1	0
6	0	1	1	0	1	1	0
7	1	1	0	1	0	1	0
8	1	1	1	0	0	1	0
9	1	1	1	1	0	0	1

该环境提供了 iLog 语言用以建立最优化模型,然后调用 CPLEX 求解器实现模型求解计算。由于 CPLEX 是最早的优化求解器之一,在全世界具有广泛的用户基础,因此,其求解效果和求解效率往往被作为衡量其他求解器的标杆,是一种使用最广泛的优化求解器。

MATLAB 是美国 MathWorks 公司出品的商业数学软件,MATLAB 包括拥有数百个内部函数的主包和 30 几种工具包。其中 Optimization Toolbox(优化工具箱)内嵌了面向最优化模型的各种最优化求解算法,可实现对最优化模型的计算求解。

LINGO 软件是 Linear Interactive and General Optimizer 的缩写,即"交互式的线性和通用优化求解器",由美国 LINDO 系统公司(Lindo System Inc.)推出,可用于求解线性规划和部分线性优化模型。

```
10   0    0    1    0    0    1    1
11   1    1    1    0    0    0    0
12   0    0    0    0    1    0    1
;
# 原料的供应价格数据
# p{G,N}>= 0;
param p: 1 2 3 4 5 6 7: =
 1    0.8   1.8   1.7   3.2   1.1   2.5   1.7
 2    3.6   0.2   3.0   0.3   2.8   4.0   2.5
 3    1.7   1.9   0.9   4.0   1.9   0.8   3.4
 4    0.5   1.8   2.5   4.0   0.5   0.5   0.2
 5    1.3   0.7   0.7   2.4   3.7   0.9   3.4
 6    1.6   2.9   0.7   1.9   1.8   0.5   0.7
 7    3.1   1.2   1.6   2.8   0.8   2.0   2.4
 8    0.9   2.9   2.2   2.6   1.4   2.0   2.4
 9    1.1   1.6   3.6   2.7   3.7   1.5   2.7
10    2.3   1.8   1.4   3.4   3.8   1.1   2.3
11    3.0   0.6   1.5   3.0   1.9   2.8   3.3
12    1.5   0.9   2.5   3.6   3.5   0.2   2.0
;
```

计算结果是：目标函数值为 1 686.28，建厂地址为 1、6、8。产品销往地区为 1、2、3、5、7、8、10、11，如图 4.6 所示。

```
------------
Total (root+branch&cut) =    0.09 sec. (2.24 ticks)
CPLEX 12.9.0.0: optimal integer solution; objective 1686.275029
46 MIP simplex iterations
0 branch-and-bound nodes
absmipgap = 1.81899e-12, relmipgap = 1.0787e-15
Total_P = 1686.28

o [*] :=
1  1
2  0
3  0
4  0
5  0
6  1
7  0
8  1
;

s [*] :=
 1  1
 2  1
 3  1
 4  0
 5  1
 6  0
 7  1
 8  1
 9  0
10  1
11  1
12  0
;
```

图 4.6 中美贸易战背景下的工厂选址算例结果

案例25：近海区域保障选址优化问题建模与求解实验

1. 问题描述

目标海域存在发生各种海上安全事故的可能，如军事冲突、海上救援等，因此需要在海岸大陆上或海域已有岛礁上建立保障设施点，以确保目标海域一旦发生海上安全事故，救援人员可以在最短时间内从最近保障设施点出发进行救援。对于远海区域无岛礁可选的情况，考虑采用设置移动保障点，如浮岛、保障船等，以满足这些区域的快速支援需求。问题的目标是：在满足要求（如成本预算）的前提下，使所建立的保障设施提供保障服务时间最小化。

该问题的典型应用场景是东海、南海等经济开发海域和航线热点海域。保障设施点的选建方案可以在海岸大陆上（岸基型）、已有岛礁上（岛礁型）或基于移动浮岛/保障船（浮岛型）。其中岸基型保障点的建造位置为连续坐标（经纬度）变量，但受到海岸包络线的约束；岛礁型受到岛礁固有位置的约束；浮岛型则可在海面任意位置，但受到包络边界线的约束。图4.7是近海区域保障设施选址示例图。

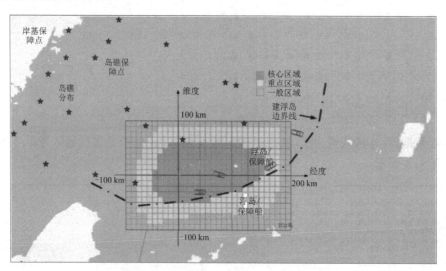

图 4.7 近海区域保障设施选址示例图

保障设施选址的基本要求是：
① 覆盖全部目标保障区域；
② 考虑不同保障区域的需求量（面积、权重和物资需求量）；
③ 考虑保障点容量约束；
④ 考虑保障点数量上限。

决策变量包括：
① 离散选址变量：选择海域内现有岛礁群为设施建造地址；
② 连续选址变量1：在指定海域区域设置浮岛型（浮岛/保障船）保障点；
③ 连续选址变量2：在内陆海岸线内设置岸基型保障点。

2. 数学建模

对问题进行数学抽象，参数和变量设计如下：

① 岛礁选址参数与变量(0/1离散型)说明如表4.3所列。

表4.3 岛礁选址参数与变量

参数	说明
R	适合建立保障点的海域现有岛礁群集合
j	可选岛礁的下标,$j \in R$
X_j, Y_j	岛礁的坐标位置
C_j	岛礁建为保障点后的最大容量
e	岛礁型保障点的数量上限

变量	说明
r_j	0/1型变量,表示是否在岛礁j上建立保障点,$j \in R$

变量的约束条件为

$$\sum_{j \in R} r_j \leqslant e$$

② 浮岛选址参数与变量(连续型)说明如表4.4所列。

表4.4 浮岛选址参数与变量

参数	说明
Q	可建浮岛集合
k	浮岛的下标,$k \in Q$
F_k	浮岛的最大容量
f	浮岛型保障点的数量上限,$f = \text{card}(Q)$
k_p	浮岛的可行区域凹型包络线段中第p条线段的斜率
b_p	浮岛的可行区域凹型包络线段中第p条线段的截距

变量	说明
q_k	0/1型变量,表示是否建立浮岛型保障点,$k \in R$
x_k, y_k	非负连续变量,表示浮岛的坐标位置,$k \in R$

变量的约束条件为

$$\begin{cases} \sum_{k \in Q} q_k \leqslant f \\ y_k \geqslant k_p x_k + b_p, \quad \forall k \in Q; p = 1, 2, \cdots \end{cases}$$

③ 岸基选址参数与变量(连续型)说明如表4.5所列。

表4.5 岸基选址参数与变量

参数	说明
L	可建岸基保障点集合
l	岸基保障点下标,$l \in L$
K_p	海岸线凹型包络线段中第p条线段的斜率
B_p	海岸线凹型包络线段中第p条线段的截距

参 数	说 明
g	岸基保障点数量上限

变 量	说 明
s_l	0/1型变量,表示是否建立岸基保障点,$l \in L$
x'_l, y'_l	非负连续变量,表示岸基保障点的坐标位置,$l \in L$

变量的约束条件为

$$\begin{cases} y'_l \geqslant K_p x'_l + B_p, & \forall l \in L; p=1,2,\cdots \\ \sum_{l \in L} s_l \leqslant g \end{cases}$$

④ 保障分配参数与变量说明如表4.6所列。

表 4.6 保障分配参数与变量

参 数	说 明
N	保障区域(子区域)的集合
i	保障区域的下标,$i \in N$
a_i	区域的需求(代表面积、权重、物资需求量等)

变 量	说 明
u_{ij}	0/1型变量,表示区域 i 是否由岛礁保障点 j 来保障
v_{ik}	0/1型变量,表示区域 i 是否由浮岛保障点 k 来保障
w_{il}	0/1型变量,表示区域 i 是否由岸基保障点 l 来保障

变量的约束条件为

$$\begin{cases} \sum_{j \in R} u_{ij} + \sum_{k \in Q} v_{ik} + \sum_{l \in L} w_{il} = 1, & \forall i \in N(\text{每个区域必须被覆盖}) \\ \sum_{i \in N} a_i u_{ij} \leqslant C_j, & \forall j \in R(\text{受到岛礁容量约束}) \\ \sum_{i \in N} a_i v_{ik} \leqslant F_k, & \forall k \in Q(\text{受到浮岛容量约束}) \end{cases}$$

变量的取值约束(建立了保障点才能分配服务)为

$$\begin{cases} u_{ij} \leqslant r_j, & \forall i \in N, j \in R \\ v_{ik} \leqslant q_k, & \forall i \in N, k \in Q \\ w_{il} \leqslant s_l, & \forall i \in N, l \in L \end{cases}$$

⑤ 岛礁型保障距离参数说明如表4.7所列。

表 4.7 岛礁型保障距离参数

参 数	说 明
D_{ij}	保障区域 i 与岛礁 j 之间的距离
$D_{\max}$	最大保障半径(保障点到保障区域中心的直线距离)

变量的约束条件(距离不能超过最大保障半径)为

$$D_{ij} \leqslant D_{\max} - M(2 - r_j - u_{ij}), \quad \forall i \in N, j \in R$$

⑥ 浮岛型动态保障距离参数与变量说明如表 4.8 所列。

表 4.8 浮岛型动态保障距离参数与变量

参　数	说　明
W_i, H_i	保障区域 i 的中心位置坐标,$i \in N$
$D_{\max}$	最大保障半径(保障点到保障区域中心的直线欧氏距离)
变　量	说　明
x_k, y_k	非负连续变量,表示浮岛的坐标位置
d_{ik}^x	非负连续变量,表示保障区域 i 与保障点 j 的 x 轴向距离
d_{ik}^y	非负连续变量,表示保障区域 i 与保障点 j 的 y 轴向距离
d_{ik}	非负连续变量,表示保障区域 i 与保障点 j 之间的直线距离(欧氏距离)

变量的约束条件为

$$\begin{cases} d_{ik}^x \geqslant x_k - W_i - M(1 - v_{ik}), & \forall i \in N, k \in Q \\ d_{ik}^x \geqslant W_i - x_k - M(1 - v_{ik}), & \forall i \in N, k \in Q \\ d_{ik}^y \geqslant y_k - H_i - M(1 - v_{ik}), & \forall i \in N, k \in Q \\ d_{ik}^y \geqslant H_i - y_k - M(1 - v_{ik}), & \forall i \in N, k \in Q \\ d_{ik} \geqslant d_{ik}^x \sin(p\theta) + d_{ik}^y \cos(p\theta), & \forall i \in N, k \in Q; p = 1, 2, \cdots \\ d_{ik} \leqslant D_{\max} + M(1 - v_{ik}), & \forall i \in N, k \in Q \end{cases}$$

上述同样的约束应用于岸基型保障。由于岸基型保障同样适用于类似的变量约束条件，因此本规划中不再重复相似情况。

⑦ 目标函数：保障区域的总加权距离之和最小，即

$$\min \underbrace{\sum_{i \in N, j \in R} a_i D_{ij} u_{ij}}_{\text{（岛礁型）}} + \underbrace{\sum_{i \in N, k \in Q} a_i d_{ik}}_{\text{（浮岛型）}} + \underbrace{\sum_{i \in N, l \in L} a_i d'_{il}}_{\text{（岸基型）}}$$

3. 计算实验

将上述数学规划模型用 AMPL 语言实现，代码如下（未考虑岸基型）：

```
set N;                    #保障区域集合
param N_X{N};             #保障区域的位置 X 经度
param N_Y{N};             #保障区域的位置 Y 纬度
param a{N};               #保障区域的需求量(权重)
set R;                    #可选岛礁集合
param R_X{R};             #岛礁的 X 经度
param R_Y{R};             #岛礁的 Y 纬度
param C{R};               #岛礁建为保障点后的最大容量
param D{N,R};             #保障区域与保障点之间的距离矩阵
param e;                  #岛礁保障点的个数
param f;                  #浮岛保障点的个数
set Q;                    #人工浮岛保障点集合
param Cf;                 #人工浮岛的最大容量
```

```
param Dmax;                          # 最大保障半径
param M;                             # 一个大数 9999
set L;                               # 浮岛边界线集合
param Kx{L};                         # 浮岛边界点的经度坐标
param Ky{L};                         # 浮岛边界点的纬度坐标
param KB{L,1..2};                    # 浮岛边界线的斜率和截距
param cita;                          # 精度参数
param nn;                            # 欧氏距离精度
var r{R} binary;                     # 岛礁是否建为保障点,1 是,0 否
var q_x{Q};                          # 人工浮岛保障点位置 x
var q_y{Q};                          # 人工浮岛保障点位置 y
var q{Q} binary;                     # 是否建设浮岛,1 是,0 否
var u{N,R} binary;                   # 保障区域与岛礁保障点的关系
var v{N,Q} binary;                   # 保障区域与浮岛保障点的关系
var dx{N,Q}>= 0;                     # 保障区域与浮岛保障点的 x 轴向距离
var dy{N,Q}>= 0;                     # 保障区域与浮岛保障点的 y 轴向距离
var d{N,Q}>= 0;                      # 保障区域与浮岛保障点的欧氏距离
# 目标函数:加权保障总距离最短化
minimize Total_Weighted_Dis:
    sum{i in N,k in R}u[i,k] * D[i,k] * a[i] + sum{i in N,k in Q}d[i,k] * a[i];
subject to Con0a: sum{k in R}r[k] <= e;
subject to Con0b: sum{k in Q}q[k] <= f;
subject to Con2{i in N}:
    sum{k in R}u[i,k] + sum{k in Q}v[i,k] = 1;
subject to Con3{i in N,k in R}:
    u[i,k]<= r[k];
subject to Con4a{i in N,k in Q}:
    v[i,k]<= q[k];
subject to Con5{k in R}:
    sum{i in N}u[i,k] * a[i] <= C[k];
subject to Con6{k in Q}:
    sum{i in N}v[i,k] * a[i] <= Cf;
subject to Con7{i in N,k in R}:
    u[i,k] * D[i,k] <= Dmax;
subject to Con8{i in N,k in Q}:
    d[i,k] <= Dmax;
subject to Con8a{k in Q,p in L}:
    q_y[k] >= KB[p,1] * q_x[k] + KB[p,2];
subject to Con9a{i in N,k in Q}:
    dx[i,k]>= N_X[i] - q_x[k] - M * (1 - v[i,k]);
subject to Con9b{i in N,k in Q}:
    dx[i,k]>= q_x[k] - N_X[i] - M * (1 - v[i,k]);
ubject to Con10a{i in N,k in Q}:
    dy[i,k]>= N_Y[i] - q_y[k] - M * (1 - v[i,k]);
subject to Con10b{i in N,k in Q}:
```

```
        dy[i,k]>= q_y[k] - N_Y[i] - M * (1 - v[i,k]);
subject to Con11{i in N,k in Q,p in 1..nn}:
        d[i,k]>= dx[i,k] * cos(p * cita) + dy[i,k] * sin(p * cita);
subject to con12{k in 2..card(Q)};          # 打破对称解：求解时间降低
        q_x[k-1] <= q_x[k];
```

请应用上述 AMPL 代码模型求解图 4.7 中的算例，调试通过并获得最优求解结果后，以图形方式展示最优解。

案例 26：基于分时段费率的 VRP 问题建模与求解实验

1. 问题描述

多辆车从仓库 0 出发，逐一访问 n 个客户并提供服务，再返回仓库。每个客户需且仅需被 1 辆车访问 1 次。仓库及客户的坐标如表 4.9 所列。

表 4.9 行动单元多周期目标位置

节点 i	坐标 x_i	坐标 y_i	服务时间 s_i/min
0	100	100	0
1	12	124	20
2	18	152	30
3	107	181	20
4	89	13	40
5	127	59	30
6	152	129	20
7	66	143	25
8	173	32	30

客户节点之间的距离为欧氏距离 $d_{ij}=\sqrt{(x_i-x_j)^2+(y_i-y_j)^2}$ (km)，车辆行驶速度恒定为 1 km/min，即行驶时间 $t_{ij}=d_{ij}$。假定可以投入使用的车辆数无上限。对于每单一车辆，总工作时间为其行驶时间与服务时间的总和，且总工作时间不超过 8 h。

假定车辆使用费率 R(元/h) 按下面规则分段计算：工作时间在 4 h 以内的部分，$R=100$；在 4~6 h 之间的部分，$R=150$；在 6~8 h 之间的部分，$R=200$。举例：若某辆车的工作时间为 7.4 h，则总费用 $=4\times100+2\times150+1.4\times200=980$(元)。试建立问题的数学规划模型，写出 AMPL 代码，并求解最优解。

2. 数学建模

问题的整数规划模型如下。

(1) 参数定义

N　全部节点的集合，$N=\{0,1,2,3,\cdots,n\}$；

t_{ij}　从节点 i 到节点 j 的行驶时间(min)，$i,j\in N$；

s_i　客户 i 的服务时间(min)，$i\in N$；

C　　车辆的基础成本；
H　　不同小时工资费率的工作时段集合；
H'　　工作时段点的集合，$H'=\{1..\text{card}(H)+1\}$；
e_h　　分段节点时间，$h\in H'$；
f_h　　工作时段的小时工资费率，$h\in H$；
w　　最长工作时间(h)，$W=8$ h；
K　　可用车辆的集合；
M　　一个大数。

(2) 变量定义

x_{ij}　　0/1 型变量，表示车辆的路径选择，$i,j\in N$；
a_i　　非负连续变量，表示到达节点 i 的累计行驶时间(min)；
b_i　　若节点 i 是最后一站(即 $x_{i0}=1$)，则 b_i 为司机的总工作时间(h)；
u_{ih}　　若节点 i 是最后一站(即 $x_{i0}=1$)，则 u_{ih} 是否落在第 h 工作时段；
c_i　　若节点 i 是最后一站(即 $x_{i0}=1$)，则 c_i 为司机的成本(元)。

(3) 目标函数

$$\min \sum_{i\in N} c_i$$

s.t.

$$\begin{cases}
\sum_{i\in N, i>0} x_{0i} = \sum_{i\in N, i>0} x_{i0} & \quad (1) \\
\sum_{j\in N, i\neq j} x_{jik} = 1, & \forall i\in N; i>0 \quad (2) \\
\sum_{j\in N, i\neq j} x_{ij} = 1, & \forall i\in N; i>0 \quad (3)
\end{cases}$$

$$\begin{cases}
a_j \geq t_{0j} - M(1-x_{0j}), & \forall j\in N; j>0 \quad (4) \\
a_j - a_i \geq t_{ij} + s_i - M(1-x_{ij}), & \forall i,j\in N; i\neq j, i>0, j>0 \quad (5) \\
b_i \leq w x_{i0}, & \forall i\in N \quad (6) \\
b_i \geq \dfrac{a_i + s_i + t_{i0}}{60} - M(1-x_{i0}), & \forall i\in N; i>0 \quad (7)
\end{cases}$$

$$\begin{cases}
b_i \geq h_j - M(2-x_{i0}-u_{ij}), & \forall i\in N, j\in S \quad (8) \\
b_i \leq h_{j+1} + M(2-x_{i0}-u_{ij}), & \forall i\in N, j\in S \quad (9) \\
\sum_{j\in H} u_{ij} = x_{i0}, & \forall i\in N \quad (10)
\end{cases}$$

$$c_i \geq C + \sum_{\substack{j'\in H \\ j'\neq j}} k_{j'}(h_{j'+1}-h_{j'}) + k_j(b_i - h_j) - M(2-x_{i0}-u_{ij}), \quad \forall i\in N, j\in H \quad (11)$$

(4) 模型解释

上述模型的目标条件为总成本最小。约束式(1)表示出入仓库节点平衡；约束式(2)和(3)表示出入其他节点仅 1 次；约束式(4)和(5)分别对车辆路径中的第一弧段和中间弧段按访问顺序确定其到达时间；约束式(6)和(7)判断司机的总工作时间；约束式(8)~(10)判断司机的总工作时间属于第几时段；约束式(11)判断司机的成本。

3. 计算实验

将上述数学模型用 AMPL 语言实现,代码如下：

```
#文件 VRP_varR.mod
set NODE;                                    #节点的集合
param Node_X{NODE};                          #节点的 X 坐标
param Node_Y{NODE};                          #节点的 Y 坐标
param t{NODE,NODE};                          #行驶时间(min)
param s{NODE};                               #服务时间(min)
param C;                                     #车辆成本
set H;                                       #工作时间分段数
param h{1..card(H)+1};                       #分段节点
param k{H};                                  #分段成本率(元/h)
param w;                                     #最长工作时间(h)
param M: = 9999;                             #一个大数
#变量
var x{NODE,NODE} binary;                     #0/1 型变量,路径选择变量
var a{NODE}>= 0;                             #a[i]表示到达节点 i 的累计行驶时间(min)
var b{NODE}>= 0;
var u{NODE,H} binary;
var c{NODE}>= 0;
minimize Total_Cost:sum{i in NODE}c[i];
#出入仓库节点平衡
subject to Con1:
    sum{i in NODE}x[0,i] = sum{i in NODE}x[i,0];
#出入其他节点仅1次
subject to Con2_a{i in NODE:i>0}:
    sum{j in NODE:i<>j}x[j,i] = 1;
subject to Con2_b{i in NODE:i>0}:
    sum{j in NODE:i<>j}x[i,j] = 1;
#按访问顺序确定到达时间
#第一弧段
subject to Con3a{j in NODE: j>0}:
    a[j] >= t[0,j] - M*(1 - x[0,j]);
#中间弧段
subject to Con4a{i in NODE,j in NODE: i>0 and j>0 and i<>j}:
    a[j] - a[i] >= s[i] + t[i,j] - M*(1 - x[i,j]);
#判断司机的总工作时间
subject to Con5a{i in NODE}:
```

```
        b[i] <= w * x[i,0];                    #不超过8 h
    subject to Con5b{i in NODE}:
        b[i] >= (a[i] + s[i] + t[i,0])/60 - M * (1 - x[i,0]);
#判断司机的总工作时间属于第几时段
    subject to Con6a{i in NODE,j in H}:
        b[i] >= h[j] - M * (2 - x[i,0] - u[i,j]);
    subject to Con6b{i in NODE,j in H}:
        b[i] <= h[j+1] + M * (2 - x[i,0] - u[i,j]);
    subject to Con6c{i in NODE}:
        sum{j in H}u[i,j] = x[i,0];
#判断司机的成本
    subject to Con7a{i in NODE,j in H}:
        c[i] >= C + sum{j1 in H:j1<j}k[j1] * (h[j1+1] - h[j1]) + k[j] * (b[i] - h[j]) - 10 * M * (2 - x[i,0] - u[i,j]);
```

根据算例数据，编制如下数据文件：

```
#文件 VRP_varR.dat
param: NODE: Node_X  Node_Y  s: =
0       100      100      20
1       12       124      20
2       18       152      30
3       107      181      20
4       89       13       40
5       127      59       30
6       152      129      20
7       66       143      25
8       173      32       30;
set H: = 1,2,3;
param h: =
1    0
2    4
3    6
4    8;
param w: = 8;
param k: =
1    100
2    150
3    200;
param C: = 0;
```

编写 AMPL/CPLEX 脚本文件如下：

```
#文件 VRP_varR.sh
model VRP_varR.mod;
data VRP_varR.dat;
option solver cplex;
option cplex_options 'mipdisplay = 2';
for{i in NODE,j in NODE}
    let T[i,j]: = sqrt((Node_X[i] - Node_X[j])^2 + (Node_Y[i] - Node_Y[j])^2);
objective Total_Cost;
solve;
#Display results
display Total_Cost,solve_result;
#输出绘图数据
param cur_i;
param next_i;
for{i in NODE: i <> 0 and x[0,i] = 1}
{
    printf " % f % f\n",Node_X[0],Node_Y[0];
    printf " % f % f\n",Node_X[i],Node_Y[i];
    let cur_i: = i;
    repeat
    {
        for{j in NODE: x[cur_i,j] = 1}
        {
            printf " % f % f\n",Node_X[j],Node_Y[j];
            let cur_i: = j;
        }
        if(cur_i = 0)then break;
    }
}
#输出详细结果
param ii;
let ii: = 0;
for{i in NODE: i <> 0 and x[0,i] = 1}
{
    let ii: = ii + 1;
    printf "Vehicle No. = % d\n",ii;
    printf " % d\n",0;
    printf " % d\n",i;
    let cur_i: = i;
    repeat
    {
        for{j in NODE: x[cur_i,j] = 1}
        {
            printf " % d\n",j;
            if(j = 0)then printf "t = % f,c = % f\n",b[cur_i],c[cur_i];
```

```
            let cur_i: = j;
        }
        if(cur_i = 0)then break;
    }
}
```

执行上述脚本文件求解模型,得到结果如下：

Vehicle No. = 1,访问顺序：01270
  工作时间 t = 4.975067,工资成本 c = 546.260068
Vehicle No. = 2,访问顺序：04850
  工作时间 t = 6.270749,工资成本 c = 754.149813
Vehicle No. = 3,访问顺序：0630
  工作时间 t = 4.160159,工资成本 c = 424.023836
总成本 1724.433716

车辆的行驶路线图如图 4.8 所示。

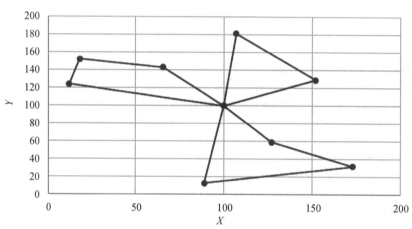

图 4.8 分时段 VRP 算例的计算结果图

案例 27：竞赛题——"穿越沙漠"问题建模与求解实验

1. 问题描述

考虑如下的小游戏：玩家凭借一张地图,利用初始资金购买一定数量的水和食物（包括食品和其他日常用品）,从起点出发,在沙漠中行走。途中会遇到不同的天气,也可在矿山、在村庄补充资金或资源,目标是在规定时间内到达终点,并保留尽可能多的资金。

游戏的基本规则如下：

① 以天为基本时间单位,游戏的开始时间为第 0 天,玩家位于起点。玩家必须在截止日期或之前到达终点,到达终点后该玩家的游戏结束。

② 穿越沙漠需要水和食物两种资源,它们的最小计量单位均为箱。每天玩家拥有的水和食物质量之和不能超过负重上限。若未到达终点而水或食物已耗尽,则视为游戏失败。

③ 每天的天气为"晴朗""高温""沙暴"三种状况之一,沙漠中所有区域的天气相同。

④ 每天玩家可从地图中的某个区域到达与之相邻的另一个区域,也可在原地停留。沙暴日必须在原地停留。

⑤ 玩家在原地停留一天消耗的资源数量称为基础消耗量,行走一天消耗的资源数量为基础消耗量的 2 倍。

⑥ 玩家第 0 天可在起点处用初始资金以基准价格购买水和食物。玩家可在起点停留或回到起点,但不能多次在起点购买资源。玩家到达终点后可退回剩余的水和食物,每箱退回价格为基准价格的一半。

⑦ 玩家在矿山停留时,可通过挖矿获得资金,挖矿一天获得的资金量称为基础收益。如果挖矿,消耗的资源数量为基础消耗量的 3 倍;如果不挖矿,消耗的资源数量为基础消耗量。到达矿山当天不能挖矿。沙暴日可以挖矿。

⑧ 玩家经过或在村庄停留时可用剩余的初始资金或挖矿获得的资金随时购买水和食物,每箱价格为基准价格的 2 倍。

请根据游戏的不同设定,建立数学模型,解决以下问题。

假设只有一名玩家,且在整个游戏时段内每天天气状况事先全部已知,试给出一般情况下玩家的最优策略。

注 1:在如图 4.9 所示地图中,有公共边界的两个区域称为相邻,仅有公共顶点而没有公共边界的两个区域不视作相邻。

注 2:每日剩余资金数(剩余水量、剩余食物量)指当日所需资源全部消耗完毕后的资金数(水量、食物量)。若当日还有购买行为,则指完成购买后的资金数(水量、食物量)。

要设定的参数如表 4.10 所列。

表 4.10 参数设定

负重上限	1 200 kg	初始资金	10 000 元		
截止日期	第 30 天	基础收益	1 000 元		
资 源	质量/ (kg·箱$^{-1}$)	基准价格/ (元·箱$^{-1}$)	基础消耗量/箱		
			晴朗	高温	沙暴
水	3	5	5	8	10
食物	2	10	7	6	10

天气状况信息如表 4.11 所列。

表 4.11 天气状况

日 期	1	2	3	4	5	6	7	8	9	10
天 气	高温	高温	晴朗	沙暴	晴朗	高温	沙暴	晴朗	高温	高温
日 期	11	12	13	14	15	16	17	18	19	20
天 气	沙暴	高温	晴朗	高温	高温	高温	沙暴	沙暴	高温	高温
日 期	21	22	23	24	25	26	27	28	29	30
天 气	晴朗	晴朗	高温	晴朗	沙暴	高温	晴朗	晴朗	高温	高温

穿越沙漠游戏地图如图 4.9 所示。

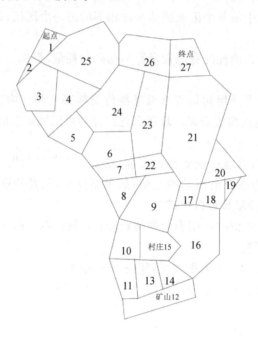

图 4.9　穿越沙漠游戏地图

2. 计算实验

用 AMPL 实现数学模型，代码如下：

```
#文件 traverse.mod
set DAY;                                    #期间(天)集合
set AREA;                                   #区域集合
set WEATHER;                                #天气集合
set RES;                                    #水和食物
set Conn in {AREA,AREA};                    #相邻区域集合
param WEA{DAY,WEATHER} binary;              #天气情况
param COST{WEATHER,RES};                    #不同天气下消耗资源的基础消耗量
param price{RES};                           #资源(水和食物)的价格/箱
param weight{RES};                          #资源(水和食物)的质量/箱
param MAX_weight: = 1200;
param initial_m: = 10000;
param basicRev: = 1000;
param M: = 99999;
#变量
var stay{DAY,AREA} binary;                  #每天待在哪个区域
var CS{DAY,RES} integer >= 0;               #每天的资源消耗
var pur{DAY,RES} integer >= 0;              #在村庄(1、15 号)购买的资源
var mining{DAY} binary;                     #是否挖矿(12 号)
var left_r{DAY,RES} integer >= 0;           #每天的资源剩余
var left_m{DAY}>= 0;                        #每天剩余的钱
```

#目标函数:最后一天剩余金额最大化
maximize MyObj:sum{r in RES}left_r[30,r] * price[r]/2 + left_m[30];
#从 0 出发,第 1 天待在第 1 区域
subject to Con1:stay[1,1] = 1;
#最后一天到达第 27 号区域
subject to Con2:stay[30,27] = 1;
#每天只能待在 1 个区域
subject to Con2a{d in DAY}:
    sum{i in AREA}stay[d,i] = 1;
#若第 d(d>1)天所处位置为第 i 区域,则必须在第 d-1 天处于与 i 相邻的区域(或 i 区域本身)
subject to Con3{d in DAY,i in AREA: d>1}:
    stay[d,i] <= sum{(j,i) in Conn}stay[d-1,j] + stay[d-1,i];
#沙暴天不能移动
subject to Con3a{d in DAY,i in AREA: d<30}:
    stay[d+1,i] >= stay[d,i] - M * (2 - stay[d,i] - WEA[d,3]);
#每天资源消耗量(基础消耗)
subject to Con4a{d in DAY,r in RES,w in WEATHER}:
    CS[d,r] >= COST[w,r] - M * (1 - WEA[d,w]);
#每天资源消耗量(行走 1 天 2 倍消耗)
subject to Con4b{d in DAY,r in RES,i in AREA,w in WEATHER: d<27}:
    CS[d,r] >= 2 * COST[w,r] - M * (2 + stay[d+1,i] - stay[d,i] - WEA[d,w]);
#每天资源消耗量(挖矿 3 倍消耗)
subject to Con4c{d in DAY,r in RES,w in WEATHER}:
    CS[d,r] >= 3 * COST[w,r] - M * (2 - WEA[d,w] - mining[d]);
#在出发点(1 号)或村庄(15 号)购买的资源
subject to Con5b{d in DAY,r in RES: d>1}:
    pur[d,r] <= M * stay[d,15];
#剩余资源计算
#第 1 天:初始采购 - 当天消耗
subject to Con6a{r in RES}:
    left_r[1,r] = pur[1,r] - CS[1,r];
#第 2 天之后:上一天剩余 + 本天采购 - 本天消耗
subject to Con6b{d in DAY,r in RES: d>1}:
    left_r[d,r] = left_r[d-1,r] + pur[d,r] - CS[d,r];
#总重量不超过上限
#第一天出发负重不能超
subject to Con7a:
    sum{r in RES}pur[1,r] * weight[r] <= MAX_weight;
#每天的剩余资源负重不能超
subject to Con7b{d in DAY}:
    sum{r in RES}left_r[d,r] * weight[r] <= MAX_weight;
#在矿山(12 号)是否挖矿
subject to Con8{d in DAY}:
    mining[d] <= stay[d,12];
#到达矿山当天不能挖矿

```
subject to Con8a{d in DAY:d>1}:
    mining[d] <= stay[d-1,12];
#钱的平衡
#第1天剩余钱=10000-初始采购资源花费
subject to Con9a:
    left_m[1] = initial_m - sum{r in RES}price[r] * pur[1,r];
#第2天及之后
subject to Con9b{d in DAY; d>1}:
left_m[d] = left_m[d-1] + mining[d] * basicRev - 2 * sum{r in RES}pur[d,r] * price[r];
```

根据题目要求,编制数据文件如下:

```
#日期集合
set DAY: = 1,2,3,4,5,6,7,8,9,10,11,12,13,14,15,16,17,18,19,20,21,22,23,24,25,26,27,28,29,30;
#区域集合
set AREA: = 1,2,3,4,5,6,7,8,9,10,11,12,13,14,15,16,17,18,19,20,21,22,23,24,25,26,27;
#天气集合
set WEATHER: = 1,2,3;
#资源类型集合:1 水;2 食物
set RES: = 1,2;
#区域链接网络图
set Conn: =
1    2
1    25
2    3
3    4
3    25
4    5
4    24
4    25
5    6
5    24
6    7
6    24
6    23
7    8
7    22
8    9
8    22
9    10
9    15
9    16
9    17
9    21
9    22
```

10	11
10	13
10	15
11	13
11	12
12	13
12	14
13	14
13	15
14	15
14	16
15	16
16	17
16	18
17	18
17	21
18	19
18	20
19	20
20	21
21	22
21	23
21	27
22	23
23	24
23	26
24	25
24	26
25	26
26	27
2	1
25	1
3	2
4	3
25	3
5	4
24	4
25	4
6	5
24	5
7	6
24	6
23	6
8	7
22	7

9	8
22	8
10	9
15	9
16	9
17	9
21	9
22	9
11	10
13	10
15	10
13	11
12	11
13	12
14	12
14	13
15	13
15	14
16	14
16	15
17	16
18	16
18	17
21	17
19	18
20	18
20	19
21	20
22	21
23	21
27	21
23	22
24	23
26	23
25	24
26	24
26	25
27	26

;
#30 天的天气信息
param WEA: 1 2 3: =

1	0	1	0
2	0	1	0
3	1	0	0
4	0	0	1

```
5   1   0   0
6   0   1   0
7   0   0   1
8   1   0   0
9   0   1   0
10  0   1   0
11  0   0   1
12  0   1   0
13  1   0   0
14  0   1   0
15  0   1   0
16  0   1   0
17  0   0   1
18  0   0   1
19  0   1   0
20  0   0   1
21  1   0   0
22  1   0   0
23  0   1   0
24  1   0   0
25  0   0   1
26  0   1   0
27  1   0   0
28  1   0   0
29  0   1   0
30  0   1   0 ;
```

#2种资源(1水、2食物)在3种天气下的基础消耗量
```
param COST: 1  2  : =
1       5    7
2       8    6
3       10   10 ;
```
#2种资源的价格、质量(每箱)
```
param: price,weight: =
1    5    3
2    10   2 ;
```

编写 AMPL/CPLEX 求解脚本文件如下：

```
#文件 traverse.sh
model traverse.mod;
data traverse.dat;
option solver cplex;
option cplex_options 'mipdisplay = 2';
objective MyObj;
solve;
#输出
for{d in DAY} {
    printf "第%d天,区域=%d,天气=%d,消耗(%d,%d),购入(%d,%d),剩余(%d,%d),负重=%d,
```

```
挖矿(%d) = %d,余钱 = %f\n",d,sum{i in AREA}stay[d,i] * i,sum{w in WEATHER}WEA[d,w] * w,CS[d,1],CS
[d,2],pur[d,1],pur[d,2],left_r[d,1],left_r[d,2],sum{r in RES}left_r[d,r] * weight[r],mining[d],
mining[d] * basicRev,left_m[d]  >>out.txt;
   }
```

计算结果如表 4.12 所列。

表 4.12 穿越沙漠游戏计算结果

| 期 间 | 区域号 | 天气代码 | 消耗/kg | | 购入/kg | | 剩余/kg | | 负重/kg | 期初 10 000 元 | 余钱/元 |
			水	食物	水	食物	水	食物		是(1)/否(0)挖矿；增加的钱/元	
第 1 天	1	2	16	12	117	424	101	412	1 127	0;0	5 175
第 2 天	25	2	16	12	0	0	85	400	1 055	0;0	5 175
第 3 天	26	1	10	14	0	0	75	386	997	0;0	5 175
第 4 天	27	3	10	10	0	0	65	376	947	0;0	5 175
第 5 天	27	1	10	14	0	0	55	362	889	0;0	5 175
第 6 天	21	2	16	12	0	0	39	350	817	0;0	5 175
第 7 天	9	3	10	10	0	0	29	340	767	0;0	5 175
第 8 天	9	1	10	14	0	0	19	326	709	0;0	5 175
第 9 天	15	2	16	12	78	0	81	314	871	0;0	4 395
第 10 天	13	2	16	12	0	0	65	302	799	0;0	4 395
第 11 天	12	3	10	10	0	0	55	292	749	0;0	4 395
第 12 天	12	2	24	18	0	0	31	274	641	1;1 000	5 395
第 13 天	12	1	15	21	0	0	16	253	554	1;1 000	6 395
第 14 天	14	2	16	12	0	0	0	241	482	0;0	6 395
第 15 天	15	2	16	12	247	0	231	229	1 151	0;0	3 925
第 16 天	13	2	16	12	0	0	215	217	1 079	0;0	3 925
第 17 天	12	3	10	10	0	0	205	207	1 029	0;0	3 925
第 18 天	12	3	30	30	0	0	175	177	879	1;1 000	4 925
第 19 天	12	2	24	18	0	0	151	159	771	1;1 000	5 925
第 20 天	12	3	30	30	0	0	121	129	621	1;1 000	6 925
第 21 天	12	1	15	21	0	0	106	108	534	1;1 000	7 925
第 22 天	12	1	15	21	0	0	91	87	447	1;1 000	8 925
第 23 天	12	2	24	18	0	0	67	69	339	1;1 000	9 925
第 24 天	12	1	15	21	0	0	52	48	252	1;1 000	10 925
第 25 天	14	3	10	10	0	0	42	38	202	0;0	10 925
第 26 天	14	2	16	12	0	0	26	26	130	0;0	10 925

续表 4.12

| 期间 | 区域号 | 天气代码 | 消耗/kg | | 购入/kg | | 剩余/kg | | 负重/kg | 期初 10 000 元 | 余钱/元 |
			水	食物	水	食物	水	食物		是(1)/否(0)挖矿：增加的钱/元	
第 27 天	16	1	5	7	0	0	21	19	101	0；0	10 925
第 28 天	9	1	5	7	0	0	16	12	72	0；0	10 925
第 29 天	21	2	8	6	0	0	8	6	36	0；0	10 925
第 30 天	27	2	8	6	0	0	0	0	0	0；0	10 925

4.2 不确定与随机规划

案例 28：面向远海救援/支援的中继设计问题建模与求解实验

1. 问题描述

经军事专家分析，我国某海海域有多个区域（集合 T）存在与他国发生战事的可能，概率为 $p_t, t \in T$。若区域 t 发生战事，则需要 w_{hst} 架 h 型战机从基地 s 远程飞赴救援/支援，r_h 为 h 型战机的最大航程，其中 $h \in H, s \in S$，H 和 S 分别为机型集合和基地集合。由于从机场到战事区域距离较远，在基地和被支援区域之间需要建立中继保障站点，以便战机途中降落加油和战斗后返回降落。中继保障点选址示例如图 4.10 所示。中继保障站点的数量不超过 e，候选地点的集合为 K。试设计中继保障站点的选择方案，使战机的期望加权飞行总距离最短。

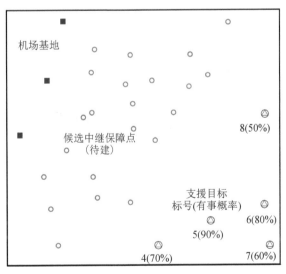

图 4.10 中继保障点选址示例

支援飞机自机场基地起飞，经过中继保障点补给（加油）后，再飞至目标区域实施支援作战，因此要求：

① 飞机到达目标点后，需剩余至少 50% 航程，以备确保能顺利返回；

② 各目标区域都对应有预测的发生战事的期望概率和战机需求数量；
③ 目标函数是战机的期望加权总飞行距离最短。

2. 数学建模

针对上述问题,建立线性混合整数规划模型。

(1) 参数定义

T　　　　目标区域的集合,下标为 $t,t\in T$；

p_t　　　　目标区域 t 发生战事的概率；

S　　　　基地的集合,下标为 $s,s\in S$；

K　　　　候选中继保障点的集合,下标为 $k,k\in K$；

e　　　　中继保障点的最大数量；

N　　　　所有节点的合集 $N=T\cup S\cup K$；

(X_i,Y_i)　节点的坐标位置,$i,j\in N$；

a_i　　　　节点的类型,1:机场,2:中继保障点,3:目标区域,$i\in N$；

D_{ij}　　　节点之间的直线欧氏距离,$i,j\in N$；

H　　　　飞机机型的集合,下标为 $h,h\in H$；

r_h　　　　机型 h 的最大航程；

L　　　　支援方案集合,$(h,s,t)\in L$,表示机型 h 从基地 s 起飞支援目标区域 t；

w_{hst}　　从基地 s 起飞支援目标区域 t 的机型 h 的需求数量,$(h,s,t)\in L$。

(2) 变量定义

z_k　　　　0/1 型变量,是否在候选点 k 建立中继保障点(即允许飞机起降)；

y_i　　　　0/1 型变量,节点 i 是否允许飞机中继起降；

x_{hstij}　　0/1 型变量,机型 h 从基地 s 起飞支援目标区域 t 时,是否经历弧线 (i,j)。

(3) 目标函数

$$\min \sum_{(h,s,t)\in L}\sum_{i,j\in N, i\neq j} x_{hstij} D_{ij} w_{hst} p_t$$

(4) 约束条件

① 飞机飞行线包含出发节点,经停中继点和目的节点,即

$$\begin{cases} \sum_{j\in N, j\neq s} x_{hstsj}=1, & \forall (h,s,t)\in L \\ \sum_{j\in N} x_{hstji}=\sum_{j\in N} x_{hstij}, & \forall (h,s,t)\in L; i\neq s, i\neq t \\ \sum_{i\in N, i\neq t} x_{hstit}=1, & \forall (h,s,t)\in L \end{cases}$$

② 设定中继保障点及其数量,即

$$\begin{cases} y_i=1, & \forall i\in N; a_i=1 \\ y_i=0, & \forall i\in N; a_i=3 \\ y_i=z_i, & \forall i\in K \\ \sum_{i\in K} z_i=e \end{cases}$$

③ 飞机经停约束,即

$$x_{hstij} \leqslant y_i, \quad \forall (h,s,t) \in L; i,j \in N; i \neq j$$

④ 飞机飞行距离约束(单程约束),即

$$\begin{cases} x_{hstij} D_{ij} \leqslant r_h, & \forall (h,s,t) \in L; i,j \in N; a_j \neq 3 \\ x_{hstij} D_{ij} \leqslant \dfrac{r_h}{2}, & \forall (h,s,t) \in L; i,j \in N; a_j = 3 \end{cases}$$

⑤ 定义变量的值域,即

$$x_{hstij}, z_i \in \{0,1\}, \quad \forall (h,s,t) \in L; i,j \in N$$

3. 计算实验

将上述数学规划模型用 AMPL 语言实现,代码如下:

```
#模型文件 DYD.mod
set T;                          #保障目标集合
set S;                          #机场节点集合
set K;                          #候选中继保障点集合
set N;                          #全部节点集合,N = T union S union K
set H;                          #飞机机型集合
set L within {H,S,T};           #既定的支援路线
param N_X{N};                   #节点的位置 X 经度
param N_Y{N};                   #节点的位置 Y 纬度
param w{L};                     #需求飞机数量,从 S 起飞到达 T
param r{H};                     #机型的最大飞行距离
param p{T};                     #保障目标发生战事的可能性概率(权重)
param D{N,N};                   #节点之间的直线欧氏距离
param a{N};                     #节点的类型:1 机场;2 中继;3 目标
param e;                        #可建造的中继保障点最大数量
param M: = 9999;                #一个大数
var z{K} binary;                #中继选择变量,是否选择建立中继点
var y{N} binary;                #节点是否允许飞机起降
var x{L,N,N} binary;            #飞机路径选择变量
#目标函数
minimize Total_Weighted_Dis:
    sum{(h,s,t) in L,i in N,j in N:i<>j}x[h,s,t,i,j] * D[i,j] * w[h,s,t] * p[t];
subject to Con1_1{(h,s,t) in L}:
    sum{j in N:j<>s}x[h,s,t,s,j] = 1;
subject to Con1_2{(h,s,t) in L,i in N:i<>s and i<>t}:
    sum{j in N:j<>i}x[h,s,t,j,i] = sum{j in N:j<>i}x[h,s,t,i,j];
subject to Con1_3{(h,s,t) in L}:
    sum{j in N:j<>t}x[h,s,t,j,t] = 1;
subject to Con2_1{i in N: a[i] = 1}: y[i] = 1;
subject to Con2_2:sum{i in N: a[i] = 3}y[i] = 0;
subject to Con2_3{i in K}: y[i] = z[i];
subject to Con2_4:sum{i in K}y[i] <= e;
subject to Con3{(h,s,t) in L,i in N,j in N: i<>j}:
    x[h,s,t,i,j] <= y[i];
```

```
subject to Con4_1{(h,s,t) in L,i in N,j in N: i<>j and a[j]<>3}:
    x[h,s,t,i,j] * D[i,j] <= r[h];
subject to Con4_2{(h,s,t) in L,i in N,j in N: i<>j and a[j] = 3}:
    x[h,s,t,i,j] * D[i,j] <= 0.5 * r[h];
```

基于图 4.10 的示例构造算例，各节点的数据如表 4.13 所列。

表 4.13 中继设计算例节点信息表

节点 i ($i \in N$)	位置坐标 X_i	位置坐标 Y_i	类型 a_i	说明	节点 i ($i \in N$)	位置坐标 X_i	位置坐标 Y_i	类型 a_i	说明
1	2	83.3	1	机场1号	16	17.2	66.7	2	岛礁
2	8.8	110	1	机场2号	17	62	95	2	岛礁
3	-9.5	58.8	1	机场3号	18	20.8	68.8	2	岛礁
4	48.6	9	3	目标1号	19	3.4	25.5	2	岛礁
5	70.5	20	3	目标2号	20	36.9	28.4	2	岛礁
6	93.2	27.3	3	目标3号	21	21.2	39.9	2	岛礁
7	95.5	8.9	3	目标4号	22	0.5	40	2	岛礁
8	93.5	68	3	目标5号	23	22	97.3	2	岛礁
9	78	109.5	2	岛礁	24	46.1	83.2	2	岛礁
10	20.6	86.9	2	岛礁	25	55.1	68.8	2	岛礁
11	69.5	85.7	2	岛礁	26	10.1	51.9	2	岛礁
12	23	30.5	2	岛礁	27	38.3	61.5	2	岛礁
13	61.5	80.5	2	岛礁	28	38	72.8	2	岛礁
14	37	94.8	2	岛礁	29	35	81.5	2	岛礁
15	47.4	56.4	2	岛礁	30	6.5	9	2	岛礁

由表 4.13 看出，目标节点集合 $T=\{4,5,6,7,8\}$，发生战事的可能性概率分别为 0.7, 0.9, 0.8, 0.6, 0.5。

机场集合 $S=\{1,2,3\}$。设有两种飞机，集合为 $H=\{1,2\}$，最大飞行单程距离（单位：10 km）分别为 $r_1=185, r_2=150$。

既定的支援线路如表 4.14 所列。

表 4.14 既定支援线路

路线 ID	飞机机型	起飞机场	目标节点	飞机数量	路线 ID	飞机机型	起飞机场	目标节点	飞机数量
1	1	2	4	5	8	2	1	6	2
2	1	1	4	3	9	1	3	7	6
3	2	3	4	3	10	2	1	7	2
4	1	2	5	6	11	2	1	8	6
5	2	1	5	3	12	1	3	8	2
6	1	2	5	5	13	2	2	8	4
7	1	3	6	4					

设定岛礁型保障点的最大建造数量 $e=4$。

将上述算例建立数据文件如下：

```
# DYD.dat
param: N: N_X N_Y a: =
1    2.0    83.3    1
2    8.8    110.0   1
3    -9.5   58.8    1
4    48.6   9.0     3
5    70.5   20.0    3
6    93.2   27.3    3
7    95.5   8.9     3
8    93.5   68.0    3
9    78.0   109.5   2
10   20.6   86.9    2
11   69.5   85.7    2
12   23.0   30.5    2
13   61.5   80.5    2
14   37.0   94.8    2
15   47.4   56.4    2
16   17.2   66.7    2
17   62.0   95.0    2
18   20.8   68.8    2
19   3.4    25.5    2
20   36.9   28.4    2
21   21.2   39.9    2
22   0.5    40.0    2
23   22.0   97.3    2
24   46.1   83.2    2
25   55.1   68.8    2
26   10.1   51.9    2
27   38.3   61.5    2
28   38.0   72.8    2
29   35.0   81.5    2
30   6.5    9.0     2;
set T: = 4,5,6,7,8;
set S: = 1,2,3;
set H: = 1,2;
param r: =
1    185
2    150;
param p: =
4    0.7
5    0.9
6    0.8
7    0.6
```

```
    8   0.5;
param: L: w: =
1   2   4   5
1   1   4   3
2   3   4   3
1   2   5   6
2   1   5   3
1   1   5   5
1   3   6   4
2   1   6   2
1   3   7   6
2   1   7   2
2   1   8   6
1   3   8   2
2   2   8   4;
param e: = 4;
```

建立 AMPL 脚本程序(DYD.sh),装入上述模型文件(DYD.mod)和数据文件(DYD.dat),调用 CPLEX 求解器进行求解,输出求解结果。脚本文件如下:

```
model DYD.mod;
data DYD.dat;
option solver cplex;
option cplex_options 'mipdisplay = 2';
for{i in N,j in N}let D[i,j]: = sqrt((N_X[i] − N_X[j])^2 + (N_Y[i] − N_Y[j])^2);
let K: = N diff T;
let K: = K diff S;
objective Total_Weighted_Dis;
solve;
display Total_Weighted_Dis,solve_result >>result.out;
#输出全部节点
for{i in N:a[i] = 1} printf "机场:i = %d,x = %f,y = %f\n",i,N_X[i],N_Y[i]>>result.out;
for{i in N:a[i] = 2} printf "岛礁:i = %d,x = %f,y = %f\n",i,N_X[i],N_Y[i]>>result.out;
for{i in N:a[i] = 3} printf "目标:i = %d,x = %f,y = %f\n",i,N_X[i],N_Y[i]>>result.out;
#输出中继点
for{i in N:a[i] = 2 and y[i] = 1} printf "中继:i = %d,x = %f,y = %f\n",i,N_X[i],N_Y[i] >>result.out;
printf "\n"  >>result.out;
#输出飞行路线
param cur_i;
param found;
for{(h,s,t) in L}
{
```

```
printf "线路(机型:%d,出发:%d,到达:%d)\n",h,s,t >>result.out;
let cur_i: = s;
printf "节点:%d\n",cur_i >>result.out;
repeat
{
    let found: = 0;
    for{i in N: x[h,s,t,cur_i,i] = 1}
    {
        printf "节点:%d\t 距离:%f\n",i,D[cur_i,i] >>result.out;
        let cur_i: = i;
        let found: = 1;
    }
    if(found = 0)then break;
}
}
#绘图输出
for{i in N;a[i] = 1} printf "%f %f\n",N_X[i],N_Y[i]>>result.out;
printf "\n" >>result.out;
for{i in N;a[i] = 2} printf "%f %f\n",N_X[i],N_Y[i]>>result.out;
printf "\n" >>result.out;
for{i in N;a[i] = 3} printf "%f %f\n",N_X[i],N_Y[i]>>result.out;
printf "\n" >>result.out;
printf "\n" >>result.out;
for{(h,s,t) in L}
{
    let cur_i: = s;
    printf "%f\t%f\n",N_X[cur_i],N_Y[cur_i] >>result.out;
    repeat
    {
        let found: = 0;
        for{i in N: x[h,s,t,cur_i,i] = 1}
        {
            printf "%f\t%f\n",N_X[i],N_Y[i] >>result.out;
            let cur_i: = i;
            let found: = 1;
        }
        if(found = 0)then break;
    }
    printf "\n" >>result.out;
```

}

执行脚本文件求解算例,得到中继建造选址结果如下:

中继:i = 13,x = 61.5,y = 80.5
中继:i = 15,x = 47.4,y = 56.4
中继:i = 18,x = 20.8,y = 68.8
中继:i = 21,x = 21.2,y = 39.9

飞机的支援路线如下:

线路(1,2,4):2→18→4
线路(1,1,4):1→4
线路(2,3,4):3→21→4
线路(1,2,5):2→15→5
线路(2,1,5):1→18→5
线路(1,1,5):1→18→5
线路(1,3,6):3→21→6
线路(2,1,6):1→15→6
线路(1,3,7):3→21→7
线路(2,1,7):1→15→7
线路(2,1,8):1→13→8
线路(1,3,8):3→15→8
线路(2,2,8):2→13→8

将上述结果绘图,如图 4.11 所示。

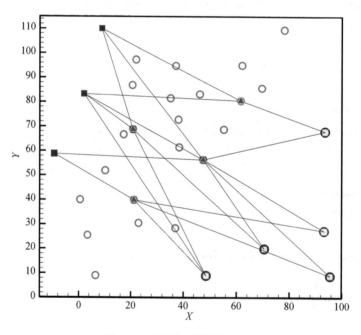

图 4.11 中继保障算例结果图

案例 29：被攻击概率下的保障设施选址问题建模与求解实验

1. 问题描述

某保障区域存在 n 个被保障点（需求点），记为集合 N，每个被保障点 $i \in N$ 的保障需求记为 a_i。在区域内需要建立 k 个保障供应设施（如仓库），为被保障点提供保障需求服务。一共需要建造 k 个保障设施，记为集合 K，建造地点有 m 个可选位置（$k < m$）。其中位置 $i \in N$ 与 $j \in K$ 之间的运输距离记为 D_{ij} 且为已知。同时，被保障点总是选择与之距离最近的保障设施为其提供服务。

保障设施可能发生故障或被损毁（自然灾害、恐怖袭击等原因）而失去保障服务功能，从而导致损失产生。损失函数为失去保障服务的需求量之和。假定不同的建造点位置具有不同的发生故障或被损毁的概率 $p_i, i \in N$，且相互独立。决策问题是：如何选择合适的地点建造保障设施，使得保障系统在发生故障或被损毁的情况下，损失函数的期望值最小化。

2. 数学建模

(1) 参数定义

N 被保障点（或区域）的集合；

a_i 被保障点的需求量，其中 $i \in N$；

K 保障设施的候选建造位置（点）的集合；

k 保障设施的建造数量；

d_{ji} 建造位置点 j 与被保障点 i 之间的距离，其中 $j \in K, i \in N$；

p_j 在位置 i 建造保障设施后发生故障或被损毁/攻击的概率，$j \in K$；

M 一个大数。

(2) 决策变量

x_j 0/1 型变量，表示候选位置 j 是否建造保障设施，$j \in K$；

y_{ji} 0/1 型变量，表示是否由候选位置 j 向被保障点 i 提供保障服务，$j \in K, i \in N$。

(3) 目标函数

$$\min \sum_{j \in K} \sum_{i \in N} p_j a_i d_{ji} y_{ji}$$

(4) 约束条件

① 保障设施的建造数量得到满足，即

$$\sum_{j \in K} x_j = k$$

② 未建造保障设施的候选地址点无法提供服务，即

$$y_{ji} \leqslant x_j, \quad \forall j \in K, i \in N$$

③ 每个保障需求都得到满足，即

$$\sum_{j \in K} y_{ji} = 1, \quad \forall i \in N$$

④ 总是选择最近的保障设施提供服务（基于大 M 法的条件约束），即

$$d_{ji} \leqslant d_{j'i} + M(3 - y_{ji} + y_{j'i} - x_j - x_{j'}), \quad \forall i \in N; j, j' \in K; j \neq j'$$

⑤ 定义变量的值域，即

$$x_j, y_{ji} \in \{0, 1\}, \quad \forall j \in K, i \in N$$

3. 计算实验

将上述数学规划模型用计算机建模语言 AMPL 实现,代码如下:

```
#面向损毁不确定的设施选址问题
set N;                      # 被保障点的集合
param a{N};                 # 被保障点的需求
set K;                      # 保障设施的候选地址集合
param k;                    # 保障设施的数量
param d{K,N};               # 地址 j 与被保障点 i 之间的距离
param p{K};                 # 设施被保护(免受攻击)的数量
param M: = 999;             # 一个大数
var x{K} binary;            # 0/1 型变量,表示选择建造位置
var y{K,N} binary;          # 0/1 型变量,表示保障服务的初始分配
minimize Expected_Total_Loss:
    sum{j in K,i in N}p[j] * a[i] * y[j,i];
subject to Con1:
    sum{j in K}x[j] = k;
subject to Con2{j in K,i in N}:
    y[j,i] <= x[j];
subject to Con3{i in N}:
    sum{j in K}y[j,i] = 1;
subject to Con4{i in N,j in K,j1 in K}:
    d[j,i] <= d[j1,i] + M * (3 - y[j,i] + y[j1,i] - x[j] - x[j1]);
```

构造一个算例:假定从 10 个候选点选择 4 个来建造保障设施,为 30 个保障需求点提供保障服务。候选点的位置坐标和被损毁/攻击的概率如表 4.15 所列。

表 4.15 候选地址坐标和被攻击概率

候选点 j	坐标 X_j	坐标 Y_j	被攻击概率 p_j
1	15	62	0.1
2	29	24	0.2
3	39	39	0.15
4	21	48	0.2
5	67	62	0.5
6	47	64	0.4
7	89	49	0.2
8	81	79	0.3
9	52	75	0
10	80	20	0.1

需求点的位置坐标和需求量如表 4.16 所列。

表 4.16 需求点的坐标和需求量

需求点 i	坐标 X_i	坐标 Y_i	需求量 a_i	需求点 i	坐标 X_i	坐标 Y_i	需求量 a_i
1	57	69	66	16	63	54	93
2	88	35	34	17	22	61	86
3	68	14	68	18	12	38	38
4	31	45	76	19	55	26	52
5	94	8	85	20	37	10	42
6	98	74	84	21	28	76	99
7	63	96	90	22	10	2	87
8	84	62	48	23	47	43	43
9	38	23	69	24	17	19	12
10	66	61	39	25	70	83	67
11	53	77	92	26	28	84	93
12	85	45	92	27	3	52	15
13	97	68	67	28	81	23	80
14	68	6	84	29	58	60	69
15	64	34	94	30	9	87	69

在 AMPL/CPLEX 环境下求解上述模型,得到最优目标值为 144.85,最优选址方案和服务关系如图 4.12 所示。

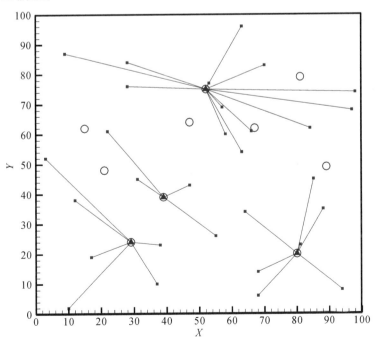

图 4.12 面向不确定损毁的设施选址算例最优结果图

案例 30：面向重构恢复的设施选址优化问题建模与求解实验

1. 问题描述

在保障设施选址问题中，考虑部分设施发生故障或被损毁（如战时）的情况下，通过调整保障服务关系而使保障系统仍能最大限度地发挥保障作用，这种情况称为面向重构恢复的设施选址优化问题。

保障设施发生故障或被损毁的场景设定为：可能有 r 个最关键保障设施同时发生故障或被损毁，概率为 p_r，其中 $r=0,1,2,\cdots$ 且 $r<k$，记为集合 R。r 个最关键保障设施指服务需求总量排名前 r 的设施。当某保障设施发生故障或被损毁，其保障的对象可重新被分配给其他仍然运行的最近的设施。但重新分配后由于距离增加而导致保障效率下降。这里的保障系统效率由目标函数——保障设施与被保障对象之间按需求量加权的距离之和——来评价。目标函数值越低，保障效率越高。

2. 数学建模

(1) 参数定义

N　　被保障点（或区域）的集合；

a_i　　被保障点的需求量，其中 $i \in N$；

K　　保障设施的候选建造位置（点）的集合；

k　　保障设施的数量；

d_{ji}　　建造位置 j 与被保障点 i 之间的距离，其中 $j \in K, i \in N$；

R　　保障设施发生故障或被损毁的数量集合，$r \in R$；

p_r　　r 个保障设施同时发生故障或被损毁的概率，$r \in R$；

M　　一个大数。

(2) 决策变量

x_j　　0/1 型变量，表示候选位置 j 是否建造保障设施，$j \in K$；

y_{ji}　　0/1 型变量，表示是否由建造位置 j 向被保障点 i 提供服务，$j \in K, i \in N$；

z_{rj}　　0/1 型变量，表示在场景 r 下建造位置 j 是否发生故障或被损毁，$j \in K$；

y'_{rji}　　0/1 型变量，表示在场景 r 下是否由建造位置 j 向被保障点 i 提供服务，$r, j \in K, i \in N$。

(3) 目标函数

$$\min \left(1 - \sum_{r \in R} p_r\right) \sum_{j \in K} \sum_{i \in N} a_i \cdot d_{ji} \cdot y_{ji} + \sum_{r \in R} \sum_{j \in K} \sum_{i \in N} p_r \cdot a_i \cdot d_{ji} \cdot y'_{rji}$$

(4) 约束条件

① 保障设施的建造数量得到满足，即

$$\sum_{j \in K} x_j = k$$

② 建造了保障设施后才能提供保障服务，即

$$y_{ji} \leqslant x_j, \quad \forall j \in K, i \in N$$

③ 保障需求都得到满足，即

$$\sum_{j \in K} y_{ji} = 1, \quad \forall i \in N$$

④ 总是选择最近的保障设施提供服务(基于大 M 法的条件约束),即
$$d_{ji} \leqslant d_{j'i} + M(3 - y_{ji} + y_{j'i} - x_j - x_{j'}), \quad \forall i \in N; j, j' \in K; j \neq j'$$
⑤ 在场景 r 下,令总共 r 个最关键设施发生故障或被损毁,即
$$\sum_{j \in K} z_{rj} = r, \quad \forall r \in R$$
⑥ 在场景 r 下,建造了保障设施才会发生故障或被损毁,即
$$z_{rj} \leqslant x_j, \quad \forall r \in R, j \in K$$
⑦ 在场景 r 下,总需求排名前 r 个的设施为关键设施,并发生故障或被损毁,即
$$\sum_{i \in N} a_i y_{ji} \geqslant \sum_{i \in N} a_i y_{j'i} - M(1 - z_{rj} + z_{rj'}), \quad \forall r \in R; j, j' \in K$$
⑧ 在场景 r 下,重新分配保障服务关系后仍然满足每个需求,即
$$\sum_{j \in K} y'_{rji} = 1, \quad \forall r \in R, i \in N$$
⑨ 在场景 r 下,重新分配保障服务关系后,服务由剩余设施提供,即
$$y'_{rji} \leqslant x_j - z_{rj}, \quad \forall r \in R, j \in K, i \in N$$
⑩ 定义变量的值域为
$$x_j, y_{ji}, z_{rj}, y'_{rji} \in \{0, 1\}, \quad \forall r \in R, j \in K, i \in N$$

3. 计算实验

将上述数学规划模型用计算机建模语言 AMPL 实现,代码如下:

```
#面向弹性恢复选择优化问题
set N;                              #被保障点的集合
param a{N};                         #被保障点的需求
set K;                              #保障设施的候选建造位置集合
param k;                            #保障设施的数量
param d{K,N};                       #地址 j 与被保障点 i 之间的距离
set R;                              #保障设施发生故障或被损毁的场景集合
param p{R};                         #保障设施发生故障或被损毁的场景的概率
param r0: = 1 - sum{r in R}p[r];    #无设施发生故障或被损毁的概率
param M: = 999;                     #一个大数
var x{K} binary;                    #是否建造保障设施
var y{K,N} binary;                  #服务关系
var z{R,K} binary;                  #场景 r 下,是否发生故障或被损毁
var y1{R,K,N} binary;               #场景 r 下,重新分配配置服务关系
#目标函数
minimize Total_Weighted_Dis:
    r0 * sum{j in K,i in N}a[i] * d[j,i] * y[j,i]
    + sum{r in R,j in K,i in N}p[r] * a[i] * d[j,i] * y1[r,j,i];
#约束条件
subject to Con1:
    sum{j in K}x[j] = k;
subject to Con2{i in N}:
    sum{j in K}y[j,i] = 1;
subject to Con3{j in K,i in N}:
    y[j,i] <= x[j];
subject to Con4{i in N,j in K,j1 in K}:
    d[j,i] <= d[j1,i] + M * (3 - y[j,i] + y[j1,i] - x[j] - x[j1]);
subject to Con5{r in R}:
    sum{j in K}z[r,j] = r;
```

```
subject to Con6{r in R,j in K}:
    z[r,j] <= x[j];
subject to Con7{r in R,j in K,j1 in K}:
    sum{i in N}a[i] * y[j,i] >= sum{i in N}a[i] * y[j1,i] - M * (1 - z[r,j] + z[r,j1]);
subject to Con8{r in R,i in N}:
    sum{j in K}y1[r,j,i] = 1;
subject to Con9{r in R,j in K,i in N}:
    y1[r,j,i] <= x[j] - z[r,j];
```

构造一个算例:考虑从 10 个候选点选择 4 个来建造保障设施,为 30 个保障需求点提供保障服务。设施候选点与保障需求点的坐标位置参考案例 29。假定保障设施的故障/损毁数量及概率如表 4.17 所列。

表 4.17　保障设施故障/损毁数量及概率

设施故障/损毁数量 r	发生概率 p_r
1	0.3
2	0.1
3	0.05
4	0

在 AMPL/CPLEX 环境下求解上述模型,得到最优目标值为 48 089.168 75,最优选址方案和服务关系如图 4.13 所示。

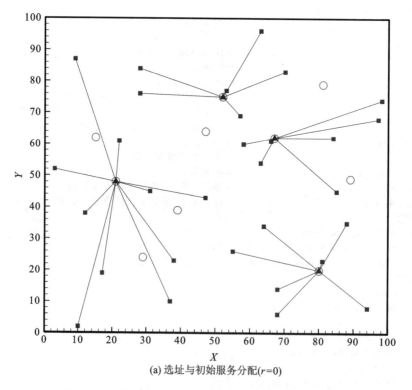

(a) 选址与初始服务分配($r=0$)

图 4.13　面向重构恢复的设施选址优化算例最优结果图

第 4 章 工程优化综合问题建模与计算实验 171

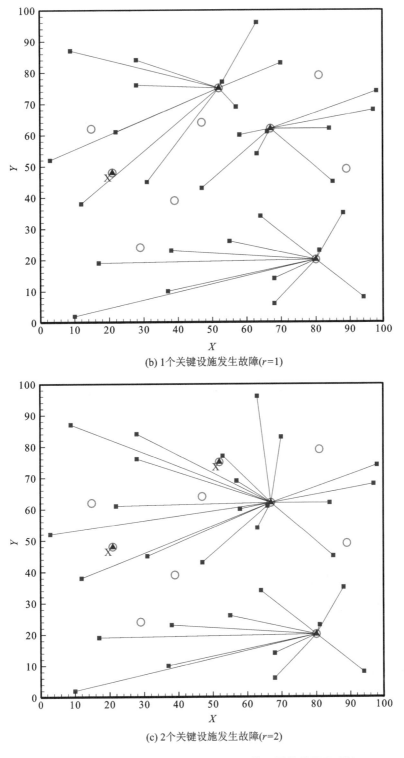

(b) 1个关键设施发生故障(r=1)

(c) 2个关键设施发生故障(r=2)

图 4.13 面向重构恢复的设施选址优化算例最优结果图(续)

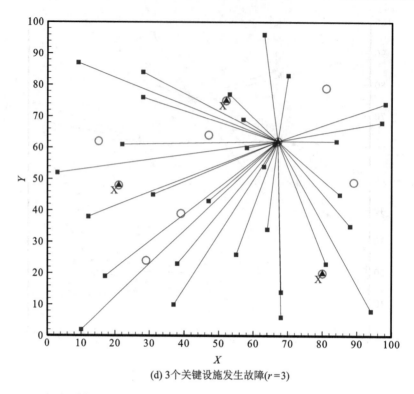

(d) 3个关键设施发生故障($r=3$)

图 4.13 面向重构恢复的设施选址优化算例最优结果图(续)

案例 31：被聪明攻击下的设施选址健壮性优化问题建模与求解实验

1. 问题描述

在保障设施选址问题中，健壮性优化的目标是令系统在最坏可能的情况下，使损失/成本最小化。考虑设施处于最坏的情况下，最多达 r 个设施受损，且攻击方(attacker)被认为是聪明的，它只会攻击令设计方(designer)损失最大的 r 个设施(称为关键设施)。试建立不确定攻击下的设施选址健壮性优化问题的 min-max 优化模型。

2. 建立双层规划模型

(1) 参数定义

N　被保障点的集合；

a_i　被保障点的需求量，其中 $i \in N$；

K　保障设施的候选建造点的集合；

k　将要建造的保障设施的数量；

C_j　设施(建成后)的容量，$j \in K$；

d_{ji}　设施的候选建造点 j 与被保障点 i 之间的距离，其中 $j \in K, i \in N$；

r　保障设施同时被攻击损毁的最大可能数量；

p　被保护设施的最大数量；

M　一个大数。

第4章 工程优化综合问题建模与计算实验

(2) 决策变量

① 独立变量：

x_j　　0/1 型变量，表示候选位置 j 是否建造保障设施，$j \in K$；

y_{ji}　　0/1 型变量，表示在初始场景下（被攻击之前）是否由设施 j 向节点 i 提供保障服务，$j \in K, i \in N$；

s_j　　0/1 型变量，表示设施 j 是否被攻击，$j \in K$。

② 依赖变量：

y'_{ji}　　0/1 型变量，表示被攻击后中断的服务关系，$j \in K, i \in N$。

(3) 目标函数

$$\min_{X,Y} u$$

$$\text{s.t.} \quad u = \max_S \sum_{j \in K} \sum_{i \in N} a_i \cdot d_{ji} \cdot y'_{ji}$$

(4) 约束条件

① 保障设施的建造数量为 k，即

$$\sum_{j \in K} x_j = k$$

② 初始保障场景下（被攻击之前），保障点都被服务且满足容量约束，即

$$\begin{cases} \sum_{j \in K} y_{ji} = 1, & \forall i \in N \\ y_{ji} \leqslant x_j, & \forall j \in K, i \in N \\ \sum_{i \in N} a_i y_{ji} \leqslant C_j x_j, & \forall j \in K \end{cases}$$

③ 被攻击设施的数量为 r，且仅攻击已建造的设施点，即

$$\begin{cases} \sum_{j \in K} s_j = r \\ s_j \leqslant x_j, & \forall j \in K \end{cases}$$

④ 被攻击之后中断的服务关系，即

$$\begin{cases} y'_{ji} \leqslant y_{ji}, & \forall j \in K, i \in N \\ y'_{ji} \leqslant s_j, & \forall j \in K, i \in N \\ y'_{ji} \geqslant 1 - (2 - y_{ji} - s_j), & \forall j \in K, i \in N \end{cases}$$

⑤ 定义变量的值域，即

$$x_j, y_{ji}, s_j, y'_{ji}, y'_{ji} \in \{0,1\}, \quad \forall j \in K, i \in N$$

(5) 将 max 子问题转换为约束条件

对于 min-max 模型中的 max 子问题

$$u = \max_S \sum_{j \in K} \sum_{i \in N} a_i \cdot d_{ji} \cdot y'_{ji}$$

将其转换为一组约束关系，即判断初始保障场景下被攻击的 r 个最关键的设施存在以下规则：若设施 j 被攻击而设施 j' 未被攻击，则"攻击设施 j 造成的损失更大"，表示为

$$\sum_{i \in N} a_i d_{ji} y_{ji} \geqslant \sum_{i \in N} a_i d_{j'i} y_{j'i} - M(3 - s_j + s_{j'} - x_j - x_{j'}), \quad \forall j, j' \in K$$

采用上述约束，将 min-max 双层优化模型转换为单层优化模型，可建立混合整数规划线

性模型,并采用求解器(CPLEX)进行求解。

3. 计算实验

将上述数学规划模型用计算机建模语言 AMPL 实现,代码如下:

```
set N;                          # 被保障点的集合
param a{N};                     # 被保障点的需求
set K;                          # 保障设施的候选地址集合
param C{K};                     # 设施(建成后)容量
param k;                        # 保障设施的数量
param d{K,N};                   # 地址 j 与被保障点 i 之间的距离
param r;                        # 设施被攻击的数量
param M: = 9999;                # 一个大数
var x{K} binary;                # 0/1 型变量,表示选择建造位置
var y{K,N} binary;              # 0/1 型变量,表示攻击之前的服务关系
var s{K} binary;                # 0/1 型变量,表示设施是否被攻击
var y1{K,N} binary;             # 0/1 型变量,表示被攻击之后重新分配的服务关系
# 目标函数
minimize max_loss:
    sum{j in K,i in N}a[i] * d[j,i] * y1[j,i];
# 约束条件
subject to Con1:sum{j in K}x[j] = k;
subject to Con2_1{i in N}: sum{j in K}y[j,i] = 1;
subject to Con2_2{j in K,i in N}:
    y[j,i] <= x[j];
subject to Con2_3{j in K}:
    sum{i in N}y[j,i] * a[i] <= C[j] * x[j];
subject to Con3_1:
    sum{j in K}s[j] = r;
subject to Con3_2{j in K}:
    s[j] <= x[j];
subject to Con4_1{j in K,i in N}:
    y1[j,i] <= y[j,i];
subject to Con4_2{j in K,i in N}:
    y1[j,i] <= s[j];
subject to Con4_3{j in K,i in N}:
    y1[j,i] >= 1 - (2 - y[j,i] - s[j]);
subject to Con5_max{j in K,j1 in K}:
    sum{i in N}a[i] * d[j,i] * y[j,i]
    >= sum{i in N}a[i] * d[j1,i] * y[j1,i] - M * (3 - s[j] + s[j1] - x[j] - x[j1]);
```

构造一个算例:假定从 10 个候选点选择 6 个来建造保障设施,为 30 个保障需求点提供保障服务。候选点和需求点的位置坐标及其容量和需求量分别如表 4.18 和表 4.19 所列。

表 4.18 候选点的坐标和容量

候选点 j	坐标 X_j	坐标 Y_j	建成后容量 C_j
1	15	62	350
2	29	24	400
3	39	39	450
4	21	48	500
5	67	62	250
6	47	64	350
7	89	49	250
8	81	79	300
9	52	75	350
10	80	20	450

表 4.19 需求点的坐标和需求量

需求点 i	坐标 X_i	坐标 Y_i	需求量 a_i	需求点 i	坐标 X_i	坐标 Y_i	需求量 a_i
1	57	69	66	16	63	54	93
2	88	35	34	17	22	61	86
3	68	14	68	18	12	38	38
4	31	45	76	19	55	26	52
5	94	8	85	20	37	10	42
6	98	74	84	21	28	76	99
7	63	96	90	22	10	2	87
8	84	62	48	23	47	43	43
9	38	23	69	24	17	19	12
10	66	61	39	25	70	83	67
11	53	77	92	26	28	84	93
12	85	45	92	27	3	52	15
13	97	68	67	28	81	23	80
14	68	6	84	29	58	60	69
15	64	34	94	30	9	87	69

在 AMPL/CPLEX 环境下求解上述模型,得到最优目标值为 19 710.494 46,最优选址方案、服务关系和最坏被攻击情况如图 4.14 所示。

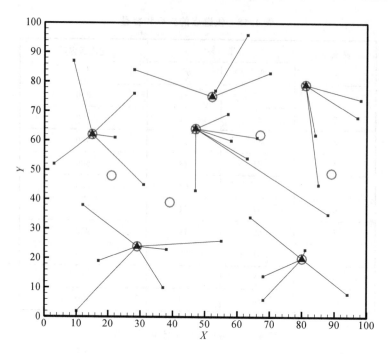

实心方块—需求点；空心圆—设施候选点；实心三角形—设施选建点；
连线—服务关系；×—被攻击设施

图 4.14 健壮性优化选址算例最优结果图

案例 32：基于可靠性的导弹装备延寿维修优化问题建模与求解实验

1. 问题描述

针对大型老旧设备延寿的使用需求，以延寿期间的使用经济性为优化目标，考虑多种维修、大修、翻新、升级更换等维修活动的混合优化问题。不同的维修活动对应着不同的成本，对设备也会产生不同的影响效果，包括可靠性的提升、维修与故障成本的下降、生产效率的提升、运行成本的下降等，目标是使延寿期间的总成本最小化。问题的数学描述如下：

假设某使用中的大型设备系统的设计寿命即将到期，但设备系统运行状况尚可，经专家检验后可以考虑对其进行延寿使用。延寿期的时间长度为 m 个期间（周/月/季/年等），记为周期集合 T，下标用 t 或 τ 表示。设备在期间 t 内需要完成的工作量是已知的，记为常数 h_t。设备正常运行的日均收益在不同期间（如淡季/旺季）可能有差异，但在同一期间假定是相同且已知的，记为常数 D_t。如果设备发生故障，则产生一个事先预测好的、已知的故障处理总成本，包括备件更换、维修人工、停用损失等，记为常数 F_t。

在延寿期内至少有一种或多种可选的针对设备的计划性维修活动（以下简称维修活动），包括维修、翻新或升级更换（Repair/Refurbishment/Replacement，RRR）等，记为维修活动集合 R，下标为 r。对于每一种维修活动 $r \in R$，成本是已知的，记为常数 C_r；停机时间也是已知的，记为常数 d_r，单位为"天"。

当设备在期间 τ 内执行了某个维修活动 r 之后（注：在期间开始时执行），设备在期间 t 内（$\tau \leqslant t$）的运行成本和可靠性都会发生变化，新的运行成本记为 $p_{r\tau t}$，新的故障率记为 $\lambda_{r\tau t}$（故障

次数的期望为 $h_t \cdot \lambda'_{rrt}$），均是与维修活动相关的已知常数。需要注意的是：若在期间 τ 内执行不同类型的维修活动，则会导致在随后的期间内有着不同的新运行成本和新可靠性，每个期间的运行成本和可靠性仅取决于该期间前面最近的维修活动。

问：如何选择和安排维修活动，使得设备延寿期的总成本最小？总成本包括维修成本、维修停用损失、故障损失和运行成本（参见文献[3]）。

2. 数学建模

(1) 参数定义

- T　　设备延寿后的使用周期集合，如周/月/季/年等，$t \in T$；
- h_t　　设备在期间 t 内的工作量（单位为时间或次数等）；
- D_t　　设备在期间 t 内的日均收益；
- F_t　　设备在期间 t 内发生故障后产生的损失，如修复费用、停用损失等；
- R　　可选的维修活动的集合，下标为 r，$r \in R$；
- C_r　　维修活动 r 的成本，$r \in R$；
- d_r　　维修活动 r 的停机天数，$r \in R$；
- λ'_t　　以设备当前现状（无任何维修活动）在期间 t 内的故障率；
- p'_t　　以设备当前现状（无任何维修活动）在期间 t 内的运行成本；
- $\lambda_{r\tau t}$　　设备在期间 τ 内执行维修活动 r 后，在后续期间 $t(\tau \leqslant t)$ 内的故障率；
- $p_{r\tau t}$　　设备在期间 τ 内执行维修活动 r 后，在后续期间 $t(\tau \leqslant t)$ 内的运行成本。

(2) 决策变量

- x_{rt}　　0/1 型变量，表示是否在期间 t 内执行了维修活动 r，$t \in T$，$r \in R$；
- y_{rt}　　0/1 型变量，表示在期间 t 内之前最近的维修活动是否为 r；
- f_t　　非负连续变量，表示设备在期间 t 内发生故障次数的期望值；
- P_t　　非负连续变量，表示设备在期间 t 内的运行成本；
- z_t　　非负连续变量，表示设备在期间 t 内的维修停机天数。

(3) 目标函数

$$\min \text{Total\_Cost} = \underbrace{\sum_{t \in T}\sum_{r \in R} C_r \cdot x_{rt}}_{\text{维修}} + \underbrace{\sum_{t \in T} D_t \cdot z_t}_{\text{维修停工}} + \underbrace{\sum_{t \in T} F_t \cdot f_t}_{\text{故障}} + \underbrace{\sum_{t \in T} P_t}_{\text{运行}}$$

(4) 约束条件

① 在一个期间内最多执行一种维修活动，同样维修活动可在多期间重复执行，即

$$\sum_{r \in R} x_{rt} \leqslant 1, \quad \forall t \in T$$

② 确定期间 t 内之前最近的维修活动是否为 r（即根据 x_{rt} 确定 y_{rt}），即

$$\begin{cases} 2y_{rt} \geqslant y_{r,t-1} + x_{rt} - \sum_{r' \in R, r' \neq r} x_{r't}, & \forall r \in R, t \in T; t > 1 \\ y_{rt} \leqslant 1 - \sum_{r' \in R, r' \neq r} x_{r't}, & \forall r \in R, t \in T \\ \sum_{r \in R} y_{rt} \leqslant 1, & \forall t \in T \\ y_{rt} \leqslant \sum_{t' \in T, t' \leqslant t} x_{rt'}, & \forall r \in R, t \in T \\ y_{rt} \geqslant x_{rt}, & \forall r \in R, t \in T \end{cases}$$

上述约束条件的数据示例如下:方案选择为 [0 0 1 1 0 3 0 2 0 0],

$$x_{r\tau} = \begin{bmatrix} 0 & 0 & 1 & 1 & 0 & 0 & 0 & 0 & 0 & 0 \\ 0 & 0 & 0 & 0 & 0 & 0 & 0 & 1 & 0 & 0 \\ 0 & 0 & 0 & 0 & 0 & 1 & 0 & 0 & 0 & 0 \\ 0 & 0 & 0 & 0 & 0 & 0 & 0 & 0 & 0 & 0 \end{bmatrix}, \quad y_{r\tau} = \begin{bmatrix} 0 & 0 & 1 & 1 & 1 & 0 & 0 & 0 & 0 & 0 \\ 0 & 0 & 0 & 0 & 0 & 0 & 0 & 0 & 1 & 1 & 1 \\ 0 & 0 & 0 & 0 & 0 & 0 & 1 & 1 & 0 & 0 & 0 \\ 0 & 0 & 0 & 0 & 0 & 0 & 0 & 0 & 0 & 0 & 0 \end{bmatrix}$$

③ 确定期间 t 内设备发生故障次数的期望值,即
- 有维修活动期间:

$$\begin{cases} f_t \geq h_t \lambda_{r\tau t} - M(2 - x_{r\tau} - y_{r\tau}), & \forall r \in R; t, \tau \in T; \tau \leq t \\ f_t \leq h_t \lambda_{r\tau t} + M(2 - x_{r\tau} - y_{r\tau}), & \forall r \in R; t, \tau \in T; \tau \leq t \end{cases}$$

- 保持现状期间:

$$\begin{cases} f_t \geq h_t \lambda_t' - M \sum_{r \in R, t' \in T, t' \leq t} x_{rt'}, & \forall t \in T \\ f_t \leq h_t \lambda_t' + M \sum_{r \in R, t' \in T, t' \leq t} x_{rt'}, & \forall t \in T \end{cases}$$

④ 确定期间 t 内设备的运行成本,即
- 有维修活动期间:

$$\begin{cases} P_t \geq p_{r\tau t} - M(2 - x_{r\tau} - y_{r\tau}), & \forall r \in R; t, \tau \in T; \tau \leq t \\ P_t \leq p_{r\tau t} + M(2 - x_{r\tau} - y_{r\tau}), & \forall r \in R; t, \tau \in T; \tau \leq t \end{cases}$$

- 保持现状期间:

$$\begin{cases} P_t \geq p_t' - M \sum_{r \in R, t' \in T, t' \leq t} x_{rt'}, & \forall t \in T \\ P_t \leq p_t' + M \sum_{r \in R, t' \in T, t' \leq t} x_{rt'}, & \forall t \in T \end{cases}$$

⑤ 确定期间 t 内设备的停机天数(因执行维修活动),即

$$z_t \geq \sum_{r \in R} d_r \cdot x_{r\tau}, \quad \forall t \in T$$

⑥ 变量的值域定义,即

$$\begin{cases} x_{r\tau}, y_{r\tau} \in \{0, 1\} \\ f_t \geq 0, P_t \geq 0, z_t \geq 0 \end{cases} \quad \forall r \in R, t \in T$$

3. 计算实验

将上述数学规划模型用计算机建模语言 AMPL 实现,代码如下:

```
set T;                      # 设备延寿后的使用周期集合
param h{T};                 # 设备在期间 t 内的工作量
param D{T};                 # 设备在期间 t 内的日均收益
param F{T};                 # 设备发生故障后产生的损失,如修复费用、停用损失等
param lamda1{T};            # 设备当前现状(无任何维修活动)在期间 t 内的故障率
param p1{T};                # 设备当前现状(无任何维修活动)在期间 t 内的运行成本
set R;                      # 设备的计划性维修方案的集合
param C{R};                 # 第 r 方案的成本
param d{R};                 # 执行第 r 方案的停机天数
param lamda{R,T,T};         # 设备在期间 τ 内执行方案 r 后,在后续期间的故障率
```

```
param p{R,T,T};                    #设备在期间τ内执行方案r后,在后续期间的运行成本
param M: = 9999;
var x{R,T} binary;                 #0/1型变量,表示是否在期间t内执行了第r方案
var y{R,T} binary;                 #0/1型变量,表示在期间t内的有效方案是否为第r方案
var f{T}>= 0;                      #非负连续变量,表示设备在期间t内发生的期望故障次数
var P{T}>= 0;                      #非负连续变量,表示设备在期间t内的运行成本
var z{T}>= 0;                      #非负连续变量,表示设备在期间t内的维修停机天数

minimize Total_Cost:
    sum{r in R,t in T}C[r]*x[r,t] + sum{t in T}(D[t]*z[t] + F[t]*f[t] + P[t]);
subject to Con1{t in T}:
    sum{r in R}x[r,t] <= 1;
subject to Con2_1{r in R,t in T: t>1}:
    2*y[r,t] >= y[r,t-1] + x[r,t] - sum{r1 in R: r1<>r}x[r1,t];
subject to Con2_2{r in R,t in T}:
    y[r,t] <= 1 - sum{r1 in R: r1<>r}x[r1,t];
subject to Con2_3{t in T}:
    sum{r in R}y[r,t] <= 1;
subject to Con2_4{r in R,t in T}:
    y[r,t] <= sum{t1 in T: t1<=t}x[r,t1];
subject to Con2_5{r in R,t in T}:
    y[r,t] >= x[r,t];
subject to Con3_1{r in R,t in T,tao in T: tao<=t}:
    f[t] >= h[t]*lamda[r,tao,t] - M*(2 - x[r,tao] - y[r,t]);
subject to Con3_2{r in R,t in T,tao in T: tao<=t}:
    f[t] <= h[t]*lamda[r,tao,t] + M*(2 - x[r,tao] - y[r,t]);
subject to Con3_3{t in T}:
    f[t] >= h[t]*lamda1[t] - M*sum{r in R,t1 in T: t1<=t}x[r,t1];
subject to Con3_4{t in T}:
    f[t] <= h[t]*lamda1[t] + M*sum{r in R,t1 in T: t1<=t}x[r,t1];
subject to Con4_1{r in R,t in T,tao in T: tao<=t}:
    P[t] >= p[r,tao,t] - M*(2 - x[r,tao] - y[r,t]);
subject to Con4_2{r in R,t in T,tao in T: tao<=t}:
    P[t] <= p[r,tao,t] + M*(2 - x[r,tao] - y[r,t]);
subject to Con4_3{t in T}:
    P[t] >= p1[t] - M*sum{r in R,t1 in T: t1<=t}x[r,t1];
subject to Con4_4{t in T}:
    P[t] <= p1[t] + M*sum{r in R,t1 in T: t1<=t}x[r,t1];
subject to Con5{t in T}:
    z[t] >= sum{r in R}d[r]*x[r,t];
```

构造一个某大型生产加工机床延寿问题:延寿期为 6 年,表示为 6 个期间的集合,即 $T = \{1,2,3,4,5,6\}$;延寿期间该设备每年的工作时间、日均收益和故障损失的预测值如表 4.20 所列。

表 4.20 设备年均故障信息

期间 /年	年工作时间 h_t/h	日均收益 D_t/万元	故障损失 F_t	故障率 λ'_t	运行成本 p'_t/万元
1	1 000	3	10	0.01	1.5
2	1 000	3	10	0.02	1.5
3	1 000	3	10	0.03	1.5
4	1 500	5	15	0.04	1.5
5	1 500	5	15	0.05	1.5
6	1 500	5	20	0.06	1.5

设备延寿期间的可选维修活动有 4 种，对应的可选维修活动成本、维修设备的年度故障率、维修后的年度运行成本分别如表 4.21～表 4.23 所列。

表 4.21 维修活动成本信息

序 号	维修活动名称	单次成本 C_r	停机天数 d_r
1	现状维修	5	1
2	增强维修	10	1.5
3	设备大修	20	2
4	更换核心机	15	2

表 4.22 设备故障率

维修活动	年度故障率/‰					
	$t=1$	$t=2$	$t=3$	$t=4$	$t=5$	$t=6$
现状维修	0.5	0.5	0.6	0.6	0.8	0.8
增强维修	0.8	0.8	0.9	0.9	0.1	0.1
设备大修	0.2	0.2	0.8	1.0	1.2	1.4
更换核心机	0.3	0.4	0.5	0.7	0.9	1.0

表 4.23 维修后的运行成本

维修活动	各年度运行成本					
	$t=1$	$t=2$	$t=3$	$t=4$	$t=5$	$t=6$
现状维修	2	2	2	2	2	2
增强维修	5	5	5	5	5	5
设备大修	3	3	3	3	3	3
更换核心机	4	4	4	4	4	4

编写数据文件和脚本程序，运行优化模型，对上述算例在 AMPL/CPLEX 环境下求解得到最优结果：在年度 $t=1$ 执行维修活动 $r=1$，在年度 $t=5$ 执行维修活动 $r=4$。最低目标函

数值为 131.75 万元,其中维修活动成本 20 万元、维修停用损失 13 万元、故障损失期望 80.75 万元、运行成本 18 万元。

案例 33:面向打击任务可靠度的多型导弹混合部署优化问题建模与求解实验

1. 问题描述

考虑不同型号的导弹装备具有不同的射程、用途、命中率/突防率和制造成本,面对既定任务要求,如何配置和部署导弹装备,使得系统在满足任务要求和军费预算的前提下,任务完成的可靠度最大化。

2. 数学建模

(1) 任务完成概率计算

若假定摧毁某目标的任务需要命中 m 枚及以上的某型导弹,且准备向该目标发射 n 枚该型导弹,评估任务完成概率按概率统计方法计算。涉及的参数定义如表 4.24 所列。

表 4.24 任务完成概率计算的参数定义

参数	说明
λ	导弹的基本命中概率,假定为 0/1 型离散随机事件
γ	导弹突防概率,即导弹突破对方防空、干扰、拦截的概率
θ	导弹的可靠度,即导弹使用过程中的平均无故障概率
z	发射的导弹枚数
n	任务完成要求命中的最少导弹枚数
ρ_{zx}	发射 z 枚导弹命中 x 枚($x \leqslant z$)的概率: $$\rho_{zx} = (\lambda \cdot \gamma \cdot \theta)^x \frac{z!}{x!(z-x)!}$$
σ_{zn}	完成任务,即发射 z 枚命中 n 枚及以上的概率: $$\sigma_{zn} = \sum_{x=n}^{z} \rho_{zx} = \sum_{x=n}^{z} \left[(\lambda \cdot \gamma \cdot \theta)^x \frac{z!}{x!(z-x)!} \right]$$

(2) 任务目标和部署设计

假定任务有多个打击目标,每个目标可以有多个可选的打击方案,导弹部署位置有多个可选的位置,考虑导弹可用数量和总成本约束,优化导弹部署,使任务完成概率最大化。涉及的参数与变量定义如表 4.25 所列。

表 4.25 任务目标和部署设计的参数与变量定义

参数	说明
N	导弹型号的集合,以 i 表示导弹型号的下标,$i \in N$
A_i	导弹型号 i 的近射程范围
B_i	导弹型号 i 的远射程范围
λ_{it}	导弹型号 i 对目标 t 的基本命中概率

续表 4.25

参　数	说　明
γ_{it}	导弹型号 i 对目标 t 的突防概率，即导弹突破对方防空、电磁干扰和被拦截的概率
θ_i	导弹的可靠度，即导弹使用过程中的平均无故障概率
m_i	表示导弹型号 i 的可用数量
c_i	表示导弹型号 i 的成本单价
C	总成本上限
M	一个大数
T	任务目标的集合，以 t 表示目标的下标，$t \in T$
P_t	目标 t 的权重（重要程度），$t \in T$
K_t	目标 t 的打击方案集合，以 k 表示方案的下标，$k \in K_t$
Π	打击方案的详细配置，$(\pi, t, k, i, n, p) \in \Pi$，其中 π 为序号，$t \in T, k \in K_t, i \in N, p \in [0,1]$，表示"目标 t 的第 k 打击方案采用导弹 i，命中 n 枚，任务占比为 p"
L	可选部署位置的集合，以 l 表示下标，$l \in L$
D_{lt}	从可选部署位置 l 到目标 t 的距离
ρ_{itzx}	发射 z 枚 i 型导弹打击目标 t 并命中 x 枚的概率为 $$\rho_{itzx} = (\lambda_{it} \cdot \gamma_{it} \cdot \theta_i)^x \frac{z!}{x!(z-x)!}$$
σ_{itzn}	发射 z 枚 i 型导弹打击目标 t 并命中 n 枚（含）以上的概率为 $$\sigma_{itzn} = \sum_{x=n}^{z} \rho_{itzx} = \sum_{x=n}^{z} \left[(\lambda_{it} \cdot \gamma_{it} \cdot \theta_i)^x \frac{z!}{x!(z-x)!} \right]$$

变　量	说　明
x_{ilt}	0/1 型变量，表示是否将导弹 i 部署于位置 l 并用于打击目标 t
y_{ilt}	连续非负整数变量，表示导弹 i 部署于位置 l 并打击目标 t 的数量
z_{it}	连续非负整数变量，表示导弹 i 用于打击目标 t 的总数量
f_{tk}	0/1 型变量，表示是否以方案 k 打击目标 t
e_π	连续非负变量，表示打击方案中序号 π 的完成概率，$\pi \in \Pi$
E_t	连续非负变量，表示打击目标 t 的完成概率
o_{ita}	0/1 型变量，表示 $z_{it} \geq a$ 是否成立，其中 $a = 1, 2, \cdots, m_i$

（3）目标函数

任务完成概率最大化的目标函数是

$$\max \sum_{t \in T} P_t E_t$$

（4）约束条件

① 导弹部署数量关系，即

$$\begin{cases} y_{lit} \geq x_{lit}, & \forall l \in L, i \in N, t \in T \\ y_{lit} \leq M x_{lit}, & \forall l \in L, i \in N, t \in T \\ z_{it} = \sum_{l \in L} y_{lit}, & \forall i \in N, t \in T \end{cases}$$

② 导弹部署总数量不超过可用数量,即
$$\sum_{t \in T} z_{it} \leqslant m_i, \quad \forall i \in N$$
③ 导弹部署总成本不超过上限,即
$$\sum_{i \in N, t \in T} z_{it} c_i \leqslant C$$
④ 确保瞄准的目标在导弹有效射程范围内,即
$$\begin{cases} D_{lt} \geqslant A_i - M(1 - x_{lit}), & \forall l \in L, i \in N, t \in T \\ D_{lt} \leqslant B_i + M(1 - x_{lit}), & \forall l \in L, i \in N, t \in T \end{cases}$$
⑤ 为每个目标确定一种最佳打击方案,即
$$\sum_{k \in K_t} f_{tk} = 1, \quad \forall t \in T$$
⑥ 分配于打击目标的导弹数量需要满足打击方案的设计要求,即
$$z_{it} \geqslant n - M(1 - f_{tk}), \quad \forall (\pi, t, k, i, n, p) \in \Pi$$
⑦ 评估任务完成概率:
- 用 0/1 型变量 o_{ita} 来判断 z_{it} 是否大于或等于 a,即
$$\begin{cases} o_{ita} M \geqslant a - z_{it} + 1, & \forall i \in N, t \in T; a = 1, 2, \cdots, m_i \\ (1 - o_{ita}) M \geqslant z_{it} - a - 1, & \forall i \in N, t \in T; a = 1, 2, \cdots, m_i \end{cases}$$
- 计算打击方案中序号 π 的完成概率,即命中 n 枚及以上的概率,即
$$\begin{cases} e_\pi \leqslant p \sigma_{ian} + 2 - f_{tk} - o_{ita}, & \forall (\pi, t, k, i, n, p) \in \Pi; a = 1, 2, \cdots, m_i; a \geqslant n \\ e_\pi \leqslant p f_{tk}, & \forall (\pi, t, k, i, n, p) \in \Pi \end{cases}$$
- 计算打击目标 t 的完成概率,即
$$E_t = \sum_{\pi \in \Pi} e_\pi, \quad t \in T$$

3. 计算实验

将上述数学模型用 AMPL 语言实现,代码如下:

```
# 模型文件 DDBS.mod
# 参数
set L;                                  # 部署位置集合
set T;                                  # 目标集合
set N;                                  # 导弹型号集合
param namda{N,T};                       # 导弹平均命中概率(综合基本命中率、突发概率和可靠度)
param rou{N,T,1..100,1..100};           # 多枚导弹命中概率,服从二项式分布
param sigma{N,T,1..100,1..100};         # 多枚导弹累计命中概率
param A{N};                             # 导弹有效射程范围下限
param B{N};                             # 导弹有效射程范围上限
param m{N};                             # 导弹可用数量(库存数量)
param c{N};                             # 导弹成本单价
param cita{N};                          # 导弹可靠度
param P{T};                             # 目标重要程度(或发生概率)
set K{T};                               # 目标 t 的打击方案集合
set PI in {t in T,K[t],N,1..100,0..1 by 0.01};
```

```
param D{L,T};                              #部署位置与目标之间的距离
param C: = 800;                            #总成本上限
param M: = 99999;                          #一个大数
#模型变量
var x{L,N,T} binary;
var y{L,N,T} integer >= 0;
var z{N,T} integer >= 0;
var f{t in T,K[t]} binary;
var o{i in N,T,a in 1..m[i]} binary;
var e{PI}>= 0;
var E{T}>= 0;
#目标函数
maximize Total_succ_rate:sum{t in T}P[t] * E[t];
#约束条件
subject to Con1{j in L,i in N,t in T}:
    y[j,i,t] >= x[j,i,t];
subject to Con2{j in L,i in N,t in T}:
    y[j,i,t] <= M * x[j,i,t];
subject to Con3{i in N,t in T}:
    sum{j in L}y[j,i,t] = z[i,t];
subject to Con4{i in N}:
    sum{t in T}z[i,t] <= m[i];
subject to Con5:
    sum{j in L,i in N,t in T}y[j,i,t] * c[i] <= C;
subject to Con6{j in L,i in N,t in T}:
    D[j,t] >= A[i] - M * (1 - x[j,i,t]);
subject to Con7{j in L,i in N,t in T}:
    D[j,t] <= B[i] + M * (1 - x[j,i,t]);;
subject to Con8{t in T}:
    sum{k in K[t]}f[t,k] = 1;
subject to Con9{(t,k,i,n,p) in PI}:
    z[i,t] >= n - M * (1 - f[t,k]);
subject to Con10{i in N,t in T,a in 1..m[i]}:
    o[i,t,a] * M >= a - z[i,t] + 1;
subject to Con11{i in N,t in T,a in 1..m[i]}:
    (1 - o[i,t,a]) * M >= z[i,t] - a - 1;
subject to Con12{(t,k,i,n,p) in PI,a in 1..m[i]: a >= n}:
    e[t,k,i,n,p] <= p * sigma[i,t,a,n] + (2 - f[t,k] - o[i,t,a]);
subject to ConA13{(t,k,i,n,p) in PI}:
    e[t,k,i,n,p]<= f[t,k] * p;
subject to Con14{t in T}:
    E[t] = sum{(t,k,i,n,p) in PI}e[t,k,i,n,p];
```

构造小规模问题算例:考虑 4 类导弹类型、3 个打击目标和 3 个可选部署位置的场景,产生的数据文件如下:

```
# 数据文件 DDBS.dat
param: T: P: =
1    1
2    2
3    1.5;
set L: = 1,2,3,4;
param D: 1 2 3 : =
1    870    720    840
2    480    580    460
3    790    870    460
4    620    860    810;
param: N: A B m c cita: =
1    800    1200    20    60    0.1
2    500    800     40    15    0.3
3    400    600     20    10    0.2
4    700    900     30    8     0.4;
param namda: 1 2 3 : =
1    0.9    0.7    0.8
2    0.7    0.7    0.7
3    0.8    0.8    0.85
4    0.5    0.6    0.65;
set K[1]: = 1,2,3;
set K[2]: = 1,2;
set K[3]: = 1,2;
set PI: =
(1,1,1,4,1),
(1,2,2,10,1),
(1,3,4,6,1),
(2,1,1,6,1),
(2,2,3,14,1),
(3,1,3,5,0.6),
(3,1,4,10,0.4),
(3,2,3,5,0.6),
(3,2,2,8,0.4);
```

编写如下脚本文件：

```
# 脚本文件 DDBS.sh
model DDBS.mod;
data DDBS.dat;
option solver cplex;
option cplex_options 'mipdisplay = 2';
# 计算命中率二项式分布
param factorial{i in integer[0,Infinity)} = if i = 0 then 1 else if i < 2 then i else i * factorial[i-1];
for{i in N,t in T}
{
```

```
        for{mg1 in 1..m[i],ma1 in 1..m[i]: mg1 >= ma1}
            let rou[i,t,mg1,ma1]: =
                (namda[i,t]^ma1) * ((1 - namda[i,t])^(mg1 - ma1)) * factorial[mg1]
                /factorial[mg1 - ma1]/factorial[ma1];
        for{mg1 in 1..m[i],ma1 in 1..m[i]: mg1 >= ma1}
                let sigma[i,t,mg1,ma1]: = sum{aa in ma1..mg1}rou[i,t,mg1,aa];
}
objective Total_succ_rate;
solve;
display Total_succ_rate;
#输出部署和目标
for{j in L,i in N,t in T: x[j,i,t] = 1}
    printf "L = %d,DD = %d,TT = %d,y = %d \n",j,i,t,y[j,i,t];
#输出打击方案完成概率
for{(t,k,i,n,p) in PI: f[t,k] = 1}
    printf "t = %d,k = %d,i = %d,n = %d,z = %d,e = %f\n",t,k,i,n,z[i,t],e[t,k,i,n,p];
#输出任务完成概率
for{t in T}
    printf "t = %d,E = %f\n",t,E[t];
#输出总成本
printf "cost = %f\n",sum{j in L,i in N,t in T}sum{i in N,t in T}z[i,t] * c[i];
```

将上述脚本文件 DDBS.sh、模型文件 DDBS.mod 和数据文件 DDBS.dat 在 AMPL/CPLEX 环境下运行,求解得到最优解 3.185 25,导弹部署与目标优化结果输出如图 4.15 所示。通过该算例,验证了模型的正确性和可求解性。

```
CPLEX 12.9.0.0: optimal integer solution; objective 3.185243105
819 MIP simplex iterations
0 branch-and-bound nodes
Total_succ_rate = 3.18524

L=1, DD=4, TT=1, y=14
L=1, DD=4, TT=3, y=16
L=3, DD=1, TT=2, y=8
L=3, DD=3, TT=3, y=8
t=1, k=3, i=4, n=6, z=14, e=0.788025
t=2, k=1, i=1, n=6, z=8, e=0.551774
t=3, k=1, i=3, n=5, z=8, e=0.587189
t=3, k=1, i=4, n=10, z=16, e=0.275259
t=1, E=0.788025
t=2, E=0.551774
t=3, E=0.862447
cost=800.000000
```

图 4.15 面向打击任务可靠度的导弹部署算例结果

案例 34:基于网络可靠性原理的新冠病毒传播链路溯源问题建模与求解实验

1. 问题描述

某地区近期内出现多起病例,记为病例人员集合 R。通过时空伴随分析,获得两人员之间的可能传染链路,记为集合 L,其中的集合成员 $(i,j) \in L$,表示由人员 i 传染至人员 j。传染

可能性的概率记为 P_{ij}，其中 $i,j \in R$。试以传染概率最大化为目标，发现该地区的传染源头及传染路径。

2. 数学建模

(1) 参数定义

R　病例人员(有症状/无症状)集合，令 $n = \mathrm{card}(R)$ 表示人员数量；

L　可能的传染链路，$(i,j) \in L, i,j \in R$；

P_{ij}　传染链路存在的概率，$(i,j) \in L$。

(2) 变量定义

x_i　0/1 型变量，表示人员 i 是否为传染源头节点，$i \in R$；

y_{ij}　0/1 型变量，表示是否认定 (i,j) 为实际传染链路，$(i,j) \in L$；

z_i　非负整数变量，表示人员 i 在传染链路上的顺序号，$i \in R$；

e_i　$[0,1]$ 之间的非负连续变量，表示人员 i 的理论被传染概率，$i \in R$。

(3) 目标函数

① 令传染源头最少，即

$$\min \sum_{i \in R} x_i$$

② 寻找传染概率最大的路径，即

$$\max \sum_{i \in R} e_i$$

(4) 约束条件

① 非源头节点都属于被传染，并产生传染路径，即

$$\sum_{(i,j) \in L} y_{ij} = 1 - x_j, \quad j \in R$$

② 生成传染顺序号，即

$$\begin{cases} z_i \leqslant n(1-x_i), & i \in R \\ z_j \geqslant z_i + 1 - n(1-y_{ij}), & (i,j) \in L \\ z_j \leqslant z_i + 1 + n(1-y_{ij}), & (i,j) \in L \end{cases}$$

③ 令传染源头的理论被感染概率为 1，即

$$\begin{cases} e_i \geqslant 1 - (1-x_i)i, & i \in R \\ e_i \leqslant 1 + (1-x_i), & i \in R \end{cases}$$

④ 按传染链计算各节点的理论被感染概率，即

$$\begin{cases} e_j \geqslant e_i P_{ij} - (1-y_{ij}), & (i,j) \in L \\ e_j \leqslant e_i P_{ij} + (1-y_{ij}), & (i,j) \in L \end{cases}$$

⑤ 定义变量值域，即

$$\begin{cases} x_i \in \{0,1\}, e_i \in [0,1], z_i \in \mathbf{N}, & i \in R \\ y_{ij} \in \{0,1\}, & (i,j) \in L \end{cases}$$

3. 计算实验

将上述数学规划模型用计算机建模语言 AMPL 实现，代码如下：

```
#参数
set R;                              #人的集合(阳性案例)
set L in {R,R};                     #传播链
param P{L} >= 0.01;                 #传播概率
param M: = 999;
#变量
var x{R} binary;                    #是否传播源头
var y{L} binary;                    #是否传播链
var z{R} integer >= 0;              #按当前传播链,某人 i 的传播顺序号
var e{R} >= 0;                      #按当前传播链,某人 i 的理论被感染概率
#目标函数:令传播源头最少
minimize Start_nodes:sum{i in R}x[i];
#目标函数:寻找传播概率最大的路径
maximize Total_E:sum{i in R}e[i];
#至少存在 1 个传播源头
subject to Con0:
    sum{i in R}x[i] >= 1;
#非源头节点都属被传染,并产生传染路径
subject to Con1{j in R}:
    sum{(i,j) in L}y[i,j] = 1 - x[j];
#生成传播顺序号
subject to Con2a{(i,j) in L}:
    z[j] >= z[i] + 1 - M * (1 - y[i,j]);
subject to Con2b{(i,j) in L}:
    z[j] <= z[i] + 1 + M * (1 - y[i,j]);
#令传播源头的理论被感染概率为 1
subject to Con3a{i in R}:
    e[i] >= 1 - (1 - x[i]);
subject to Con3b{i in R}:
    e[i] <= 1 + (1 - x[i]);
#按传播链计算各节点的理论被感染概率
subject to Con4a{(i,j) in L}:
    e[j] >= e[i] * P[i,j] - (1 - y[i,j]);
subject to Con4b{(i,j) in L}:
    e[j] <= e[i] * P[i,j] + (1 - y[i,j]);
```

以下面的传播案例数据计算最大概率的病毒传播路径:

```
#人的集合
set R: = 1,2,3,4,5,6,7,8,9,10,11,12,13,14,15;
#基于时空交集的传播概率
param: L: P: =
1   2   0.5
1   3   0.2
1   4   0.9
2   4   0.8
```

2	5	0.7
2	6	0.9
6	8	0.8
6	9	0.8
6	10	0.5
7	8	0.1
7	9	0.1
7	11	0.5
7	12	0.4
8	11	0.1
10	12	0.2
11	13	0.6
11	12	0.9
12	13	0.8
13	14	0.8
14	15	0.9

;

请根据上述数据开展建模和计算,给出结果并解释。

4.3 动态规划

案例 35：信号/商品传递中继设计问题建模与动态规划求解实验

1. 问题描述

一组信号,又称商品(commodity),从起点传输发出,往往需要经过多个中转节点才能到达目的终点。在传递过程中由于存在衰减、延迟、干扰等因素,通常需要在传递了一定距离(λ)之后,再经历一个安装了对信号执行增强、增相位或去噪等措施的中继站点(relay station),以使信号能够传递更远。在复杂噪声干扰的背景下,光波信号在传递过程中每间隔固定的距离就需要重新生成,以克服传递过程中的光波衰减问题。选择在不同的地点建立中继站点对应着不同的建造成本。如何选择建造中继点的地址,使得在保证信号传递要求的前提下,总的建造成本最低。该问题可归结于通信网络中继设计问题(network design with relays)(参见文献[5])。

2. 数学建模

下面定义参数及变量,并对上述问题进行数学描述。

(1) 参数定义

A 起始节点；

B 终止节点；

V 节点的集合(包含节点 A 和 B)；

n 节点的数量,$n = \text{card}(V)$；

r_i 在节点 i 处建造中继站的估算成本；

$d_{i,i+1}$　从第 i 节点到第 $i+1$ 节点的距离；
λ　　信号不经中继站所能传输的最远距离。

(2) 变量定义

x_i　　0/1 型变量，表示是否在节点 i 处建造中继站；
y_i　　非负连续变量，表示信号到达节点 i 后的剩余可传输距离。

(3) 目标函数

$$\min \sum_{i=1}^{n-1} y_i r_i$$

(4) 约束条件

① 出发时信号最强，即

$$y_1 = \lambda$$

② 节点 i 不是中继站，即

$$\begin{cases} y_i - y_{i+1} \geqslant d_{i,i+1}(1-x_i) - x_i\lambda, & \forall i = 2, 3, \cdots, n-1 \\ y_i - y_{i+1} \leqslant d_{i,i+1}(1-x_i) + x_i\lambda, & \forall i = 2, 3, \cdots, n-1 \end{cases}$$

③ 节点 i 是中继站，即

$$\begin{cases} y_{i+1} \geqslant (\lambda - d_{i,i+1})x_i - \lambda(1-x_i), & \forall i = 2, 3, \cdots, n-1 \\ y_{i+1} \leqslant (\lambda - d_{i,i+1})x_i + \lambda(1-x_i), & \forall i = 2, 3, \cdots, n-1 \end{cases}$$

④ 定义变量的值域，即

$$x_i \in \{0,1\}, y_i \geqslant 0, \quad \forall i \in V$$

3. 计算实验

设计动态规划算法求解上述问题。

(1) 增加定义子问题及符号

P_i　　信号自第 i 节点增强后传递到目的节点的子问题；
f_i　　子问题 P_i 的最优解的目标值（最低成本）；
j_i　　信号自节点 i 出发（不增强）所能到达的最远点，计算公式为

$$j_i = \max\{i' \mid i' = i, \cdots, n; \sum_{j=i}^{i'-1} d_{j,j+1} \leqslant \lambda\}, \quad \forall i \in V; i \neq B$$

U_i　　子问题 P_i 的最优解的中继站集。

(2) 最优性原理

假设任意子问题 P_i 的最优解为 $(1,0,1,\cdots,0,1,0,0)$，其中设置为 1 的子问题为 P_{i+2} 和 P_{n-2}，其最优解必然也是子问题 P_i 的组成部分。该特性满足最优性原理的性质" P_i 的最优策略的子策略也是对应子问题的最优策略"，因此可以设计动态规划算法来求解最优解。

(3) 动态规划方程

动态规划的过程是从最后一个节点开始，向第一个节点方向移动，求解各个节点对应的子问题，计算该问题的目标函数值 f_i 和中继节点集 U_i。

动态规划方程为

$$f_i = \begin{cases} 0, & i = n \\ r_i + \min\{f_j \mid j = i+1, \cdots, j_i\}, & i = n-1, n-2, \cdots, 2 \\ \min\{f_j \mid j = 2, \cdots, j_i\}, & i = 1 \end{cases}$$

$$U_i = \begin{cases} \varphi, & i=n \\ \{i\} \bigcup U_{j'} : j' = \arg\min_j\{r_j + f_j \mid j=i+1,\cdots,j_i\}, & i=n-1, n-2,\cdots,2 \\ U_{j'} : j' = \arg\min_j\{f_j \mid j=2,\cdots,j_i\}, & i=1 \end{cases}$$

上述动态规划方程在计算 f_i 的同时,还记录下 f_i 对应的中继站点集合 U_i,因此仅需要一次计算过程就完成了 f_i 和 U_i 的计算。

构造一个算例:信号从起始点 1 开始,经过节点 $2,3,\cdots,8$ 到达节点 9。信号传递的最长距离为 5。各节点建造中继站的建造成本和节点之间的距离如表 4.26 所列。

表 4.26 建造成本和节点之间的距离

节点 i	1	2	3	4	5	6	7	8	9
成本 r_i	0	7	3	5	4	1	3	2	4
距离 $d_{i,i+1}$	2	1	1	3	1	2	2	2	—

表 4.26 中 $r_1=0$ 表示第一个节点无需建造中继站。本方法的具体实施步骤如下:

① 计算各节点无中继情况下信号能到达的最远点,如表 4.27 所列。

表 4.27 信号能到达的最远点

节点 i	1	2	3	4	5	6	7	8	9
最远点 j_i	4	5	6	6	8	9	9	9	—

② 利用所给出的动态规划方程,从最后一个节点开始计算各节点对应的 f_i 和 U_i,得到如表 4.28 所列的计算结果。

表 4.28 计算各节点对应的 f_i 和 U_i

节点 i	成本 r_i	最远点 j_i	计算 f_i	最优中继 j'	子问题 f_i	子问题最优解 $U_i=\{i\}\bigcup U_{j'}$
9	4	9	$f_9=0$	—	0	—
8	2	9	$f_8=r_8+\min\{f_9\}$	9	2	8
7	3	9	$f_7=r_7+\min\{f_8,f_9\}$	9	3	7
6	1	9	$f_6=r_6+\min\{f_7,f_8,f_9\}$	8	3	6,8
5	4	8	$f_5=r_5+\min\{f_6,f_7,f_8\}$	6	5	5,8
4	5	6	$f_4=r_4+\min\{f_5,f_6\}$	6	8	4,6,8
3	3	6	$f_3=r_3+\min\{f_4,f_5,f_6\}$	6	6	3,6,8
2	7	5	$f_2=r_2+\min\{f_3,f_4,f_5\}$	5 或 3	13	2,5,8 或 2,3,6,8
1	3	4	$f_1=r_1+\min\{f_2,f_3,f_4\}$	3	**6**	**1,3,6,8**

③ 根据上面的计算结果,确定 $f_1=6$ 即为最优解,对应的中继站建造方案为 $U_1=\{1,3,6,8\}$,如图 4.16 所示。

起始点　　　　　　　λ=5　　　　　　　目标点
⓪→2→①→7→②→1→③→5→④→4→⑤→1→⑥→2→⑦→3→⑧→2→⑨

图 4.16　固定路线中继设计算例的最优解

案例 36：电动车固定路线充电问题建模与动态规划算法求解实验

1. 问题描述

一辆新能源电动汽车从起点（节点 0）出发，顺序访问 n 个客户位置，客户位置依次标为节点号 $1,2,\cdots,n$。访问路线一共由 n 段路径（弧）组成，令 D_i 表示第 i 弧段的距离，即从节点 $i-1$ 行驶到节点 i 的距离。汽车从起点出发时已充满电，最大行程为 L，且有 $L < D_1 + D_2 + \cdots + D_n$。汽车行驶过程中匀速地消耗电池，可选择在途中电量耗尽之前访问充电站进行充电。若选择在第 i 弧段访问充电站，则该弧段所行驶的距离为 $d_i + d'_i$（访问充电站之前/后），而不再是 D_i。问：如何设计汽车在途中的充电安排（可能多次），使得总行驶距离最短？图 4.17 所示为一个例子。

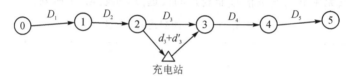

图 4.17　电动车固定路线充电问题

2. 建立整数规划模型

(1) 参数定义

N　弧段集合，$n = \text{card}(N)$；

i　弧段下标，表示从节点 $i-1$ 到节点 i 的弧段；

D_i　弧段 i 的固定距离；

d_i　行驶弧段 i 过程中，从节点 $i-1$ 驶向最近充电站的距离；

d'_i　行驶弧段 i 过程中，从最近充电站驶向节点 i 的距离；

L　电动汽车（EV）的满电最大行程。

(2) 变量定义

y_i　0/1 型变量，表示 EV 行驶弧段 i 过程中是否绕行去访问最近充电站；

r_i　非负连续变量，表示 EV 行驶完弧段 i 后的剩余里程。

(3) 目标函数

$$\min \text{Total\_Dis} = \sum_{i \in N} [(1 - y_i) D_i + y_i (d_i + d'_i)]$$

(4) 约束条件

① 第 1 路段，若选择充电，则应能到达充电站且剩余里程为 $L - d'_1$，即

$$\begin{cases} L \geqslant d_1 y_1 \\ L \geqslant r_1 + d'_1 y_1 \end{cases}$$

② 第 1 路段，若选择不充电，则剩余里程为 $L - D_1$，即

$$L - r_1 \geqslant D_1(1 - y_1)$$

③ 第 i 路段($i \geqslant 2$),若选择充电,则剩余里程可到达最近充电站,且到达下一站时的剩余里程为 $L - d_i'$,即

$$\begin{cases} r_{i-1} \geqslant d_i + L(y_i - 1), & \forall i = 2, 3, \cdots, n \\ L - r_i \geqslant d_i' y_i, & \forall i = 2, 3, \cdots, n \end{cases}$$

④ 第 i 路段($i \geqslant 2$),若选择不充电,则剩余里程为 $r_{i-1} - D_i$,即

$$r_{i-1} \geqslant r_i + D_i(1 - y_i) - L y_i, \quad \forall i = 2, \cdots, n$$

⑤ 定义变量值域,即

$$y_i \in \{0, 1\}, r_i \geqslant 0, \quad \forall i = 2, \cdots, n$$

3. 建立动态规划模型

用动态规划方法求解上述问题,包括三个步骤。

(1) 定义子问题

定义子问题 P_x:求从第 x 弧段开始(访问了充电站)到最后第 n 弧段的最短行驶距离,即若选择第 x 弧段,则求充电后行驶完后续所有弧段的最短距离,如图 4.18 所示。

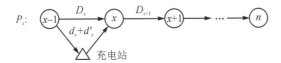

图 4.18 电动车固定路线充电问题的子问题定义

因此有如下的子问题递进关系:

- P_n 是最简单的子问题,可直接获得最优解;
- P_{n-1} 是子问题 P_n 的上阶子问题;
- ⋮
- P_1 是子问题 P_2 的上阶子问题,也是最复杂的子问题;
- P_0 是原问题。

(2) 确定最优性原理

论证递进关系:P_x 的最优解可基于 $P_{x+1}, P_{x+2}, \cdots, P_n$ 的最优解来获得。利用最优性原理的性质"P_x 的最优策略的子策略也是对应子问题的最优策略"来证明。

令 P_x 的最优解如图 4.19 所示。

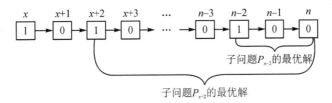

图 4.19 动态规划的最优性原理

分析问题可以得出结论:在 P_x 的最优解中,如果选择在某路段(例如第 $x+2$ 和 $n-2$ 弧)充电,则该路段及之后路段所构成的子问题的最优解,与 P_x 对应部分的最优解完全一致,符合"P_x 的最优策略的子策略也是对应子问题的最优策略"的性质。因此,P_x 的最优解可以在

其下阶子问题 $P_{x+1},P_{x+2},\cdots,P_n$ 的最优解的基础之上推导出来。

(3) 建立动态规划方程

① 参数定义如下：

P_i　　从第 i 弧段开始（访问了充电站）到最后第 n 弧段的子问题；

h_i　　子问题 P_i 的最优目标值；

q_i　　在子问题 P_x 的最优解中，第 2 次充电的弧段号；

g_i　　在弧段 i 充电后能到达的最远弧段的途中充电站，满足 $g_i=0$（到终点）或

$$d'_i + \sum_{i'=i+1}^{g_i-1} D_{i'} + d_{g_i} \leqslant L < d'_i + \sum_{i'=i+1}^{g_i} D_{i'} + d_{g_i+1}$$

式中，$g_i>0$ 表示电车在第 i 段充电后，必须在 $i+1$ 和 g_i 之间再次充电；$g_i=0$ 表示电车在第 i 段充电后无需再次充电可直接到终点。

② 基于上述参数定义，建立动态规划方程为

$$\begin{cases} h_i = d_i + d'_i + \sum_{i'=i+1}^{n} D_{i'}, q_i = 0, & \forall i=n,n-1,\cdots,1; g_i=0 \\ h_i = \min\{d_i + d'_i + \sum_{i''=i+1}^{i'-1} D_{i''} + h_{i'} \mid i+1 \leqslant i' \leqslant g_i\}, & \forall i=n,n-1,\cdots,1; g_i>1 \\ q_i = \arg\min\{h'_i \mid i+1 \leqslant i' \leqslant g_i\}, \end{cases}$$

举例说明上述动态规划方程的计算过程：求解下面 $n=10$ 的小规模问题，令 $L=100$，各变量数据如表 4.29 所列。

表 4.29　动态规划方程计算中的变量数据

弧段 i	0	1	2	3	4	5	6	7	8	9	10
距离 D_i	—	45	35	40	55	20	50	30	40	30	50
距离 d_i	—	3	6	8	10	1	48	28	25	15	5
距离 d'_i	—	46	34	39	54	21	5	8	25	20	48
g_i	—	3	3	4	5	5	7	9	10	10	0

根据动态规划方程进行计算的结果为

$h_{10} = 5 + 48 = 53, q_{10} = 0$

$h_9 = 15 + 20 + 50 = 85, q_9 = 0$

$h_8 = \min\{25 + 25 + h_9, 25 + 25 + 30 + h_{10}\} = 133, q_8 = 10$

$h_7 = \min\{28 + 8 + h_8, 28 + 8 + 40 + h_9, 28 + 8 + 40 + 30 + h_{10}\} = 159, q_7 = 10$

$h_6 = \min\{48 + 5 + h_7, 48 + 5 + 30 + h_8, 48 + 5 + 30 + 40 + h_9\} = 208, q_6 = 9$

$h_5 = \min\{1 + 21 + h_6, 1 + 21 + 50 + h_7\} = 230, q_5 = 6$

$h_4 = \min\{10 + 54 + h_5\} = 294, q_4 = 5$

$h_3 = \min\{8 + 39 + h_4, 8 + 39 + 55 + h_5\} = \min\{341, 332\} = 332, q_3 = 5$

$h_2 = \min\{6 + 34 + h_3, 6 + 34 + 40 + h_4\} = \min\{372, 374\} = 372, q_2 = 3$

$h_1 = \min\{3 + 46 + h_2, 3 + 46 + 35 + h_3\} = \min\{421, 416\} = 416, q_1 = 2$

$h_0 = \min\{h_1, 45 + h_2, 45 + 35 + h_3\} = \min\{416, 417, 412\} = 412, q_0 = 3$

由此可得出原问题的最短距离为 412,选择的充电路段为{3,5,6,9}。

4. 计算实验

动态规划算法的代码如下:

```c
void DP_EVtour()
{
    int D[999],d[999],d1[999],h[999],g[999],q[999],c[999];
    int i,j,i1,i2,n,L,x,td,accd,pw;
    FILE *fi;
    fi = fopen("EVTour100.txt","r");
    fscanf(fi,"%d %d",&n,&L);
    for(i = 1;i <= n;i ++ ) fscanf(fi,"%d %d %d %d\n",&j,&D[i],&d[i],&d1[i]);
    fclose(fi);
    //判断是否可行
    if(d[1] >L) {printf("infeasible!");   return; };
    for(i = 2;i <= n;i ++ )
        if(d1[i - 1] + d[i] >L)
        {
            printf("infeasible!");
            return;
        }
    //计算 g[i]
    for(i = 0;i <= n;i ++ )
    {
        if(i == 0)x = 0;
        if(i > 0)x = d1[i];
        g[i] = i;
        for(j = i + 1;j <= n;j ++ )
        {
            if(x + d[j] <= L)
            {
                g[i] = j;
                x = x + D[j];
                continue;
            }
            break;
        }
        if(x < L && g[i] == n) g[i] = 0;
    }
    //从后到前计算 h[i]
    for(i = n; i >= 0; i -- )
    {
        if(g[i] == 0)
        {
```

```
                h[i] = 0;
                if(i > 0)h[i] = d[i] + d1[i];
                for(i1 = i + 1;i1 <= n;i1 ++ )h[i] = h[i] + D[i1];
                q[i] = 0;
            }
            else{
                for(i1 = i + 1;i1 <= g[i];i1 ++ )//寻找 i + 1 和 g[i]之间最小的值
                {
                    x = h[i1];
                    if(i > 0)x = x + d[i] + d1[i];
                    for(i2 = i + 1; i2 <= i1 - 1; i2 ++ )x = x + D[i2];
                    if(i1 == i + 1 || h[i] > x)
                    {
                        h[i] = x;
                        q[i] = i1;
                    }
                }
            }
        }
        //输出结果
        for(i = 0;i <= n;i ++ )c[i] = 0;
        fi = fopen("result.txt","w");
        fprintf(fi,"最优目标值 = %d\n",h[0]);
        i = q[0];
        c[i] = 1;
        while(q[i] > 0)
        {
            i = q[i];
            c[i] = 1;
        }
        //输出路线
        accd = 0;
        pw = L;
        for(i = 1;i <= n;i ++ )
        {
            td = D[i] * (1 - c[i]) + (d[i] + d1[i]) * c[i];
            accd = accd + td;
            if(c[i] == 0)pw = pw - D[i];
            if(c[i] == 1)pw = L - d1[i];
            fprintf(fi,"A = %d,y = %d,d = %d,Acc = %d,Left = %d\n",i,c[i],td,accd,pw);
        }
        fclose(fi);
    }
```

4.4 启发式优化算法

案例 37：信息共享机制优化问题建模与遗传算法求解实验

1. 问题描述

某国防科技工业的各企业（生产厂、研究所、用户、技术支持单位等）内有大量的质量信息。为实现信息共享，平台组织方（行业协会）计划筹建信息共享平台，邀请行业内的企业加入平台并成为会员。企业加入平台需提供自身的质量信息，从而产生一定的损失或成本，但也能从平台共享信息中获得一定的收益。当收益率大于成本时，企业则有意愿加入平台成为会员，反之则无意愿。平台组织方可以对会员收费或补贴，使共享平台产生利润，并鼓励更多成员加入。试建立数学规划模型，求解如何邀请企业加入平台，如何对会员进行收费或补贴，使得平台利润最大化。

问题假定如下：

① 不同企业加入平台的成本为已知且固定，如信息准备、损失等；

② 每个企业从平台获得的预期收益由加入平台的其他企业所共享的信息产生，假定企业 i 从企业 j 获得的预期收益为已知，可以为正数、负数或零，且为单向；

③ 所共享信息对其他多数企业均有较大价值的企业，可采取补贴手段，邀请其加入信息共享平台；

④ 从平台共享信息中获益较多的企业，可要求其支付一定的平台会员费用；

⑤ 企业是理性的，当收益率大于行业的基本资本利润率时，即会加入（但可以不邀请）。

2. 数学建模

(1) 参数定义

N　企业的集合，$n = \mathrm{card}(N)$；

C_i　企业 i 加入平台的成本；

p_{ij}　企业 i 从企业 j 获得的信息共享收益；

Y　补贴总额上限；

R　企业加入平台的最低比率；

r　资本最低收益率门槛；

M　一个大数。

(2) 变量定义

x_i　0/1 型变量，表示企业 i 是否加入平台；

y_i　非负连续变量，表示对企业 i 的补贴金额；

z_i　非负连续变量，表示对企业 i 的收费金额；

q_i　连续变量，表示企业 i 加入平台的净收益。

(3) 数学模型

$$\max TC = \sum_{i \in N}(z_i - y_i)$$

$$\text{s. t.} \quad q_i = y_i - (c_i + z_i) + \sum_{j \in N, j \neq i} p_{ij} x_j, \quad \forall i \in N \quad (1)$$

$$M(x_i - 1) \leqslant q_i - r(c_i + z_i), \quad \forall i \in N \quad (2)$$

$$y_i \leqslant M x_i, \quad \forall i \in N \quad (3)$$

$$z_i \leqslant M x_i, \quad \forall i \in N \quad (4)$$

$$\sum_{i \in N} x_i \geqslant Rn \quad (5)$$

$$\sum_{i \in N} y_i \leqslant Y \quad (6)$$

$$x_i \in \{0,1\}, y_i \geqslant 0, z_i \geqslant 0, \quad \forall i \in N \quad (7)$$

(4) 模型解释

上述模型的目标函数为平台利润最大化,即收费收益减去补贴支出之和。约束式(1)计算企业的净收益,即共享收益+补贴收益-共享成本-收费支出;约束式(2)表示当企业收益率低于门槛时,不会加入平台;约束式(3)和(4)表示未加入平台的企业无补贴和收费;约束式(5)要求加入企业的数量不低于最低比率 R;约束式(6)表示总补贴金额不能超过上限;约束式(7)定义变量值域。

对上述规划模型使用 AMPL 语言编写,代码如下:

```
set N;                          #企业集合
param p{N,N};                   #企业 i 从企业 j 可获得的信息共享收益
param c{N};                     #企业 i 加入信息共享平台产生的成本
param r{N};                     #判断企业是否愿意加入共享平台的最低收益率门槛
param Y;                        #总补贴金额上限
param T: = 0.6;                 #要求企业加入比率
param n: = card(N);
param M: = 99999;               #一个大数

var x{N} binary;                #0/1 型变量,表示企业是否加入平台
var y{N} >= 0;                  #对企业的补贴金额
var z{N} >= 0;                  #对企业的收费金额
var q{N};                       #企业的净收益

#目标函数:平台收益最大化:收费减去补贴
maximize Total_profit:sum{i in N}(z[i] - y[i]);
#第二目标:加入比率最大化
maximize Total_join_rate:sum{i in N}x[i];
#计算企业收益
subject to Con1{i in N}:
    q[i] = y[i] - (c[i] + z[i]) + sum{j in N:j <> i}p[i,j] * x[j];
#通过 r[i]判断企业是否加入
subject to Con2a{i in N}:
    M * x[i] >= q[i] - r[i] * (c[i] + z[i]);
```

♯通过 r[i]判断企业是否加入
subject to Con2b{i in N}:
    M * (x[i] - 1) <= q[i] - r[i] * (c[i] + z[i]);
♯未加入企业不补贴
subject to Con3a{i in N}:
    z[i] <~ = M * x[i];
♯未加入企业不收费
subject to Con3b{i in N}:
    y[i] <= M * x[i];
♯总补贴上限
subject to Con4:
    sum{i in N}y[i] <= Y;

3. 计算实验

采用遗传算法进行设计。

(1) 编码与解码

设计长度为 n 的一维 0/1 型变量代表问题的解(个体/染色体)，如表 4.30 所列。

表 4.30 问题解的编码

企业 i	1	2	3	…	$n-2$	$n-1$	n
变量 x_i(是否加入)	0/1	0/1	0/1	…	0/1	0/1	0/1

由于上述解(个体)中 0/1 型变量的取值不同而代表了不同的可行解，因此满足了编码原则所要求的唯一性和全局性。

首先确定如下内容：

- 对于每一个确定的解(个体)，按下式确定对各企业的补贴：

$$\begin{cases} y_i = (1+r)(c_i - \sum_{j \in N} x_j p_{ij}), & \text{当} x_i c_i > \sum_{j \in N} x_j p_{ij} \text{时}, \\ y_i = 0, & \text{否则}, \end{cases} \quad \forall i \in N$$

- 对于每一个确定的解(个体)，按下式确定对各企业的收费：

$$\begin{cases} z_i = 0, & \text{当} x_i c_i < \sum_{j \in N} x_j p_{ij} \text{时}, \\ z_i = \sum_{j \in N} x_j p_{ij} - (1+r)c_i, & \text{否则}, \end{cases} \quad \forall i \in N$$

然后计算解(个体)的目标函数值。

(2) 交叉和变异

交叉：基于适应度从种群中随机选择 2 个个体作为父母代，再随机(或按一定规则随机)产生一个交叉位置，父母代染色体的交叉点后半部分进行交换，产生 2 个子代个体，并加入种群，如图 4.20 所示。

变异：随机(或按一定随机规则)从种群中随机选择 1 个个体作为父代，再随机(或按一定规则随机)产生一个变异位置，对该位置变量执行变异，即原变量值为 0 则变为 1，反之则变为 0。产生 1 个新的子代个体，并加入种群，如图 4.21 所示。

图 4.20 交叉算子

图 4.21 变异算子

(3) C 语言程序实例

```
# include "stdafx.h"
# include "conio.h"
# include "malloc.h"
# include "stdio.h"
# include "stdlib.h"
# include "time.h"
# include "math.h"
# define MAXNode 1000                    //最大节点数
# define MAXPN 500                       //最大个体数目
//定义结构体:染色体(解)
struct Chromosome{
    int x[MAXNode];                      //变量 x[]:企业是否加入平台
    double z[MAXNode];                   //变量 z[]:对企业的补贴
    double y[MAXNode];                   //变量 y[]:对企业的收费
    double P[MAXNode];                   //企业的共享收益
    double TProfit;                      //总利润:解的目标函数值
    double fitnessV;                     //适应度:[0,1]之间
    int deleted;                         //状态:是否被淘汰
};
Chromosome Ch[MAXPN];                    //创建最大种群存储空间
int CurPn;                               //当前种群数目
int Pn;                                  //目标种群数目
int CommonR;                             //每个算子的繁殖率
//问题的描述
int NodeNum;                             //企业成员总个数
double C[MAXNode];                       //企业成员的加入成本
double P[MAXNode][MAXNode];              //企业之间的共享收益矩阵
double jointR = 0.6;                     //企业成员加入平台数的下限
double Y = 100;                          //补贴上限
double r = 0.1;                          //资本最低收益率
```

```c
double beta = 999;                              //企业成员加入数不足的惩罚系数
double alpha = 999;                             //超额补贴的惩罚系数
//函数定义
void ReadData_common(FILE * fi);                //读取数据函数
double GA(int totalGenerations);                //遗传算法主程序
void GA_init();                                 //遗传算法的随机初始化函数
void GA_mutation();                             //父代种群变异
void GA_crossover();                            //父代种群交叉
void GA_copyChromosome(int fromC, int toC);     //染色体的复制
void GA_PackDeleted();                          //删除已经标记淘汰的个体染色体
void GA_CalFitness();                           //计算种群个体的适应度函数
void GA_selection();                            //对种群淘汰缩减至 Pn 个
double MyGeTProfit(int c);                      //计算个体 c 的利润
int myrand1(int maxN);                          //获取[0,maxN-1]之间的一个随机整数
void Start();                                   //开始程序
void output(FILE * fi);                         //输出结果
int main(int argc, char * argv[])               //主程序
{
    printf("Press any key to start..\n"); getch();
    Start();
    printf("Done!"); getch();
    return 0;
}
void Start()
{
    double obj;
    FILE * fi;
    srand((unsigned)time(NULL));
    //读取数据
    fi = fopen("data\\data_100.txt","r");
    ReadData_common(fi);
    fclose(fi);
    obj = GA(10);                               //调用遗传算法函数,开始计算
    printf("obj = %lf\n",obj);                  //输出结果
    fi = fopen("output\\data_10.out","w");
    output(fi);
    fclose(fi);
}
//遗传算法
double GA(int totalGenerations)
{
    int iCount;                                 //当前代数
    double BesTProfit;                          //发现的最好解
    char filename[1000];
    FILE * fi;                                  //输出文件句柄
```

```
        Pn = 100;                                          //固定种群数目
        CommonR = 100;                                     //每个算子的繁殖率 %
        GA_init();                                         //初始化种群
        BesTProfit = Ch[0].TProfit;                        //本代最优解
        iCount = 0;                                        //代数
        while(iCount < totalGenerations)                   //未达到总代数,则继续繁衍
        {
            GA_crossover();                                //产生下一代:交叉
            GA_mutation();                                 //产生下一代:变异
            GA_CalFitness();                               //计算适应度
            GA_selection();                                //按适应度进行淘汰
            sprintf(filename,"output\\进化过程.txt");       //输出中间计算过程
            if(iCount == 0)
                fi = fopen(filename,"w");
            else
                fi = fopen(filename,"a");
            fprintf(fi,"无改进代数 = %d,目标函数 = %lf\n",iCount,Ch[0].TProfit);
            printf("无改进代数 = %d,目标函数 = %lf\n",iCount,Ch[0].TProfit);
            fclose(fi);
            if(BesTProfit < Ch[0].TProfit)
            {
                iCount = 0;
                BesTProfit = Ch[0].TProfit;
            }
            else
                iCount ++;                                 //无改进代数
        }
        return Ch[0].TProfit;
}
//随机获得第一代染色体个体
void GA_init()
{
    int c,i;
    for(c = 0;c < Pn;c ++ )
    {
        for(i = 0;i < NodeNum;i ++ ) Ch[c].x[i] = myrand1(2);
        Ch[c].deleted = 0;
        Ch[c].TProfit = MyGeTProfit(c);
    }
    CurPn = Pn;                                            //当前种群数目
}
//计算适应度函数
void GA_CalFitness()
{
    int i,j,c;
```

```
//冒泡法排序
for(i = 0;i < CurPn;i ++ ){
    for(j = i + 1;j < CurPn;j ++ ){
        if(Ch[i].TProfit < Ch[j].TProfit){
            GA_copyChromosome(i,MAXPN - 1);
            GA_copyChromosome(j,i);
            GA_copyChromosome(MAXPN - 1,j);
        }
    }
}
//多样化:去除相同解,第一组(最好值)保留 5 个,其他组保留 1 个
for(i = 1;i < CurPn;i ++ ){
    if(fabs(Ch[i - 1].TProfit - Ch[i].TProfit)< 0.00001) {        //表示相等
        if(fabs(Ch[0].TProfit - Ch[i].TProfit)<= 0.00001 && i < 5 ) continue;
        Ch[i].deleted = 1;                                         //标记淘汰
    }
}
GA_PackDeleted();                                                  //压缩空间
//计算适应度函数
double totalcost,avgcost,maxcost;
totalcost = 0;
for(c = 0;c < CurPn;c ++ ){
    totalcost = totalcost + Ch[c].TProfit;                         //累积计算总成本
    if(maxcost < Ch[c].TProfit || c == 0) maxcost = Ch[c].TProfit;
}
avgcost = totalcost/CurPn;                                         //计算平均成本
for(c = 0;c < CurPn;c ++ )
    Ch[c].fitnessV = exp( - 1.0 * (maxcost - Ch[c].TProfit)/(maxcost - avgcost));
}
//函数:复杂染色体
void GA_copyChromosome(int fromC,int toC)
{
    for(int i = 0;i < NodeNum;i ++ )
        Ch[toC].x[i] = Ch[fromC].x[i];
    Ch[toC].fitnessV = Ch[fromC].fitnessV;
    Ch[toC].TProfit = Ch[fromC].TProfit;
    Ch[toC].deleted = Ch[fromC].deleted;
}
//变异
void GA_mutation()
{
    int i,p;
    p = (int)1.0 * CommonR * Pn/100;                               //变异次数
    for(int k = 0;k < p;k ++ )
    {
```

```cpp
            int new_c;
            int c = myrand1(Pn);
            CurPn ++;
            GA_copyChromosome(c,CurPn - 1);                         //复制
            new_c = CurPn - 1;
            i = myrand1(Pn);                                        //选择变异位置
            Ch[new_c].x[i] = 1 - Ch[new_c].x[i];                    //变异
            Ch[new_c].TProfit = MyGeTProfit(new_c);                 //计算成本
        }
}
//交叉
void GA_crossover()
{
    int p;
    p = (int)1.0 * CommonR * Pn/100;                                //交叉次数
    for(int k = 0;k < p;k ++)
    {
        int c1,c2,new_c1,new_c2;
rept2:
        c1 = myrand1(Pn);   c2 = myrand1(Pn);
        if(c1 == c2)    goto rept2;
        new_c1 = CurPn;    new_c2 = CurPn + 1;
        CurPn + = 2;
        GA_copyChromosome(c1,new_c1);                               //复制
        GA_copyChromosome(c2,new_c2);                               //复制
        int i,ii;
        ii = 2 + myrand1(NodeNum - 3);                              //选择交叉点 ii
        for(i = ii;i < NodeNum;i ++ )                               //交叉
        {
            Ch[new_c1].x[i] = Ch[c2].x[i];
            Ch[new_c2].x[i] = Ch[c1].x[i];
        }
        Ch[new_c1].TProfit = MyGeTProfit(new_c1);                   //计算子代目标值
        Ch[new_c2].TProfit = MyGeTProfit(new_c2);
    }
}
//轮盘赌博淘汰
void GA_selection()
{
    int deletedNum;                                                 //本次淘汰的总数量
    deletedNum = 0;
    while(CurPn - deletedNum > Pn)                                  //开始淘汰
    {
        int c,p;
repC1:
```

```
        c = myrand1(CurPn);                              //随机选择一个个体
        if(Ch[c].deleted == 1)    goto repC1;            //已经淘汰
        p = myrand1(10000);                              //轮盘概率
        if(Ch[c].fitnessV >= 1.0 * p/10000.0)
            goto repC1;                                  //适应度足够大则留下
        Ch[c].deleted = 1;                               //标记淘汰
        deletedNum ++ ;
    }
    GA_PackDeleted();                                    //清空已标记染色体
}
//清空已经删除的染色体个体
void GA_PackDeleted()
{
    int deletedNum,c;
    deletedNum = 0;
    for(c = 0;c < CurPn;c ++ )
    {
        if(Ch[c].deleted == 1)
            deletedNum ++ ;
        else
            if(deletedNum > 0) GA_copyChromosome(c,c - deletedNum);
    }
    CurPn = CurPn - deletedNum;
}
//计算目标函数(含惩罚)
doubleMyGeTProfit(int c)
{
    int tx;                                              //企业加入平台的总数量
    double tp;                                           //总共享收益
    double ty;                                           //总补贴
    tx = 0; ty = 0;
    Ch[c].TProfit = 0;
    for(int i = 0;i < NodeNum;i ++ )
    {
        if(Ch[c].x[i] == 0) continue;
        tx ++ ;   tp = 0;
        for(int j = 0;j < NodeNum;j ++ ) tp = tp + Ch[c].x[j] * P[i][j];
        if(tp - (1 + r) * C[i]>0) {
            Ch[c].z[i] = (tp - r * C[i] - C[i])/(1 + r);
            Ch[c].y[i] = 0;
        }
        else {
            Ch[c].z[i] = 0;
            Ch[c].y[i] = (1 + r) * C[i] - tp;
        }
```

```
            Ch[c].P[i] = tp;    ty = ty + Ch[c].y[i];
            Ch[c].TProfit = Ch[c].TProfit + Ch[c].z[i] - Ch[c].y[i];
        }
        if(tx < jointR * NodeNum)
            Ch[c].TProfit = Ch[c].TProfit - beta * (jointR * NodeNum - tx);
        if(ty > Y) Ch[c].TProfit = Ch[c].TProfit - alpha * (ty - Y);
        return Ch[c].TProfit;
}
//从数据文件中读取数据
void ReadData_common(FILE * fi)
{
        fscanf(fi," % d",&NodeNum);                              //读取成员数
        for(int i = 0;i < NodeNum;i ++ ) fscanf(fi," % lf",&C[i]); //读取成本
        for(int i = 0;i < NodeNum;i ++ )                         //读取共享收益矩阵
            for(int j = 0;j < NodeNum;j ++ ) fscanf(fi," % lf",&P[i][j]);
}
//输出种群中的最好个体(即排第 0 位的个体)
void output(FILE * fi)
{
        fprintf(fi,"Cost = % lf\n",Ch[0].TProfit);
        for(int i = 0;i < NodeNum;i ++ )
            fprintf(fi,"i = % d, % d, % lf, % lf\n",i,Ch[0].x[i],Ch[0].y[i],Ch[0].z[i]);
}
//获得[0,maxN - 1]之间的随机数
int myrand1(int maxN)
{
        return maxN * rand()/(RAND_MAX + 1);
}
```

案例 38:路径规划问题(CVRP)建模与模拟退火算法计算实验

1. 问题描述

考虑一个车队承担将物资从一个物资仓库运输到其他预先指定的物资需求点。假定车队的车辆都是同质的,且都只能从仓库出发,完成物资配送后返回仓库。每个需求点也只能被一辆车访问一次。车辆在不同需求点之间所需要的行驶时间假定已知,要求车队完成物资保障的总时间最短。由于需求点的数量较大,因此常规的工具求解器无法完成最优求解。试设计模拟退火(simulated annealing)启发式算法,求解该问题大规模实例的可行近优解(参见文献[8-9])。

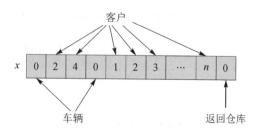

图 4.22 一维模型

2. 模拟退火算法设计

采用一维模型(string model)来表达解的形式,如图 4.22 所示。

以一维变量 S_i 表示当前解,其中:
- $S_i=0$ 表示仓库,S_i 为正整数表示需求点,$i=1,2,3,\cdots,n+m+1$,其中 n 为需求点数量,m 为车辆数量;
- 相邻两个 0 之间的数字表示被某一辆车访问的需求点 ID 及访问顺序。

若 D_j 和 C_j 分别表示车辆 j 的总行驶距离和初始载重(配送模式),$j=1,2,\cdots,m$,则问题的目标函数(含惩罚项)表示为

$$f(x)=\sum_{i=1}^{n+m}\mathrm{Dis}(S_i,S_{i+1})+\sum_{j=1}^{m}[\alpha(D_j-D^{\max})^++\beta(C_j-C^{\max})^+]$$

式中,$\mathrm{Dis}(S_i,S_{i+1})$ 表示相邻两个节点之间的距离;$(\cdot)^+$ 表示取括号中表达式的正数,若表达式为负数,则取 0;$D^{\max}$ 表示车辆的最大行程;$C^{\max}$ 表示车辆的最大载重/容量;常数 α 和 β 分别是对容量超载量和行程超出量的惩罚系数,可取大的常数,如 10。

设计模拟退火算法求解 CVRP 问题,步骤如下。

(1) 构造一个可行的初始解

令 $S^0=[0,0,0,0,0,0,0,0,0,1,2,3,4,5,\cdots,99,100,0]$ 作为初始解。

(2) 加热当前解 S^0

随机使用三种交换规则,对当前解进行变化,执行 K 次(如 1 000 次),记录最大相邻偏差,并以其 10 倍作为初始温度 T_0。三种交换规则(Swap(交换),Relocation(重定位),2-Opt(双向优化))如图 4.23 所示。

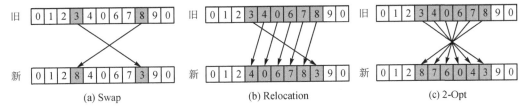

(a) Swap   (b) Relocation   (c) 2-Opt

图 4.23 三种交换规则

(3) 退火降温(采用双循环降温模式)
- 令 $T=T_0$;
- 设置降温速率 τ(如 0.99),$T=T\cdot\tau$;
- 设内循环次数 K(如 10 000 次),使每层温度达到热平衡;
- 结束条件为 $T<0.1$。

(4) 输出结果

将输出结果用可视化表示。

3. 计算实验

以 2-Opt 规则为例,给出 C 语言算法程序实例如下:

```
#include "stdafx.h"
#include "conio.h"
#include "malloc.h"
#include "stdio.h"
#include "stdlib.h"
```

```c
# include "time.h"
# include "math.h"
# include "string.h"
int CusXY[100][3];                              //X坐标,Y坐标,D需求
double Dis[200][200];                           //距离矩阵
int VehicleNum;                                 //车辆数目
int ShopNum;                                    //商店数目
int StringLen;                                  //一维数组的长度
int MaxCapability;                              //车辆的最大容量
int MaxLength;                                  //车辆的最大行程
int CurString[200];                             //当前解
int BestString[200];                            //最好解
void SA();                                      //模拟退火函数
void Init();                                    //初始化一个解
void ReadData();                                //读取商店坐标和需求数据
void GenerateIJ(int * ii,int * jj);             //在当前解上随机产生2个位置点
int myrand1(int maxN);                          //产生一个在[0,maxN]之间的随机整数
double GetCost();                               //计算当前解的总路径长度
double Heat();                                  //对当前解加热
double Metropolis(double Deltf,double T);       //判断函数
void Exec_2_Opt(int i,int j);                   //将当前解的i和j位置之间的点进行2_Opt翻转
void OutScreenS(int * S);                       //将当前解屏幕输出
int main(int argc,char * argv[])                //主程序
{
    printf("(一)将要读取商店的坐标和送货需求信息,按任意键继续...\n");
    getch();
    ReadData();
    //屏幕输出
    printf("\n商店坐标:\n");
    for(int i = 0;i < ShopNum;i += 4)
    {
        for(int j = 0;j < 4;j ++ ) printf(" %2d( %2d, %2d)\t",i + j + 1,CusXY[i + j][0],CusXY[i + j][1]);
            printf("\n");
    }
    printf("\n商店需求:\n");
    for(i = 0;i < ShopNum;i ++ ) printf(" %d\t",CusXY[i][2]);
    printf("\n车辆数 %d,容量 %d,行程 %d\n",VehicleNum,MaxCapability,MaxLength);
    getch();
    printf("\n(二)将要生成一个初始访问顺序作为初始解,按任意键继续...\n"); getch();
    Init();
    printf("\n初始解:\nX = {\n");
    for(i = 0;i < StringLen;i ++ ){printf(" %d",CurString[i]); if(i < StringLen - 1) printf(",");}
    printf("\n}\n"); getch();
    printf("(三)将开始模拟退火算法,按任意键继续...\n\n"); getch();
    SA();
```

```
    printf("按任意键退出程序!\n"); getch();
    return 0;
}
//模拟退火算法
void SA()
{
    int i,j,ii,LoopN;
    double CurCost,TestCost;                    //当前解值
    double BestCost;                            //最好解值
    double T,T0;                                //当前温度
    double EndT;                                //结束温度
    double Tao;                                 //降温速度
    int tm = 0;
    srand((unsigned)time(NULL));                //设置随机数序列
    printf("(四)对初始解进行加热 1000 次,按任意键继续...\n");
    getch();
    T0 = Heat();                                //加热,获取初始温度
    OutScreenS(CurString);                      //屏幕输出
    CurCost = GetCost();                        //当前解的值
    printf("当前解的目标值:%lf\n",CurCost);
    printf("当前解的温度值:%lf\n\n",T0); getch();
    EndT = 0.1;                                 //截止温度
    LoopN = 50000;                              //同温层达到热平衡条件
    Tao = 0.99;                                 //降温速度
    BestCost = 999999;                          //最好解的值
    printf("(五)开始退火,同温层循环%d次,降温速度%lf。按任意键继续...\n",LoopN,Tao);
    getch();
    T = T0;
    while(1)
    {
        for(ii = 1;ii <= LoopN;ii ++ )          //同温层循环 LoopN 次
        {
            GenerateIJ(&i,&j);                  //产生两个点
            Exec_2_Opt(i,j);                    //翻转两个点
            TestCost = GetCost();
            if(TestCost < CurCost)              //如果比当前解更好,则接受为当前解
            {
                CurCost = TestCost;
                if(CurCost < BestCost)          //如果比最好解更好,则替代最好解
                {
                    BestCost = CurCost;
                    int i1;
                    for(i1 = 0;i1 < StringLen;i1 ++ ) BestString[i1] = CurString[i1];
                }
            }
```

```c
            else                                      //如果比当前解差,则以Metropolis概率接受
            {
                double rd,rd1;
                rd1 = RAND_MAX * Metropolis(TestCost - CurCost,T);
                rd = rand();
                if(rd < rd1)                          //接受
                    CurCost = TestCost;
                else                                  //拒绝
                    Exec_2_Opt(i,j);
            }
        }
        if(T == T0) system("del SA_curve.txt");       //删除上次文件
        FILE * fi;
        fi = fopen("SA_curve.txt","a");               //追加方式打开
        fprintf(fi," % d % lf\n",tm,CurCost);         //文件输出
        fclose(fi);
        tm = tm + LoopN;                              //总时间增加(注意:前面先定义 int tm = 0)
        printf("当前温度 = % lf,最好目标值 = % lf,当前目标值 = % lf\n",T,BestCost,CurCost);
        OutScreenS(CurString); printf("\n"); getch(); //屏幕输出
        if(T < EndT) break;
        T = T * Tao;                                  //降温
    }
    printf("(六)当前温度以及降到阈值 0.1 以下,停止退火!\n"); getch();
    //文件输出
    FILE * fi;
    int i1;
    fi = fopen("MyOutput.txt","w");
    for(i1 = 0;i1 < StringLen;i1 ++ )
        fprintf(fi," % d % d\n",CusXY[BestString[i1]][0],CusXY[BestString[i1]][1]);
    fclose(fi);
    printf("本次模拟退火发现的最好解已经输出到文件 MyOurput.txt 中。\n");
    getch();
}
double Heat()                                         //对当前解进行加热,获得当前解的温度
{
    int i,j;
    double T;
    double cost,cost1;
    cost = GetCost();
    T = 0;
    for(int ii = 1;ii <= 1000;ii ++ )
    {
        GenerateIJ(&i,&j);
        Exec_2_Opt(i,j);
        cost1 = GetCost();
```

```
            if(fabs(cost - cost1)>T) T = fabs(cost - cost1);
            cost = cost1;
        }
        return T;
}
void GenerateIJ(int * ii,int * jj)                    //在当前解上随机产生2个位置点ii和jj
{
aa:
        * ii = myrand1(StringLen - 2) + 1;            //随机产生ii属于[1,StringLen-1]之间
        * jj = myrand1(StringLen - 2) + 1;
        while( * ii == * jj) goto aa;                 //ii和jj不能相同
        if( * ii > * jj)                              //交换一下,保证ii在jj前面
        {
            int itemp;
            itemp = * ii; * ii = * jj; * jj = itemp;
        }
}
void Init()                                           //获取初始解
{
        int i;
        for(i = 0;i < VehicleNum - 1;i ++ ) CurString[i] = 0;
        for(i = 1;i <= ShopNum;i ++ ) CurString[i + VehicleNum - 1] = i;
        CurString[ShopNum + VehicleNum] = 0;
}
int myrand1(int maxN)
{
        int i1,i2;
        i1 = rand();
        i2 = maxN * i1/(RAND_MAX + 1);
        return i2;
}
double GetCost()                                      //计算当前解的目标函数值
{
        int i;
        double VehicleLength,Cost;
        int VehicleLoad;
        VehicleLength = 0;  VehicleLoad = 0;  Cost = 0;
        for(i = 1;i < StringLen;i ++ )
        {
            if(CurString[i] == 0)
            {
                VehicleLength = VehicleLength + Dis[CurString[i - 1]][CurString[i]];
                Cost = Cost + VehicleLength;
                if(VehicleLoad > MaxCapability) Cost = Cost + 1.5 * (VehicleLoad - MaxCapability);
                VehicleLength = 0;
```

```
                VehicleLoad = 0;
            }
            else
            {
                VehicleLength = VehicleLength + Dis[CurString[i-1]][CurString[i]];
                VehicleLoad = VehicleLoad + CusXY[CurString[i]][2];
            }
        }
        return Cost;
    }
    double Metropolis(double DeltF,double T)            //Metropolis 判断准则
    {
        if(DeltF <= 0) return 1;
        returnexp(1.0 * (0 - DeltF)/T);
    }
    void Exec_2_Opt(int i,int j)                        //将当前解的 i 和 j 位置之间的点进行翻转
    {
        int ii,itemp;
        ii = 0;
        while(i + ii < j - ii){
            itemp = CurString[i + ii];
            CurString[i + ii] = CurString[j - ii];
            CurString[j - ii] = itemp;
            ii = ii + 1;
        }
    }
    void ReadData()                                     //读取商店的坐标和需求数量
    {
        int i,j;
        FILE * fi;
        fi = fopen("14_3.txt","r");
        fscanf(fi," %d %d %d %d",&ShopNum,&VehicleNum,&MaxCapability,&MaxLength);
        for(i = 0;i < ShopNum;i ++ )
            fscanf(fi," %d %d %d",&CusXY[i][0],&CusXY[i][1],&CusXY[i][2]);
        fclose(fi);
        ShopNum = ShopNum - 1;
        StringLen = VehicleNum + ShopNum + 1;
        //计算两两商店之间的直线距离
        for(i = 0;i <= ShopNum;i ++ )
            for(j = 0;j <= ShopNum;j ++ )
                Dis[i][j] = pow(pow(CusXY[i][0] - CusXY[j][0],2) + pow(CusXY[i][1] - CusXY[j][1],2),0.5);
        return;
    }
    void OutScreenS(int * S)
```

```
{
    printf("\n 当前解:\nX = {\n");
    for(int i = 0;i<StringLen;i ++){printf(" % d",S[i]); if(i<StringLen - 1) printf(",");}
    printf("\n}\n");
}
```

求解经典配车的 CVRP 算例,算例数据如表 4.31 所列,降温求解过程如图 4.24 所示。

表 4.31 算例的访问节点坐标与需求量

节点 i	坐标 x_i	坐标 y_i	需求 a_i	节点 i	坐标 x_i	坐标 y_i	需求 a_i	节点 i	坐标 x_i	坐标 y_i	需求 a_i	节点 i	坐标 x_i	坐标 y_i	需求 a_i
0	35	35	0	26	45	30	17	51	49	58	10	76	49	42	13
1	41	49	10	27	35	40	16	52	27	43	9	77	53	43	14
2	35	17	7	28	41	37	16	53	37	31	14	78	61	52	3
3	55	45	13	29	64	42	9	54	57	29	18	79	57	48	23
4	55	20	19	30	40	60	21	55	63	23	2	80	56	37	6
5	15	30	26	31	31	52	27	56	53	12	6	81	55	54	26
6	25	30	3	32	35	69	23	57	32	12	7	82	15	47	16
7	20	50	5	33	53	52	11	58	36	26	18	83	14	37	11
8	10	43	9	34	65	55	14	59	21	24	28	84	11	31	7
9	55	60	16	35	63	65	8	60	17	34	3	85	16	22	41
10	30	60	16	36	2	60	5	61	12	24	13	86	4	18	35
11	20	65	12	37	20	20	8	62	24	58	19	87	28	18	26
12	50	35	19	38	5	5	16	63	27	69	10	88	26	52	9
13	30	25	23	39	60	12	31	64	15	77	9	89	26	35	15
14	15	10	20	40	40	25	9	65	62	77	20	90	31	67	3
15	30	5	8	41	42	7	5	66	49	73	25	91	15	19	1
16	10	20	19	42	24	12	5	67	67	5	25	92	22	22	2
17	5	30	2	43	23	3	7	68	56	39	36	93	18	24	22
18	20	40	12	44	11	14	18	69	37	47	6	94	26	27	27
19	15	60	17	45	6	38	16	70	37	56	5	95	25	24	20
20	45	65	9	46	2	48	1	71	57	68	15	96	22	27	11
21	45	20	11	47	8	56	27	72	47	16	25	97	25	21	12
22	45	10	18	48	13	52	36	73	44	17	9	98	19	21	10
23	55	5	29	49	6	68	30	74	46	13	8	99	20	26	9
24	65	35	3	50	47	47	13	75	49	11	18	100	18	18	17
25	65	20	6	—	—	—	—	—	—	—	—	—	—	—	—

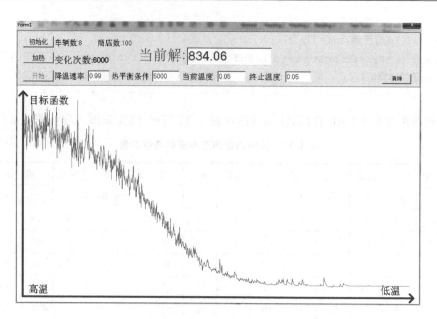

图 4.24 降温求解过程示例(降温速率为 0.99)

图 4.25 是 CVRP 问题目前已知的最优解配送路径,目标函数值为 826.22。

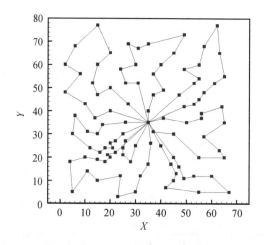

图 4.25 CVRP 问题最优解配送路径

附录 A　AMPL/CPLEX 建模与求解环境

AMPL(A Mathematical Programming Language)是一家美国公司 AMPL Optimization Inc. 发布的数学模型建模语言,用以将数学模型转化为优化软件可求解的代码模型。这里介绍 AMPL 语言的基本编程规范。

A.1　AMPL 与求解器的关系

AMPL 是一种编程语言,它本身不具备优化求解功能,仅是将数学模型及算例数据按特定求解器(如 CPLEX)所要求的格式生成接口文件,再调用求解器进行求解,最后根据求解器输出的结果进行输出展示。AMPL 与求解器的关系可用图 A.1 表示。

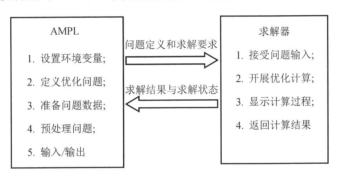

图 A.1　AMPL 与求解器的关系

A.2　AMPL 环境设定

AMPL 本身具备一定的逻辑计算功能和数学模型预处理功能,某些情况下需要对 AMPL 默认的环境参数进行重新设置。AMPL 设定环境参数的命令格式为

option 环境参数名 参数值;

下面是几个常用的 AMPL 环境参数设置命令:

```
option solver cplex;                # 选择 CPLEX 作为求解器
option randseed 0;                  # 设置随机数种子,为 0 则当前时钟值为种子
option presolve_warnings 5;         # AMPL 预处理警告数上限
option presolve_eps 1.2e-10;        # AMPL 预处理的精度门槛
option log_file 'ampl.log';         # 设置 AMPL 日志文件,记录求解过程
```

其他 option 用法参见 AMPL 公司网站 https://ampl.com。

AMPL 常用的环境参数如下:

(1) solve_result

solve_result 表示最优化求解状态,字符型。显示参数值的命令为 display solve_result。

solve_result 的取值为：
- solved　　表示求解成功，输出结果为最优解；
- solved?　　表示求解可能成功，输出结果为最优解；
- infeasible　　表示没有可行解；
- unbounded　　表示目标函数无界；
- limit　　表示时间限制下的计算结果；
- failure　　表示求解不成功。

(2) 时间相关变量
- _ampl_elapsed_time　　表示进入 AMPL 环境后到现在的总时间，单位为 s。
- _solve_elapsed_time　　表示上一次调用求解器占用的时间，单位为 s。
- _total_solve_elapsed_time　　表示多次调用求解器占用的总时间，单位为 s。

显示求解时间的命令为 display _solve_elapsed_time。

A.3　CPLEX 计算参数设定

当 AMPL 调用求解器 CPLEX 时，对求解器计算参数的要求是通过变量 cplex_options 来设定的。AMPL 设定 CPLEX 计算参数的命令格式为

option cplex_options "参数名 1＝参数值 参数名 2＝参数值..."；

下面是常用的 CPLEX 计算参数设置命令：

option cplex_options "mipdisplay = 0/1/2";

说明：要求 CPLEX 显示计算过程信息的详细程度，通常设为 2。

option cplex_options "absmipgap = 1.0e - 12";

说明：设置 CPLEX 的求解完成条件精度，即上、下界绝对差异阈值。

option cplex_options "timelimit = 7 200";

说明：要求 CPLEX 必须在给定时间内（7 200 s）结束计算，返回当前结果。

option cplex_options "return_mipgap = 3";

说明：要求 CPLEX 返回上、下界的剩余差异百分数（求解未完成情况下）。
显示上、下界剩余差异的命令格式为

display 目标函数.relmipgap;

例：

option cplex_options "mipdisplay = 2 absmipgap = 1.0e - 12 return_mipgap = 3 timelimit = 7200";
option cplex_options "dualratio = 3";

说明：要求 CPLEX 的求解使用"原问题单纯形法"或"对偶问题单纯形法"。默认规则是：若约束行数大于变量数的 3 倍则使用对偶问题单纯形法。

option cplex_options "memoryemphasis = 1";

说明：牺牲显示信息减少内存占用。

```
option cplex_options "nodefile = 1/2/3";
```

说明:内存使用方式为"物理内存/硬盘内存/硬盘内存+压缩",大规模计算时通常设置为 nodefile=3,即允许使用硬盘内容,但计算速度降低很多。

```
option cplex_options "mipemphasis = 0/1/2";
```

说明:为 CPLEX 分支定界算法设定搜索偏好"最优/可行/上界"。

```
option cplex_options "uppercutoff/lowercutoff = 999";
```

说明:为 CPLEX 分支定界算法设置人工上界/下界,可加快收敛。当最小化目标函数时,可设置 uppercutoff=某人工解,这样 CPLEX 运用分支定界算法时会忽略大于 uppercutoff 的分支;当最大化目标函数时,可设置 lowercutoff=某人工解,CPLEX 运用分支定界算法时会忽略小于 lowercutoff 的分支。

AMPL 设置 CPLEX 计算参数只能是最后一次有效。例如:

```
option cplex_options "uppercutoff = 999";
option cplex_options "lowercutoff = 333";        ♯上一行失去作用
```

其他 cplex_options 设置,参见 AMPL 公司网站。

A.4 用 AMPL 描述优化问题

A.4.1 定义问题的参数和输入数据文件

1. 定义问题的参数

(1) 定义集合

```
set N;                          ♯定义一个空集合
set R: = {1,2,3};               ♯定义一个集合并初始化为{1,2,3}
set Q: = {1..10};               ♯定义一个集合并初始化为 1 到 10
set S in {R,Q};                 ♯定义一个"对"集合,例如网络的边集合
```

(2) 集合运算

集合运算符有 nion、inter、diff 和 symdiff。

```
let N: = {1,2,3};               ♯给集合赋值
let M: = {3,4,5};
let R: = N union M;             ♯集合并集运算,结果 R = {1,2,3,4,5}
let R: = N inter M;             ♯集合交集运算,结果 R = {3}
let R: = N diff M;              ♯集合减法,从 N 中扣除 M,结果 R = {1,2}
let R: = N symdiff M;           ♯交集减去并集,结果 R = {1,2,4,5}
```

进入 AMPL 环境,练习集合运算,结果如图 A.2 所示。

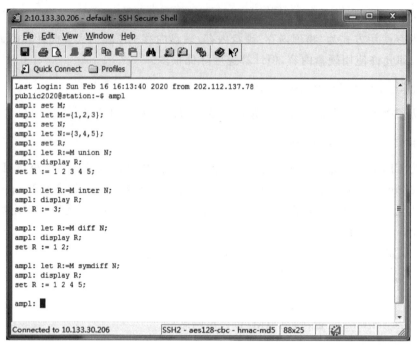

图 A.2　集合运算结果

（3）定义参数

定义参数的命令格式为

param 参数名 [{集合}] [类型] [值域] [:=初始默认值]；

式中,类型包括实数（默认）、整数（integer）、0/1 型（binary）、字符型（symbolic）。

例：

param a;	♯定义单参数 a,未赋值
param b:=100;	♯定义单参数 b,赋值 100
param c{N};	♯定义一维参数 c,下标为集合 N
param d{N,M} >= 0;	♯定义非负二维参数 d,下标为集合 N,M
param f symbolic;	♯定义字符型参数
param s in {1..100};	♯定义参数 s,仅在 1..100 之间取整数
param x integer >= 1,<= 100;	♯同上

注：定义参数时未指定类型都默认为浮点实数。

（4）参数运算

参数赋值的命令格式为

let 参数名:=表达式；

参数运算符包括＋、－、*、/、^、**（指数）、div（除法取整）、mod（除法取余）。例：

param a;
param b;
let a:=2;
let b:=a+3;
let a:=a^b;

练习：
进入 AMPL 环境，基本运算操作如图 A.3 所示。

```
public2020@station:~/000-XiaoYiyong$ ampl
ampl: param a;
ampl: param b;
ampl: let a:=2;
ampl: let b:=a+3;
ampl: let a:=a^5;
ampl: display a,b;
a = 32
b = 5

ampl:
```

图 A.3　AMPL 基本运算操作

图 A.4 所示是 AMPL 环境下的常用数学函数（注：模型中的函数不能包含变量）。

函数	说明
abs(x)	absolute value, $\lvert x \rvert$
acos(x)	inverse cosine, $\cos^{-1}(x)$
acosh(x)	inverse hyperbolic cosine, $\cosh^{-1}(x)$
asin(x)	inverse sine, $\sin^{-1}(x)$
asinh(x)	inverse hyperbolic sine, $\sinh^{-1}(x)$
atan(x)	inverse tangent, $\tan^{-1}(x)$
atan2(y, x)	inverse tangent, $\tan^{-1}(y/x)$
atanh(x)	inverse hyperbolic tangent, $\tanh^{-1}(x)$
cos(x)	cosine
cosh(x)	hyperbolic cosine
exp(x)	exponential, e^x
log(x)	natural logarithm, $\log_e(x)$
log10(x)	common logarithm, $\log_{10}(x)$
max($x, y, \ldots$)	maximum (2 or more arguments)
min($x, y, \ldots$)	minimum (2 or more arguments)
sin(x)	sine
sinh(x)	hyperbolic sine
sqrt(x)	square root
tan(x)	tangent
tanh(x)	hyperbolic tangent

图 A.4　AMPL 的常用数学函数

(5) 多维参数定义与运算

例：

```
set M := {1,2,3};              # 定义集合 M
set N := {1,2};                # 定义集合 N
param a{M};                    # 定义一维参数/向量
param b{M,N};                  # 定义二维参数/矩阵
param c{M,N,N};                # 定义三维参数/矩阵
param d{1..100,1..2};          # 定义二维参数，维度为 100x2
let a[1] := 1;                 # 参数赋值
let a[2] := 9;                 # 参数赋值
let b[1,2] := a[1] + 4;        # 参数赋值、运算
let c[1,2,1] := 0.99 * b[1,2]; # 参数赋值、运算
```

练习：

① 在 AMPL 环境下求解方程 $x^2+15x+9=0$。

进入 AMPL 环境，定义参数 a、b、c、x_1、x_2，根据求根公式 $x=\dfrac{-b\pm\sqrt{b^2-4ac}}{2a}$ 计算和输出 x_1、x_2。计算过程如图 A.5 所示。

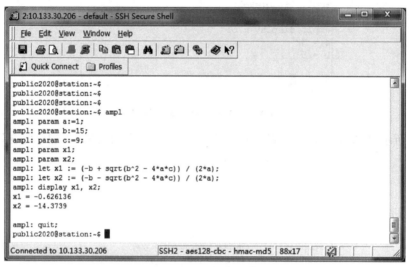

图 A.5　方程求根计算结果

② 最小值/最大值函数 min()/max() 和 min{}/max{} 的使用。

进入 AMPL 环境，输入一组数，分别用 min()/max() 和 min{}/max{} 获取其中的最小值和最大值。计算过程如图 A.6 所示。

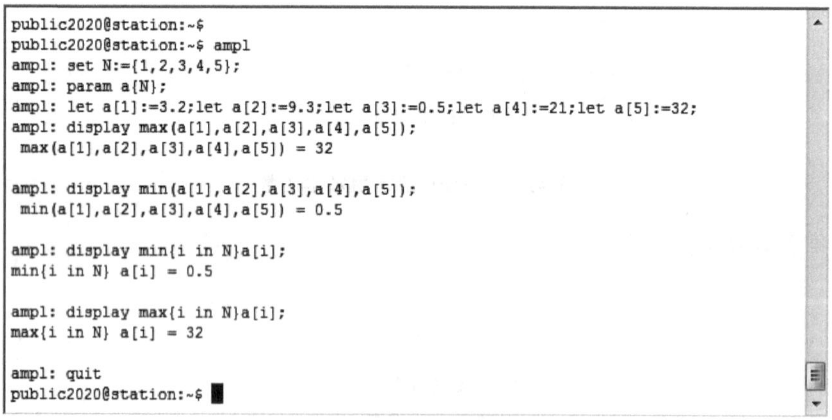

图 A.6　min/max 运算操作

③ 随机函数 Uniform(a,b) 和 Uniform01() 的使用。

说明：Uniform(a,b) 随机产生一个 (a,b) 之间的实数，Uniform01() 随机产生一个 (0,1) 之间的小数。例：

```
Uniform01();                        #在(0,1)之间随机产生1个小数
Uniform(0,10);                      #在(0,10)之间随机产生1个实数
round(Uniform(0,11) - 0.49999);     #在[0,10]之间随机产生1个整数
```

随机函数调用计算过程如图 A.7 所示。

```
public2020@station:~$
public2020@station:~$ ampl
ampl: display Uniform01();
Uniform01() = 0.609209

ampl: display Uniform(0,10);
Uniform(0, 10) = 1.89873

ampl: display round(Uniform(0,11)-0.49999);
round(Uniform(0, 11) - 0.49999, 0) = 10

ampl: display round(Uniform(0,11)-0.49999);
round(Uniform(0, 11) - 0.49999, 0) = 10

ampl: display round(Uniform(0,11)-0.49999);
round(Uniform(0, 11) - 0.49999, 0) = 1
```

图 A.7　随机函数调用实例

2. 参数的数据文件输入

输入数据文件的命令格式为

$$\text{data 文件名};$$

- 输入一维数据的例子：

set N;

param a{N};

param b{N};

(要输入的文件 test.dat 见图 A.8(a))

data test.dat;

display N,a,b;

执行结果如图 A.8(b)所示。

```
#文件 test.dat
param : N: a  b :=
  1  18  2
  2  19  7
  3  22  9
  4  99  3
  5  49  4
  6  20  6 ;
```

```
public2020@station:~/000-XiaoYiyong$ ampl
ampl: set N;
ampl: param a{N};
ampl: param b{N};
ampl: data test.dat;
ampl: display N,a,b;
set N := 1 2 3 4 5 6;

:    a    b    :=
1   18    2
2   19    7
3   22    9
4   99    3
5   49    4
6   20    6
;

ampl:
```

(a) 文件test.dat　　　　　　　(b) 执行结果

图 A.8　AMPL 数据输入方法示例

- 输入二维数据的例子：

set M;

set N;

param a{M,N};

(要输入的文件 test.dat 见图 A.9(a))

data test.dat;

display a;

执行结果如图 A.9(b)所示。

```
#文件 test.dat
set M:=1,2,3,4,5;
set N:=1,2,3;
param a:  1   2   3  :=
1        18  22   9
2        19  37  89
3        22  69  55
4        99  73  12
5         8  67  18 ;
```

(a) 文件test.dat

```
public2020@station:~/000-XiaoYiyong$ ampl
ampl: set M;
ampl: set N;
ampl: param a{M,N};
ampl: data test.dat;
ampl: display a;
a :=
1 1   18
1 2   22
1 3    9
2 1   19
2 2   37
2 3   89
3 1   22
3 2   69
3 3   55
4 1   99
4 2   73
4 3   12
5 1    8
5 2   67
5 3   18
;

ampl:
```

(b) 执行结果

图 A.9   AMPL 数据通用输入方法示例

- 输入多维数据的例子(以 4 维为例)：

set M;

set N;

set R;

set Q;

param a{M,N,R,Q};

(要输入的文件 test.dat 见图 A.10(a))

data test.dat;

display a;

执行结果如图 A.10(b)所示。

```
#文件 test.dat
set M:=1,2;
set N:=1,2;
set R:=1,2,3;
set Q:=1,2,3,4;
param   a:=
[1,1,*,*]: 1 2 3 4   :=
1    21   32   22   83
2    20   32   76   2
3    8    68   76   18
[1,2,*,*]: 1 2 3 4   :=
1    75   39   43   48
2    97   22   85   84
3    22   64   55   10
[2,1,*,*]: 1 2 3 4 :=
1    2    18   35   27
2    28   18   18   80
3    8    7    10   65
[2,2,*,*]: 1 2 3 4 :=
1    56   56   10   53
2    40   98   65   98
3    31   38   69   37
;
```

(a) 文件test.dat

```
public2020@station:~/000-XiaoYiyong$ ampl
ampl: set M;
ampl: set N;
ampl: set R;
ampl: set Q;
ampl: param a{M,N,R,Q};
ampl: data test.dat;
ampl: display a;
a [1,1,*,*] (tr)
:    1    2    3    :=
1    21   20   8
2    32   32   68
3    22   76   76
4    83   2    18

 [1,2,*,*] (tr)
:    1    2    3    :=
1    75   97   22
2    39   22   64
3    43   85   55
4    48   84   10

 [2,1,*,*] (tr)
:    1    2    3    :=
1    2    28   8
2    18   18   7
3    35   18   10
4    27   80   65

 [2,2,*,*] (tr)
:    1    2    3    :=
1    56   40   31
2    56   98   38
3    10   65   69
4    53   98   37
;
ampl:
```

(b) 执行结果

图 A.10　AMPL 多维数据输入方法示例

- 输入多维数据的一种通用方法：

set M;

set N;

set Q;

param a{M,N,Q};

(要输入的文件 test.dat 见图 A.11(a))

data test.dat;

display a;

执行结果如图 A.11(b)所示。

```
#文件 test.dat
set M:=1,2;
set N:=1,2;
set Q:=1,2;
param   a:=
1  1  1  0.2
1  1  2  0.4
1  2  1  0.5
1  2  2  1.5
2  1  1  0.7
2  1  2  0.5
2  2  1  1.4
2  2  2  2.7
;
```

(a) 文件test.dat

```
public2020@station:~/OOO-XiaoYiyong$ ampl
ampl: set M;
ampl: set N;
ampl: set Q;
ampl: param a{M,N,Q};
ampl: data test.dat;
ampl: display a;
a :=
1 1 1   0.2
1 1 2   0.4
1 2 1   0.5
1 2 2   1.5
2 1 1   0.7
2 1 2   0.5
2 2 1   1.4
2 2 2   2.7
;

ampl:
```

(b) 执行结果

图 A.11 AMPL 多维数据通用输入方法示例

3. 重置参数（即清空数据以便重新输入）

重置参数的命令格式为

$$\text{reset data [参数名列表]};$$

例：

set M;	#定义集合
param a{M};	#定义参数
data xxx.dat;	#输入数据文件 xxx.dat
…	#计算、处理数据
reset data M,a;	#重置（清空）数据
data yyy.dat;	#输入数据文件 yyy.dat

A.4.2 定义问题的决策变量

定义变量的命令格式为

$$\text{var 变量名[集合] 类型 [值域范围]};$$

例：

var x;	#定义一个连续变量，默认类型为实数
var y >= 0;	#定义一个非负连续变量
var z >= 0 integer ;	#定义一个非负整数变量
var w binary;	#定义一个 0/1 型变量
set M: = {1..10};	
var u{M} binary;	#定义一个 0/1 型变量集合，成员从 u[1]到 u[10]
var v{1..100} in M;	#定义 100 个变量，取值于集合 M
set N: = {1,2,3};	
var p{M,N}>= 0;	#定义二维矩阵的非负连续变量

变量的赋值操作与参数完全一样。但是变量通常不赋予初值,而是交由求解器来优化。即便赋予了初值,也会被无视掉。

定义变量时的注意事项:

① 变量名全局唯一,不能重复。

② 变量名大小写敏感,即要区分字母大小写,可以多字母数字组合。

③ 变量的主要类型:实数(默认)、整数(integer)、0/1 型(binary)。

④ 可以给变量设定取值范围,如:

```
var x integer >= 0,<= 100;         #x 仅取值 [0,100]之间的整数
var y in {1,2,3,4,5,6};            #y 仅取值集合中的元素
var z in N;                        #z 仅取值集合 N 中的元素
```

⑤ 整数变量并非一定是整数,有一个精度范围,例如 1.000 001,在一定范围内会被认为是整数,同样 0.999 99 也可能被认为是整数。

设置整数的精度参数如下:

```
option presolve_inteps 1.0 e-10;                      # AMPL 环境默认:1e-6
option cplex_options, "integrality = 1.6e-10";        # CPLEX 环境默认:1e-5
```

变量可看作一个对象,有多项后缀属性,如图 A.12 所示。

```
.astatus    AMPL status (A.11.2)
.init       current initial guess
.init0      initial initial guess (set by :=, data, or default)
.lb         current lower bound
.lb0        initial lower bound
.lb1        weaker lower bound from presolve
.lb2        stronger lower bound from presolve
.lrc        lower reduced cost (for var >= lb)
.lslack     lower slack (val - lb)
.rc         reduced cost
.relax      ignore integrality restriction if positive
.slack      min(lslack, uslack)
.sstatus    solver status (A.11.2)
.status     status (A.11.2)
.ub         current upper bound
.ub0        initial upper bound
.ub1        weaker upper bound from presolve
.ub2        stronger upper bound from presolve
.urc        upper reduced cost (for var <= ub)
.uslack     upper slack (ub - val)
.val        current value of variable
```

图 A.12　AMPL 变量对象的属性

A.4.3　定义问题的目标函数

定义目标函数的命令格式为

$$\text{minimize/maximize 目标函数名:表达式;}$$

例:下面的语法定义了 3 个不同的目标函数:

```
var x >= 0;
```

```
var y >= 0;
minimize Obj1: x + y;
maximize Obj2: x - y;
set N;
var z{N} >= 0;
maximize Obj3:sum{i in N}z[i];
```

设置当前目标函数的命令格式为

$$\text{objective 目标函数名};$$

例:

```
objective Obj1;              # 将 Obj1 设置为优化目标函数
solve;                       # 开始求解
display/print Obj1;          # 显示求解后的目标函数
```

定义目标函数的注意事项如下:

① 目标函数的表达式须是线性函数或(半)正定二次函数。例如:

$$\min x^2 + y^2$$
$$\text{s.t.} \ x + 2y \geqslant 10$$
$$x, y \geqslant 0$$

计算结果如图 A.13 所示(对于二次目标函数,CPLEX 计算之前会检查 Hessian 矩阵)。

```
public2020@station:~$
public2020@station:~$ ampl
ampl: var x>=0;
ampl: var y>=0;
ampl: subject to con1:x+2*y>=10;
ampl: minimize obj1:x*x+y*y;
ampl: option solver cplex;
ampl: objective obj1;
ampl: solve;
CPLEX 12.9.0.0: optimal solution; objective 20.00000004
14 separable QP barrier iterations
No basis.
ampl: display obj1,solve_result,x,y;
obj1 = 20
solve_result = solved
x = 2
y = 4
ampl:
```

图 A.13 AMPL 求解二次目标函数示例

② 可定义多个目标函数,轮流设定其中一个为当前目标函数,实现多目标优化(获得 1 个 Pareto 解)。例如:

$$\min 2x + y + z$$
$$\max z + 3y$$
$$\text{s.t.} \ x + y + z \geqslant 10$$
$$x, y, z \geqslant 0$$

计算结果如图 A.14 所示。

```
public2020@station:~$
public2020@station:~$ ampl
ampl: var x>=0;
ampl: var y>=0;
ampl: var z>=0;
ampl: minimize obj1:2*x+y+z;
ampl: maximize obj2:z+3*y;
ampl: subject to con1:x+y+z>=10;
ampl: option solver cplex;
ampl: objective obj1;
ampl: solve;
CPLEX 12.9.0.0: optimal solution; objective 10
0 dual simplex iterations (0 in phase I)
ampl: print x,y,z,obj1;
0 0 10 10
ampl: subject to con2:2*x+y+z=10;
ampl: objective obj2;
ampl: solve;
CPLEX 12.9.0.0: optimal solution; objective 30
0 simplex iterations (0 in phase I)
ampl: print x,y,z,obj1,obj2;
0 10 0 10 30
ampl:
```

图 A.14 AMPL 求解多目标函数示例

③ 目标函数是一个特殊对象，有以下后缀属性值：

- absmipgap：与最好界绝对差异；
- astatus：in/drop；
- exitcode：最近求解状态；
- message：最近求解信息；
- no：下标号；
- relax：松弛；
- relmipgap：与最好界相对差异；
- result：等同 solve_result；
- sense：最大化或最小化；
- sstatus：状态；
- val：值。

A.4.4 定义问题的约束条件

定义问题的约束条件的命令格式为

　　　　　　　s.t. 约束条件名：不等式（或等式）表达式；

例：

var x >= 0;

var y >= 0;

subject to Con1: x >= y;　　　　　　　# 约束解释：x 必须大于或等于 y

subject to Con2: x + y <= 10;   #约束解释:x + y 必须小于或等于 10
set M;
set N;
var z{M}>= 0;
var u{N}>= 0;
subject to Con3{i in M}: z[i] <= 100;
    #约束解释:所有 z[i]都需小于或等于 100;
subject to Con4{i in M,j in N: i<j and (i>0 or j>0)}: z[i] <= u[j];
    #约束解释:当 i<j 且(i>0 或 j>0)的时候,必须满足 z[i]<= u[j]

定义约束条件的注意事项如下:
① 约束条件的名称全局唯一,不能重复。
② 名称大小写敏感,即区分字母大小写,可以多字母数字组合。
③ 约束条件可以定义为数组,例如:

subject to Con1{i in N}:x[i]>= 0;

表示产生约束组 Con1,成员包括 Con1[1],Con1[2],$\cdots$,Con1[n]。
④ 约束条件有精度设置,例如:

subject to Con1: x + 0.000001 <= x;   #注:该约束会被判断成立
subject to Con1: x + 0.00001 <= x;   #注:该约束会被判断不成立

因此,变量取值的数量级差异不要太大!
⑤ 约束不能有">"、"<"或"≠"。例如下面是错误的:

subject to Con1: x > y;
subject to Con1: x < y;
subject to Con1: x <> y;

⑥ 定义了约束条件后可以令其失效(drop)或恢复(restore)。例如:

subject to Con1: x >= y;   #定义了 Con1
drop Con1;   #令 Con1 约束失效
…   #此时 Con1 不起约束作用
restore Con1;   #恢复 Con1 约束
drop Con1[1];   #令约束集合 Con1 中的第 1 个约束失效

⑦ 查看约束状态的命令为

display 约束名.astatus;   #约束状态有两种:drop/restore

约束也可作为一个对象,有多项后缀属性,如图 A.15 所示。

```
.astatus     AMPL status (A.11.2)
.body        current value of constraint body
.dinit       current initial guess for dual variable
.dinit0      initial initial guess for dual variable (set by :=, data, or default)
.dual        current dual variable
.lb          lower bound
.lbs         lb for solver (adjusted for fixed variables)
.ldual       lower dual value (for body >= lb)
.lslack      lower slack (body - lb)
.slack       min(lslack, uslack)
.sstatus     solver status (A.11.2)
.status      status (A.11.2)
.ub          upper bound
.ubs         ub for solver (adjusted for fixed variables)
.udual       upper dual value (for body <= ub)
.uslack      upper slack (ub - body)
```

图 A.15 约束对象的属性

A.4.5 开始求解和输出结果

完成问题定义之后,就可调用求解器并开始求解,例如:

```
option solver cplex;           # 选用 CPLEX 作为求解器
objective Obj1;                # 选择 Obj1 作为本次优化的目标函数
solve;                         # 开始求解
                               # 前面定义的变量和约束将全部起作用
```

检查求解状态的命令如下:

```
display solve_result;          # 若输出为 solved 则获得最优解
display Obj1;                  # 输出目标函数值
display _solve_elapsed_time;   # 输出求解所用时间
display Obj1.relmipgap;        # 输出当前值与下界的差异,若为 0% 则是最优解
```

输出结果的命令格式为

  printf "输出格式",变量/参数名,变量/参数名,变量/参数名 [>>文件名];

例:

```
printf "The value of P1 is %d \n",P1;
printf "The values of (P1,P2,P3,P4) are (%d,%d,%f,%s) \n",P1,P2,P3,P4;
#其中:%d 表示插入一个整数
#    %f 表示插入一个 6 位的浮点数
#    %5.3f 表示插入一个 5 位的浮点数,其中小数点后占 3 位
#    %e 表示插入一个科学记数法表示的浮点数
#    %s 表示插入一个字符串
#    \n\r 表示插入一个换行和回车符
printf "The values of (P1,P2,P3) are (%d,%d,%f)\n",P1,P2,P3 >>myout.out;
#    以追加模式输出到文件
printf "The values of (P1,P2,P3) are (%d,%d,%f)\n",P1,P2,P3 >myout.out;
#    以新文件输出到文件
```

A.5　AMPL 语言基础

A.5.1　循环程序设计

(1) 循环语句：for{ }{ }

格式：

```
for{循环变量名 in 集合名}
{
    循环体；
}
```

例：输出 1～9 的平方数，代码如下：

```
set N: = {1,2,3,4,5,6,7,8,9};
for{i in N}
{
    printf "%d x %d = %d\n",i,i,i*i;
}
```

例：输出九九乘法表，代码如下：

```
for{i in 1..9,j in 1..9: i<j}
{
    printf "%d x %d = %d\n",i,j,i*j;
}
```

注意：for 中定义的循环变量仅在循环体中有效，在循环体之外无效。

例：

```
for{i in 1..9}
{
    display i*i;
}
let i: = 100;                    #此句将报错
```

注意：for 循环变量的名称不能与已有变量名称重复。

例：

```
param i;
for{i in 1..9}                   #此句将报错
{
    display i*i;
}
```

注意：循环体中不能定义变量，下面语法是错误的。

例：

```
for{i in 1..20}
{
    param b;
}
```

(2) 循环语句:repeat{ } while(true)

格式:

```
repeat
{
    循环体;
} while(条件 = true);
```

例:输出 100 以内数的平方,代码如下:

```
param i;
let i: = 0;
repeat
{
    let i: = i + 1;
    printf " % d x % d = % d \n",i,i,i * i;
} while(i < 100);
```

(3) continue 语句:继续循环(跳过后面)

格式 1:

```
repeat
{
    循环体-part1;
    if 表达式 = true then continue;        #跳过"循环体-part2"
    循环体-part2;
} while(条件 = true);
```

格式 2:

```
for{}
{
    循环体-part1;
    if 表达式 = true then continue;        #跳过"循环体-part2"
    循环体-part2;
}
```

例:输出 100 以内奇数的平方,代码如下:

```
param i;
let i: = 0;
repeat
{
    let i: = i + 1;
    if round(i/2,0) * 2 = i then continue;    #偶数则跳过打印,继续下一循环
    printf " % d x % d = % d \n",i,i,i * i;
} while(i < 100);
```

(4) break 语句:中断循环(跳出循环外)

格式 1:

```
repeat
{
    循环体-part1;
    if 表达式 = true then break;           #跳出循环,转向执行语句 a
```

```
        循环体-part2；
} while(条件 = true)；
语句 a；
```

格式 2：

```
for{}
{
    循环体-part1；
    if 表达式 = true then break；        #跳出循环，转向执行语句 b
    循环体-part2；
}
语句 b；
```

A.5.2 条件逻辑判断

格式：

```
if(逻辑判断表达式) then
{
    语法体；
};
```

例：产生一个(0,1)之间的随机数，大于 0.5 输出 Yes，反之输出 No，代码如下：

```
if Uniform01() > 0.5 then
{
    printf "Yes\n";
}
else
{
    printf "No\n";
};
```

逻辑运算符号如表 A.1 所列。

表 A.1　逻辑运算符号

运算符	说明	举例
and &&	与	if a=b and i>j then {}；
or ||	或	if a=b || i>j then {}；
not !	非	if not(a=b) then {}；
= ==	等号	if a=b then {}；
<> !=	不等号	if a<>b then {}；
>,>=	大于、大于或等于	
<,<=	小于、小于或等于	
in, not in	成员是否存在于一个集合中	
within, not within	一个集合是否属于另一个集合	

集合运算举例如下：

```
set M: = {1,2,3};
set N: = {1,2,3,4,5};
param a: = 5;
if a in M then {print "Yes,a in M";} else print "No,a is not in M";
if a in N then {print "Yes,a in N";} else print "No,a is not in N";
if M within N then {print "Yes,M within N";} else print "No,M is not in N";
```

集合运算结果如图 A.16 所示。

```
public2020@station:~$
public2020@station:~$ ampl
ampl: set M:={1,2,3};
ampl: set N:={1,2,3,4,5};
ampl: param a:=5;
ampl: if a in M then {print "Yes, a in M";} else print "No, a is not in M";
No, a is not in M
ampl: if a in N then {print "Yes, a in N";} else print "No, a is not in N";
Yes, a in N
ampl: if M within N then {print "Yes, M within N";} else print "No, M is not in N";
Yes, M within N
ampl:
```

图 A.16　集合运算结果

常用的运算指令如下。

(1) 求和指令:sum

格式:

$$\text{sum} \{\text{对于集合成员}:\text{条件}\} \text{表达式};$$

例:求 100 以内奇数的平方之和,代码如下:

```
param a;
let a: = sum{i in 1..100: i mod 2 = 1} i * i;
display a;
```

例:求 100 以内相邻奇数与偶数的乘积之和,即 $1\times 2+3\times 4+5\times 6+\cdots+99\times 100$,代码如下:

```
let a: = sum{i in 1..100,j in 1..100: i mod 2 = 1 and j-i = 1} i * j;
display a;
```

例:求 10 以内所有不同的两数相乘之和,代码如下:

```
let a: = sum{i in 1..10,j in 1..10: i<>j} i * j;
display a;
```

例:求 10 以内所有不同的三数相乘之和,代码如下:

```
let a: = sum{i in 1..10,j in 1..10,k in 1..10: i<>j and i<>k and j<>k} i * j * k;
display a;
```

求和指令 sum 的运算结果如图 A.17 所示。

(2) 求表达式的最小值/最大值指令:min/max

格式:

$$\text{min/max} \{\text{对于集合成员}:\text{条件}\} \text{表达式};$$

例:随机产生 100 个[0,1]之间的数,求其中的最小值,代码如下:

```
set N: = {1..100};
param a{N};
for{i in N} let a[i]: = Uniform01();
param b;
let b: = min{i in N} a[i];
display b;
```

```
public2020@station:~$
public2020@station:~$ ampl
ampl: param a;
ampl: let a:= sum{i in 1..100: i mod 2 = 1}i*i;
ampl: display a;
a = 166650

ampl: let a:= sum{i in 1..100, j in 1..100: i mod 2 = 1 and j-i = 1 }i*j;
ampl: display a;
a = 169150

ampl: let a:= sum{i in 1..10, j in 1..10: i<>j}i*j;
ampl: display a;
a = 2640

ampl: let a:= sum{i in 1..10, j in 1..10, k in 1..10: i<>j and i<>k and j<>k}i*j*k;
ampl: display a;
a = 108900

ampl:
```

图 A.17 求和指令 sum 的运算结果

例:求 x^2-5x 的最小值,x 是整数,代码如下:

```
let b: = min{x in -100..100}(x^2 - 5 * x);
display b;
```

以上两例中,min 指令的运算结果如图 A.18 所示。

```
public2020@station:~$
public2020@station:~$ ampl
ampl: set N:={1..100};
ampl: param a{N};
ampl: for{i in N}let a[i]:=Uniform01();
ampl: param b;
ampl: let b:=min{ i in N}a[i];
ampl: display b;
b = 0.00213615

ampl: let b:= min{x in -100..100}(x^2-5*x);
ampl: display b;
b = -6

ampl:
```

图 A.18 min 指令的运算结果

(3) 引入其他文件的指令:include

格式:

include 文件名;

例:

```
param a;
```

```
param b;
# 建立文件 aaa.sh,其中包括赋值命令行:
#       let a: = 123;
#       let b: = 456;
include aaa.sh;
display a,b;
```

注意:当 include 指令被插入某循环体时,被引入的文件中不能定义参数或变量。

例:

```
for {i in 1..10} include aaa.sh;     # 文件 aaa.sh 中不能定义参数或变量
```

(4) 对变量进行固定或取消固定指令:fix/unfix

格式:

$$\text{fix/unfix 变量名[下标]};$$

例:

```
var x{1..10} >= 0;                    # 定义变量
for {i in 1..10} let x[i]: = i;       # 变量赋值
for {i in 1..10 by 2} fix x[i];       # 固定下标为奇数的变量
minimize obj1:sum{i in 1..10}x[i];    # 定义目标函数
option solver cplex;
objective obj1;
solve;                                # 求解
display obj1,x;                       # 被固定的变量不会变化
unfix x;                              # 取消固定
solve;                                # 再优化求解
display obj1,x;                       # 全部变量被优化
```

fix/unfix 指令的运算结果如图 A.19 所示。

```
public2020@station:~$
public2020@station:~$ ampl
ampl: var x{1..10} >=0;
ampl: for {i in 1..10} let x[i]:=i;
ampl: for {i in 1..10 by 2} fix x[i];
ampl: minimize obj1: sum{i in 1..10}x[i];
ampl: option solver cplex;
ampl: objective obj1;
ampl: solve;
CPLEX 12.9.0.0: optimal solution; objective 25
0 dual simplex iterations (0 in phase I)
ampl: display obj1, x;
obj1 = 25

x [*] :=
 1  1
 2  0
 3  3
 4  0
 5  5
 6  0
 7  7
 8  0
 9  9
10  0
;
```

```
ampl: unfix x;
ampl: solve;
CPLEX 12.9.0.0: optimal solution; objective 0
0 simplex iterations (0 in phase I)
ampl: display obj1, x;
obj1 = 0

x [*] :=
 1  0
 2  0
 3  0
 4  0
 5  0
 6  0
 7  0
 8  0
 9  0
10  0
;
ampl:
```

图 A.19 fix/unfix 指令的运算结果

参考文献

[1] 陈宝林. 最优化理论与算法[M]. 2版. 北京：清华大学出版社，2005.

[2] 肖依永，杨军，周晟瀚，等. 工程优化——理论、模型与算法[M]. 北京：北京航空航天大学出版社，2022.

[3] 肖依永，常文兵，周晟瀚，等. 现代装备系统经济性工程[M]. 北京：科学出版社，2022.

[4] [美]罗纳德·L·拉丁. 运筹学[M]. 肖勇波，梁湧，译. 北京：机械工业出版社，2018.

[5] Xiao Y, Konak A. A variable neighborhood search with exact local search for network design problem with relay[J]. Journal of Heuristics, 2017, 23(2-3): 137-164.

[6] Yang P, et al. The continuous maximal covering location problem in large-scale natural disaster rescue scenes[J]. Computers & Industrial Engineering 2020, 146(106608).

[7] Xie Y, et al. A β-accurate linearization method of Euclidean distance for the facility layout problem with heterogeneous distance metrics[J]. European Journal of Operational Research, 2018, 265: 26-38.

[8] Xiao Y, et al. Development of a Fuel Consumption Optimization Model for the Capacitated Vehicle Routing Problem[J]. Computers & Operations Research, 2012, 39(7): 1419-1431.

[9] Kirk-patrick S, et al. Optimization by simulated annealing[J]. Science, 1983, 4598(220): 6, 71-80.

[10] Xiao Y, et al. Non-permutation flow shop scheduling with order acceptance and weighted tardiness[J]. Applied Mathematics and Computation, 2015, 270: 312-333.

[11] Xiao Y, et al. A variable neighborhood search with an effective local search for uncapacitated multilevel lot-sizing problems[J]. European Journal of Operational Research 2014, 235(1): 102-114.

[12] You M, et al. Optimal mathematical programming for the warehouse location problem with Euclidean distance linearization[J]. Computers & Industrial Engineering, 2019, 136: 70-79.